Desenvolvimento Sustentável

Dados Internacionais de Catalogação na Publicação (CIP)
(Câmara Brasileira do Livro, SP, Brasil)

Barbieri, José Carlos
  Desenvolvimento sustentável : das origens à Agenda 2030 / José Carlos Barbieri. – Petrópolis : Vozes, 2020. – (Coleção Educação Ambiental)

  Bibliografia.

  5ª reimpressão, 2022.

  ISBN 978-85-326-6309-2

  1. Agenda 2030 para desenvolvimento sustentável 2. Desenvolvimento sustentável 3. Educação ambiental 4. Meio ambiente 5. Proteção ambiental – Participação do cidadão I. Título.

19-29833   CDD-363.7

Índices para catálogo sistemático:
1. Desenvolvimento sustentável : Planejamento
participativo : Bem-estar social   363.7

Iolanda Rodrigues Biode – Bibliotecária – CRB-8/10014

JOSÉ CARLOS BARBIERI

Desenvolvimento Sustentável
DAS ORIGENS À AGENDA 2030

EDITORA VOZES

Petrópolis

© 2020, Editora Vozes Ltda.
Rua Frei Luís, 100
25689-900 Petrópolis, RJ
www.vozes.com.br
Brasil

Todos os direitos reservados. Nenhuma parte desta obra poderá ser reproduzida ou transmitida por qualquer forma e/ou quaisquer meios (eletrônico ou mecânico, incluindo fotocópia e gravação) ou arquivada em qualquer sistema ou banco de dados sem permissão escrita da editora.

CONSELHO EDITORIAL

Diretor
Gilberto Gonçalves Garcia

Editores
Aline dos Santos Carneiro
Edrian Josué Pasini
Marilac Loraine Oleniki
Welder Lancieri Marchini

Conselheiros
Francisco Morás
Ludovico Garmus
Teobaldo Heidemann
Volney J. Berkenbrock

Secretário executivo
Leonardo A.R.T. dos Santos

Editoração: Fernando Sergio Olivetti da Rocha
Diagramação: Sheilandre Desenv. Gráfico
Revisão gráfica: Nilton Braz da Rocha / Nivaldo S. Menezes
Capa: SG design

ISBN 978-85-326-6309-2

Este livro foi composto e impresso pela Editora Vozes Ltda.

Para Julia, Carlos, Isabel, Pedro, Nicolás e Manuela.

Sumário

Siglas, 9

Apresentação, 13

1 As origens do desenvolvimento sustentável, 17
2 Desenvolvimento sustentável, 33
3 A popularização do desenvolvimento sustentável, 63
4 Entrando no século XXI, 96
5 A Agenda 2030 e os objetivos de desenvolvimento sustentável, 128

Considerações finais, 197

Referências, 203

Índice remissivo, 213

Anexos, 219

Índice geral, 257

Siglas

A21L	Agenda 21 local
ABS	Acesso e Repartição de Benefícios (*Access and Benefit Sharing*)
AOD	Assistência Oficial ao Desenvolvimento
BID	Banco Interamericano de Desenvolvimento
BIRD	Banco Internacional para a Reconstrução e Desenvolvimento
CMDS	Cúpula Mundial para o Desenvolvimento Sustentável – Johanesburgo (Rio+10)
CMMAD	Comissão Mundial sobre Meio Ambiente e Desenvolvimento (*Comissão Brundtland*)
CNODS	Comissão Nacional para os Objetivos de Desenvolvimento Sustentável
CNUDS	Conferência das Nações Unidas sobre Desenvolvimento Sustentável (Rio+20)
CNUMAD	Conferência das Nações Unidas sobre Meio Ambiente e Desenvolvimento – 1992
CNUMAH	Conferência das Nações Unidas sobre Meio Ambiente Humano (1972)
COP	Conferência das Partes (*Conference of the Parties*)
CSD	Comissão de Desenvolvimento Sustentável das Nações Unidas
DSDG	Divisão para os Objetivos de Desenvolvimento Sustentável
ECOSOC	Conselho Econômico e Social das Nações Unidas

EPANB	Estratégia e Plano de Ação Nacional para a Biodiversidade
FAO	Organização das Nações Unidas para a Alimentação e a Agricultura
FMI	Fundo Monetário Internacional
GATT	Acordo Geral de Tarifas e Comércio
GCF	Fundo Verde para o Clima (*Green Climate Fund*)
GEF	Fundo Mundial para o Meio Ambiente
GER	*Green Economy Report* (UNEP, 2011)
GSDR	Relatório Global de Desenvolvimento Sustentável
HLPF	Fórum Político de Alto Nível das Nações Unidas sobre Desenvolvimento Sustentável
IAEG-SDGs	Grupo Interagências e de Peritos em Indicadores sobre os ODSs
IBGE	Fundação Instituto Brasileiro de Geografia e Estatísitca
ILO	*International Labour Office* (cf. OIT)
INDC	Contribuição Pretendida Determinada Nacionalmente
IPEA	Instituto de Pesquisa Econômica Aplicada
IUNC	União Internacional para a Conservação da Natureza
NAMA	Ações de Mitigação Nacionalmente Apropriadas
NAU	Nova Agenda Urbana
NBSAP	Estratégia e Plano de Ação Nacionais para a Biodiversidade
OCDE	Organização para Cooperação e Desenvolvimento Econômico (cf. OECD)
ODA	Assistência Oficial ao Desenvolvimento
ODM	Objetivo de Desenvolvimento do Milênio

ODS	Objetivo de Desenvolvimento Sustentável
OECD	Organization for Economic Co-Operation And Development (cf. OCDE)
OIT	Organização Internacional do Trabalho
OMC	Organização Mundial do Comércio (WTO)
ONG	Organização Não Governamental
ONU	Organização das Nações Unidas
OWG	*Open Working Group of the General Assembly on Sustainable Development Goals*
PNUD	Programa das Nações Unidas para o Desenvolvimento
PNUMA	Programa das Nações Unidas para o Meio Ambiente (cf. *UN Environment*)
PPC	Paridade do Poder de Compra
PPCS	Plano de Ação para a Produção e Consumo Sustentáveis
PrepCom	Reunião Preparatória
REED	Redução de Emissões Provenientes de Desmatamentos e da Degradação de Florestas
SDSN	Sustainable Development Solutions Network
TRIPS	Acordo sobre Aspectos dos Direitos de Propriedade Intelectual Relacionados ao Comércio
UNCLOS	Convenção das Nações Unidas sobre o Direito do Mar
UNCTAD	Conferência das Nações Unidas para o Comércio e o Desenvolvimento
UNDESA	Departamento de Assuntos Econômicos e Sociais das Nações Unidas
UN *Environment*	Cf. PNUMA e UNEP

UNEP	*United Nations Environment Programme* (cf. PNUMA e UN *Environment*)
UNESCO	Organização das Nações Unidas para a Educação, Ciência e Cultura
UNFCCC	Convenção-Quadro das Nações Unidas sobre Mudança do Clima
UNGA	Assembleia Geral das Nações Unidas
UNICEF	Fundo das Nações Unidas para a Infância
UNIDO	Organização das Nações Unidas para o Desenvolvimento Industrial
UNISDR	Escritório das Nações Unidas para Redução de Risco de Desastre
VNR	Relatório Nacional Voluntário (*Voluntary National Reviews*)
WBCSD	*World Business Council For Sustainable Development*
WEHAB	Água, Energia, Saúde, Agricultura e Biodiversidade (*Water, Energy, Health, Agriculture and Biodiversity*)
WHO	Organização Mundial da Saúde
WMO	World Meteorological Organization
WWF	World Wide Fund
10YFP	Programa-Quadro de 10 anos (*10 Years Framework Program*)

Apresentação

As necessidades de qualquer sociedade em qualquer época são atendidas pela transformação de recursos naturais em bens e serviços. A produção mundial de bens e serviços cresceu ao longo do tempo acompanhando o crescimento populacional, porém com mais intensidade a partir da Revolução Industrial e, especificamente, após a Segunda Guerra Mundial. O uso crescente de recursos extraídos do meio ambiente para sustentar essa produção trouxe degradação ambiental em escala mundial e antes mesmo de atender adequadamente as gerações atuais, o que se dirá das futuras. Apesar dessa intensa degradação, tanto pela extração de recursos naturais quanto pela geração de poluentes, parte considerável da população mundial vive na pobreza, subsistindo de modo precário. Encontrar meios para reverter essa situação e, em seu lugar, criar um mundo mais justo em um meio ambiente saudável é a razão de ser do movimento do desenvolvimento sustentável, o tema deste livro.

O primeiro capítulo do livro discorre sobre as origens recentes desse movimento, tendo como ponto de partida a 1ª Década de Desenvolvimento das Nações Unidas, criada em 1959 para vigorar entre 1960 e 1970. Sempre é possível encontrar datas e eventos que supostamente seriam o início de um movimento social da envergadura deste que o livro trata. A escolha do evento citado se deve ao fato de que as questões relativas ao desenvolvimento sustentável com a sua dimensão multidisciplinar começaram a ser esboçadas a partir de então. Outro evento importante dessa fase inicial tratada nesta Introdução é a Conferência das Nações Unidas sobre o Meio Ambiente Humano. Nessa Conferência o tema desenvolvimento sustentável ganhou projeção política, embora ainda não se usasse essa expressão. Mais de 100 países estiveram representados na Conferência, muitos pelos seus próprios governantes, o que deu ao evento uma enorme repercussão, que iria se traduzir depois em medidas concretas em diversos países, inclusive no Brasil.

O segundo capítulo discute os conceitos fundadores do desenvolvimento sustentável, tendo como ponto de partida o documento denominado "Nosso futuro comum", elaborado por uma comissão mundial criada pela Assembleia Geral das Nações Unidas. Nesse documento encontra-se a definição mais conhecida de desenvolvimento sustentável. Diversas questões polêmicas em torno dessa definição são discutidas, tais como, o debate desenvolvimento *versus* crescimento econômico, os entendimentos sobre necessidades básicas, o conceito de *Triple Bottom Line* e a responsabilidade social das organizações como um instrumento ou meio para que as organizações contribuam para o alcance dos objetivos do desenvolvimento sustentável.

O terceiro capítulo discute os resultados da Conferência das Nações Unidas sobre Meio Ambiente e Desenvolvimento, realizada no Rio de Janeiro em 1992, conhecida como Rio-92. Até então nenhuma Conferência das Nações Unidas teve tamanha repercussão, seja pelo número de países representados, mais de 180, e governantes presentes, seja pelos documentos oficiais aprovados, como a Convenção da Biodiversidade, a Convenção do Clima e a Agenda 21. Esses documentos são tratados nesse capítulo considerando a sua atualização ao longo do tempo. Foi a partir dessa Conferência que as ideias sobre desenvolvimento sustentável começaram a se popularizar e a ganhar públicos diversificados, até se tornarem mundialmente conhecidas em todos os estratos da sociedade, o que permite considerá-los um movimento social, pois constituído por grupos contestadores da situação de degradação ambiental e injustiça social, ao mesmo tempo em que são propositivos em suas atuações.

O quarto capítulo entra no século atual, mostra como as questões tratadas anteriormente foram evoluindo e centra sua atenção em três momentos. Um foi a Cúpula Mundial do Desenvolvimento Sustentável em Johanesburgo em 2002, a Rio+10, que teve por objetivo impulsionar medidas para acelerar os programas da Agenda 21. O outro foi a Cúpula do Milênio, quando se estabeleceu oito objetivos e diversas metas de desenvolvimento a ser alcançados até 2015, conhecidos por Objetivos de Desenvolvimento do Milênio. Esses objetivos obtiveram relativo sucesso, talvez mais do que a Agenda 21, o que ensejou a repetição desse modo de ação após 2015, assunto que será tratado no quinto capítulo. O terceiro momento importante desse início de século/milênio foi a Conferência das Nações Unidas sobre Desenvolvimento Sustentável, a Rio+20, que teve como temas centrais a reestruturação de um marco institucional para o desenvolvimento sustentável e a economia verde no contexto da erradicação da pobreza. Esses e outros eventos do início da fase atual foram se encaminhando para a elaboração da Agenda 2030 e seus 17 objetivos de desenvolvimento sustentável.

O quinto capítulo discorre sobre a Agenda 2030, uma ambiciosa lista de ações para implementar o desenvolvimento sustentável aprovada em 2015 para o período de 2016 a 2030. A Agenda apresenta 17 objetivos de desenvolvimento sustentável subdivididos em 169 metas, para as quais foram criados posteriormente mais de duas centenas de indicadores para acompanhar as suas execuções. Embora os objetivos e as metas sejam os aspectos mais visíveis da Agenda, ela vai muito além, pois incorpora diversos compromissos aprovados em conferências multilaterais sobre questões fundamentais para o desenvolvimento sustentável, como os resultados da Conferência Internacional sobre o Financiamento do Desenvolvimento de 2015. A Agenda 2030 apresenta metas globais que precisam ser desagregadas em termos de países e suas subdivisões. Esse capítulo apresenta o esforço brasileiro para adequar as metas globais à realidade do país e, dada à situação em que o país se encontra, outras metas foram acrescentadas.

A agenda 2030 não apresenta nada de novo, todos os seus assuntos estão contidos em diversos documentos oficiais intergovernamentais, como declarações de princípios, tratados e acordos multilaterais, protocolos e emendas. Sua novidade é a forma como as questões que esses documentos tratam foram sintetizadas em metas, em geral quantificáveis, o que facilita a sua divulgação perante grandes públicos, e a sua implementação, acompanhamento e revisão. Outra novidade refere-se à participação de milhões de pessoas em todo mundo oriunda dos mais diversos setores da sociedade, o que confere à Agenda um caráter verdadeiramente global e aplicável em todos os países, independentemente do seu grau de desenvolvimento.

Este livro baseia-se em obras de autores renomados que se especializaram em temas do desenvolvimento sustentável e em documentos produzidos por organizações que se dedicam a este tema, em especial os documentos oficiais produzidos pelas entidades do sistema das Nações Unidas. Esses autores e essas organizações apontam para a necessidade de uma ampla revisão das ações humanas a fim de alcançar um desenvolvimento com equidade e respeito com o meio ambiente. A possibilidade de alcançar estes dois objetivos é uma ideia central do desenvolvimento sustentável. A Agenda 2030 se propõe a realizar esse ideal.

1
As origens do desenvolvimento sustentável

Muitas concepções de desenvolvimento econômico foram e continuam sendo propostas desde há muito. Os economistas clássicos como Adam Smith, David Ricardo e Thomas Malthus já se preocupavam com esse tema, embora a palavra usada fosse crescimento da produção e da riqueza de longo prazo. Por exemplo, em o *Inquérito sobre a riqueza das nações*, uma das obras fundadoras da economia clássica escrita no final do século XVIII, Adam Smith mostra que o crescimento da economia resulta da acumulação de capital devido à expansão dos mercados que estimula a divisão do trabalho, favorece a especialização, o aumento da produtividade do trabalho e induz à realização de investimentos.

Os autores clássicos dedicaram poucos estudos sobre as colônias consideradas áreas atrasadas, e ainda assim esse pouco se referia as suas contribuições ao crescimento econômico das suas metrópoles. No século XIX, com o crescimento econômico generalizado dos países que seriam posteriormente denominados desenvolvidos, menos atenção ainda foi dada a essas áreas. Ademais, as maiores preocupações dessa época estavam nas questões relativas ao equilíbrio econômico. Somente no século XX iria surgir o que se denominou Teoria Econômica do Desenvolvimento para explicar as causas de diferentes padrões de crescimento econômico entre países e regiões, propor instrumentos para superar as barreiras ao crescimento e analisar as consequências para as populações.

As ideias sobre desenvolvimento sustentável foram se afirmando a partir da segunda metade do século XX, tendo contribuído para isso diversos eventos de caráter internacional, sendo que os mencionados no Quadro 1.1 são particularmente importantes e serão comentados ao longo deste livro. Os estudos sobre desenvolvimento deixam de basear-se em considerações exclusivamente econômicas e passam a incluir temas e abordagens de outras áreas, como sociologia, ciência política, biologia, ciências da terra, educação, gestão pública e empresarial, dos quais as Nações Unidas (ONU) e suas agências deram uma contribuição significativa.

Quadro 1.1 Gênese do desenvolvimento sustentável; eventos importantes selecionados

- Primeira Década do Desenvolvimento da ONU – período de 1960 a 1970 (1959).
- Criação do Instituto das Nações Unidas de Pesquisas sobre Desenvolvimento – UNRISD (1963).
- Criação da Conferência das Nações Unidas para o Comércio e o Desenvolvimento – UNCTAD (1964).
- Criação do Programa das Nações Unidas para o Desenvolvimento – PNUD (1965).
- Criação da Organização das Nações Unidas para o Desenvolvimento Industrial (1967).
- Conferência da UNESCO sobre conservação e uso racional de recursos (1968).
- Programa Homem e Biosfera da UNESCO (1970).
- Conferência das Nações Unidas sobre Meio Ambiente Humano – Estocolmo (1972).
- Criação do Programa das Nações Unidas para o Meio Ambiente – UNEP (1972).
- Resolução da Assembleia Geral da ONU sobre a criação de uma Nova Ordem Mundial (1974).
- Programa Internacional de Educação Ambiental – PIEA (1975).
- Programa das Nações Unidas para os Assentamentos Humanos – UN-Habitat (1978).
- I Conferência Mundial sobre o Clima (1979).
- Publicação do documento Estratégia de Conservação Mundial – UICN, UNEP, WWF (1980).
- Criação da Comissão Mundial sobre Meio Ambiente e Desenvolvimento – CMMAD (1983).
- Assembleia Geral da ONU declara o desenvolvimento como um direito humano (1986).
- Publicação do relatório Nosso Futuro Comum (1987).

- Criação do Painel Intergovernamental sobre Mudança do Clima (IPCC) (1988).
- Primeira publicação do Índice de Desenvolvimento Humano (IDH) pelo PNUD (1990).
- Publicação do documento Cuidando do Planeta Terra (1991).
- Conferência das Nações Unidas sobre Meio Ambiente e Desenvolvimento – Rio de Janeiro (1992).
- Criação da Comissão de Desenvolvimento Sustentável (CDS) no âmbito da ONU (1992).
- Cúpula Mundial sobre Desenvolvimento Sustentável – Johanesburgo – Rio+10 (2002).
- Cúpula Mundial das Nações Unidas – Nova York (2005).
- Conferência das Nações Unidas sobre Desenvolvimento Sustentável, Rio de Janeiro – Rio+20 (2012).
- Criação do Fórum Político de Alto Nível das Nações Unidas sobre Desenvolvimento Sustentável (2013).
- Objetivos do Desenvolvimento Sustentável – ODSs (2015).

Um passo importante para a compreensão a respeito do desenvolvimento foi a decisão da Assembleia Geral das Nações Unidas em 1959 de instituir a Primeira Década do Desenvolvimento das Nações Unidas para o período de 1960 a 1970, com vistas a realizar esforços concentrados para desencadear um amplo programa de redução da pobreza nos países subdesenvolvidos, como denominados à época, tendo como elemento promotor da melhoria de vida o crescimento econômico, seguido pela redução do desemprego e do subemprego. Esses países tinham em comum a pobreza extrema da maioria das suas populações, altas taxas de mortalidade infantil, baixa expectativa de vida ao nascer, altas taxas de analfabetismo, déficits habitacionais e assentamentos humanos precários. Eram países produtores de *commodities* agrícolas e minerais sujeitas às constantes perdas de valor relativamente aos produtos manufaturados importados.

Como uma das iniciativas da Primeira Década do Desenvolvimento, em 1963 a ONU criou o Instituto de Pesquisas das Nações Unidas para o Desenvolvimento Social (UNRISD) com o objetivo de ampliar os conhecimentos sobre os processos de desenvolvimento. Essa organização buscou contribuições de outras áreas de conhecimento de acordo com abordagens multi e interdisciplinares, uma vez que a abordagem centrada em considerações exclusivamente econômicas havia sido considerada insatisfatória. Em 1965 a Assembleia Geral da ONU criou o Programa das Nações Unidas para o Desenvolvimento (PNUD) que iria se ocupar de questões do desenvolvimento no âmbito do sistema das Nações Unidas.

A preocupação com a degradação ambiental devida aos processos de crescimento econômico e desenvolvimento deu-se lentamente e de modo muito diferenciado entre os diversos agentes, indivíduos, governos, organizações internacionais e entidades da sociedade civil. Inicialmente, ela é percebida como problemas localizados em áreas específicas, de curto alcance e atribuídos à ignorância, à negligência, ao dolo ou à indiferença dos seus causadores. As ações do poder público para evitar a ocorrência desses problemas são do tipo reativo, corretivo e punitivo, por exemplo, proibir ou limitar uma atividade geradora de poluição.

À medida que os problemas ambientais aumentam em quantidade e complexidade eles ultrapassam a dimensão local e passam a ser tratados no âmbito dos estados nacionais. Às praticas corretivas e repressivas acrescentam-se novos instrumentos de intervenção governamental para a prevenção da poluição e a melhoria dos sistemas produtivos como, por exemplo, o estímulo à substituição de processos produtivos poluidores ou consumidores de insumos escassos por outros mais eficientes e limpos, o zoneamento industrial e o estudo prévio de impacto ambiental para o licenciamento de empreendimentos com elevada capacidade de interferência no meio ambiente.

Como certos tipos de degradação ambiental não reconhecem fronteiras, com o tempo elas passaram a ser percebidas como problemas planetários que atingem a todos e não apenas os que a geraram. Um exemplo é a redução da camada de ozônio estratosférica que protege a Terra dos raios ultravioleta devido às emissões de certas substâncias, por exemplo, os clorofluorcarbonos (CFCs) usados como fluidos para transferência de calor, solventes industriais, agentes de expansão para fabricar espumas plásticas, propelentes em aerossóis, entre outras finalidades. Não importa o local da emissão dessas substâncias, o problema que irá causar afeta áreas significativas do planeta. Problemas dessa magnitude só podem ser enfrentados com a participação de todos os países e por meio de acordos intergovenamentais.

Só muito tardiamente a humanidade se viu às voltas com problemas de ordem planetária. Talvez as bombas atômicas lançadas em Hiroshima e Nagasaki e a certeza de que a Terra pudesse ser finalmente destruída pelo próprio ser humano tenham contribuído para isso, pois somente após a Segunda Guerra Mundial é que se verificou de modo acentuado uma preocupação com o meio ambiente dentro de uma perspectiva global. O pós-guerra trouxe inúmeras consequências negativas ao meio ambiente decorrente do surto de crescimento econômico acelerado que se verificou em algumas partes do mundo, principalmente nas áreas diretamente envolvidas nos conflitos.

Também a partir dessa época se intensificaram as pesquisas científicas que iriam lançar luzes sobre diversos fenômenos relacionados com o meio ambiente, algumas vezes confirmando com fortes bases empíricas conhecimentos obtidos anteriormente. É o caso do aquecimento global. Desde o século XIX havia conhecimentos básicos sobre o gás carbônico (CO_2) e a atmosfera, nos quais se destacam importantes cientistas da época, como Joseph Fourier (1768-1830), Svante Arrhenius (1859-1927), John Tyndall (1820-1893). Porém, esse tema somente entraria na pauta de discussão intergovernamental global na década de 1970. Isso só ocorreu devido às pesquisas científicas sobre o clima em escala mundial que se intensificaram a partir de 1957, declarado pela ONU como Ano Internacional da Geofísica, com o objetivo de incentivar a busca de conhecimentos sobre o planeta, inclusive o clima. Nesse período tem início o lançamento de satélites que geram enormes bases de dados que iriam permitir o estudo da Terra desde uma perspectiva global[1].

Os países não desenvolvidos ou subdesenvolvidos também foram afetados por esse surto, seja como fornecedores de insumos, seja como mercados para a nova onda de crescimento econômico. Alguns deles iriam experimentar processos de desenvolvimento econômico caracterizado pela mudança de uma base produtiva centrada nas atividades primárias (agricultura, mineração etc.), para outra baseada na industrialização. É o caso do Brasil, que a partir dos anos de 1950 começa a alterar sua estrutura econômica de modo acelerado, intensificando um processo de industrialização iniciado desde a década de 1930 e impulsionado de forma vigorosa pela implantação da indústria automotiva.

O surto de crescimento econômico após a Segunda Guerra Mundial (1939-1945) iria agravar os problemas ambientais, fazendo com que eles extravasassem as fronteiras nacionais e, portanto, escapassem das ações dos governos locais e nacionais. A poluição de rios internacionais, a chuva ácida provocada por emissões de gases em diversos países, a depleção da camada de ozônio, o aquecimento global e outros problemas dessa magnitude não podiam ser tratados com a lógica desenvolvida nas

---

1 Acot, 2005, p. 228-229.

primeiras duas etapas, conforme mencionadas acima. Assim, era preciso encontrar novos instrumentos de intervenção capazes de alcançar o espaço internacional.

Em 1969, o governo da Suécia propôs à ONU a realização de uma conferência internacional para tratar desses problemas. Essa proposta só encontrou maior receptividade após o desastre ecológico de Minamata, no Japão, que levou à morte milhares de pessoas contaminadas pelo mercúrio lançado ao mar por uma empresa local. Aceita a proposta, em 1972 foi realizada em Estocolmo a Conferência das Nações Unidas sobre o Meio Ambiente Humano (CNUMAH). Essa Conferência e as reuniões preparatórias que lhe antecederam firmaram as bases para um novo entendimento a respeito das relações entre o ambiente e o desenvolvimento e que, posteriormente, viria a ser denominado desenvolvimento sustentável.

A Conferência de Estocolmo de 1972

A Conferência das Nações Unidas sobre o Meio Ambiente Humano (CNUMAH), realizada em Estocolmo em 1972, constitui um dos marcos mais importante para o entendimento acerca do desenvolvimento sustentável, embora esta expressão ainda não fosse usada. Ela se dá no contexto da Segunda Década do Desenvolvimento da ONU, iniciada em 1971, e que teve, entre outros, os seguintes objetivos: alcançar uma taxa média anual de crescimento do produto bruto de 6% para o conjunto dos países em desenvolvimento; alcançar para esse conjunto uma taxa média de crescimento do produto bruto *per capita* de 3,5%; distribuir de modo mais equitativo esses resultados a fim de promover a justiça social, aumentar a eficiência produtiva, ampliar o nível geral de emprego, de saúde, nutrição, educação e proteção ambiental. Também foram estabelecidos os objetivos de melhorar o bem-estar das crianças, bem como o dos jovens e das mulheres para que estes possam participar ativamente do processo de desenvolvimento[2].

Os temas tratados na CNUMAH foram delineados em uma reunião preparatória realizada em Founex, Suíça, em 1971, convocada por Maurice Strong, seu secretário-geral. O relatório final dessa reunião mostrou que os principais problemas ambientais dos países industrializados são diferentes dos que ocorrem nos países em desenvolvimento. Nesses países, as raízes dos problemas ambientais estão basicamente fincadas na pobreza e na própria falta de desenvolvimento. Em outras

---

[2] General Assembly, 1970 [Disponível em https://undocs.org/in/A/RES/2626(XXV) – Acesso em 15/06/2018].

palavras, são problemas da pobreza urbana e rural. Não são apenas as condições de vida que estão em perigo nas cidades e no campo, mas a própria vida devido a problemas típicos da pobreza, tais como abastecimento deficiente de água potável, moradias inadequadas, falta de saneamento básico, nutrição insuficiente, doenças infecciosas, desastres naturais. Embora sejam problemas em grau não inferior à contaminação produzida pela atividade industrial, eles exigem atenção especial no contexto das preocupações ambientais, inclusive pelo fato de afetarem a maior parte da humanidade. O relatório ressalta que problemas como esses podem ser superados em grande parte pelo próprio desenvolvimento.

Já nos países industrializados avançados, os problemas ambientais decorrem de seus processos de desenvolvimento. A criação de uma grande capacidade produtiva na agricultura, indústria e comércio, o crescimento de sistemas complexos de transporte e comunicação, a evolução rápida dos conglomerados humanos, são exemplos de fatores que de algum modo causam danos e perturbações ambientais. O relatório adverte que o desenvolvimento espontâneo, sem planejamento ou regulamentação, pode também produzir efeito semelhantes nos países em desenvolvimento. Assim, a relação entre desenvolvimento e meio ambiente deve ser necessariamente considerada, e, se isso for feito, o desenvolvimento converte-se em medidas para resolver os problemas ambientais mais importantes desses países[3].

Conforme Ignacy Sachs, na reunião de Founex foram rejeitadas as teses extremadas dos malthusianos e dos cornucopianos. Os primeiros previam um futuro sóbrio para a humanidade devido ao iminente esgotamento dos recursos naturais e à incapacidade do progresso tecnocientífico de superar esse problema. Os segundos apostavam na capacidade ilimitada do ser humano de superar qualquer tipo de escassez por meio dos avanços científicos e tecnológicos. Esse confronto de ideias é a origem da proposta de um novo tipo de desenvolvimento denominado *ecodesenvolvimento*[4].

Entre as teses malthusianas estão as propostas de crescimento zero popularizadas por um relatório do Clube de Roma de 1970, denominado *Limites do Crescimento*, no qual foram feitas previsões muito pessimistas quanto ao futuro da humanidade. O relatório afirmava que se as tendências de crescimento da população mundial observadas até então fossem mantidas, os limites de crescimento do planeta seriam

---

3 Strong, 1971.
4 Sachs, 1993, p. 11-12.

alcançados dentro dos próximos cem anos, cujos resultados mais prováveis seriam o declínio incontrolável da população mundial e da capacidade industrial[5].

Essa tese foi defendida por países desenvolvidos diante da crise energética que já se tornara evidente naquela época e das altas taxas de crescimento populacional, principalmente nos países não desenvolvidos, que alimentavam as correntes migratórias em direção aos países desenvolvidos. No entanto, foi amplamente rejeitada nos países não desenvolvidos que defendiam o direito de crescer e de ter acesso aos padrões de bem-estar alcançados pelas populações dos países desenvolvidos[6].

Ainda conforme Sachs, diferentemente dessas propostas, o ecodesenvolvimento era uma nova modalidade de desenvolvimento, tanto em relação aos seus fins quanto aos seus instrumentos, tendo como compromisso básico a valorização das contribuições das populações locais nas transformações dos recursos do seu meio. Em vez de propor as soluções uniformes para todos, inspiradas no mimetismo cultural e na reprodução de modelos utilizados em outros países, o ecodesenvolvimento recomenda soluções endógenas, que são necessariamente pluralistas porque baseadas nas situações concretas de cada local e região. Além disso, esse *outro desenvolvimento* deve:

1) ser endógeno, o que não quer dizer autárquico;
2) basear-se em suas próprias forças;
3) ter como ponto de partida a lógica das necessidades;
4) promover a simbiose entre a sociedade humana e a natureza;
5) estar aberto às mudanças institucionais[7].

Essa nova proposta, como era de se esperar, encontraria resistências nos dois campos opostos. Os antagonismos da época, como a Guerra Fria e os conflitos norte-sul, impregnaram o termo ecodesenvolvimento de uma aura negativa e, assim, teve vida curta. As propostas associadas ao ecodesenvolvimento encontraram um clima hostil no ambiente empresarial e governamental, principalmente pelas críticas à atuação das empresas multinacionais. Desse modo, ecodesenvolvimento se tornou uma palavra maldita e foi progressivamente substituída pela expressão desenvolvimento sustentável[8].

---

[5] Meadows et al., 1972, p. 20.
[6] Sachs, 1980, p. 720.
[7] Ibid., p. 720-721.
[8] Sachs, 2009, p. 243.

O que se verificou de modo intenso na CNUMAH foi a explicitação de conflitos entre os países desenvolvidos e os não desenvolvidos. Os primeiros, preocupados com a poluição industrial, a escassez de recursos energéticos, a decadência de suas cidades e outros problemas decorrentes dos seus processos de desenvolvimento; os segundos, com a pobreza e a possibilidade de se desenvolverem nos moldes que se conheciam até então. Expressões como "a pobreza é a maior poluição" e "a pobreza é a maior forma de poluição" tornaram-se frequentes nos discursos de governantes dos países em desenvolvimento[9]. Apesar de refletirem o espírito de Founex e da Segunda Década do Desenvolvimento, essas expressões foram muitas vezes interpretadas como uma licença para poluir a troco de crescimento econômico e, assim, justificaram políticas públicas de atração de empresas poluidoras sob o argumento de que elas geram renda e empregos.

Apesar das divergências e da complexidade das questões em debate, a CNUMAH representou um avanço nas negociações entre países e constituiu um marco fundamental na evolução para a terceira etapa da percepção dos problemas relacionados com o binômio desenvolvimento-meio ambiente. Durante sua realização foram aprovados diversos documentos oficiais, dos quais um plano de ação e uma declaração de princípios são os mais importantes.

Declaração de Estocolmo

A Declaração de Estocolmo sobre Meio Ambiente Humano contém 26 princípios endereçados prioritariamente aos governos locais e nacionais e à cooperação internacional, podendo ser entendida como uma extensão da Carta das Nações Unidas de 1945. Ela começa lembrando que "o ser humano é ao mesmo tempo obra e construtor do meio ambiente que o cerca, o qual lhe dá sustento material e lhe oferece oportunidade para desenvolver-se intelectual, moral, social e espiritualmente"[10]. E afirma que proteger e melhorar o meio ambiente humano são questões fundamentais que afetam o bem-estar dos povos e o desenvolvimento econômico do mundo inteiro.

---

9 A primeira expressão é atribuída a Indira Gandhi, na época primeira-ministra da Índia, e a segunda, ao embaixador brasileiro Miguel Ozório de Almeida que participou da reunião de Founex em junho de 1971.
10 Declaração de Estocolmo de 1972, preâmbulo [Disponível em www.mma.gov.br/estruturas/agenda21 – Acesso em 15/06/2018].

Ecoando o relatório de Founex, a Declaração de Estocolmo considera que
> nos países em desenvolvimento, a maioria dos problemas ambientais é motivada pelo subdesenvolvimento. Milhões de pessoas seguem vivendo muito abaixo dos níveis mínimos necessários para uma existência humana digna, privada de alimentação e vestuário, de habitação e educação, de condições de saúde e de higiene adequadas. Assim, esses países devem dirigir seus esforços para o desenvolvimento levando em conta suas prioridades e a necessidade de proteger e melhorar o meio ambiente[11].

E continua: "com esse mesmo fim, os países industrializados devem se esforçar para reduzir a distância que os separa dos países em desenvolvimento". Quanto aos problemas ambientais desses países, a Declaração reconhece que eles "estão geralmente relacionados com a industrialização e o desenvolvimento tecnológico"[12].

Conforme a Declaração, a defesa e a melhoria do ambiente humano para as gerações presentes e futuras tornou-se um objetivo imperativo para a humanidade e que deve ser perseguido em conjunto com os objetivos da paz e do desenvolvimento econômico e social mundial. O desenvolvimento e meio ambiente saudável são considerados direitos humanos e devem ser tratados em conjunto. O primeiro princípio, que dá o tom para os demais, estabelece que
> o ser humano tem o direito fundamental à liberdade, à igualdade e ao desfrute de condições de vida adequada em um meio ambiente de qualidade tal que lhe permita vida digna e bem-estar, tendo a obrigação de proteger e melhorar o meio ambiente para as gerações presentes e futuras[13].

Os seis princípios seguintes são dedicados basicamente às questões ambientais; os restantes, às questões econômicas, sociais, governamentais e políticas, incluindo a cooperação entre países. De acordo com o princípio 11, as políticas ambientais dos países devem contribuir para aumentar o potencial de crescimento atual ou futuro dos países em desenvolvimento sem restringi-lo e nem colocar obstáculos à conquista de melhores condições de vida para todos.

O princípio 21 assegura o direito soberano dos países de explorar seus próprios recursos desde que não prejudiquem outros países ou zonas fora de suas jurisdições. Esse princípio, que reforça o da igualdade de direito e autodeterminação dos povos, constante da Carta das Nações Unidas, foi defendido vigorosamente pelos países

---

11 Ibid.
12 Ibid.
13 Ibid. Trechos do preâmbulo e do princípio 1.

não desenvolvidos por temerem que os desenvolvidos coloquem restrições ao uso dos seus recursos naturais para se desenvolverem, a fim de evitar o aumento da poluição ou a escassez de matérias-primas em nível global.

O Plano de Ação para o Meio Ambiente Humano

O Plano de Ação aprovado na CNUMAH contém 109 recomendações classificadas em três categorias, estruturadas conforme a Figura 1.1, cada qual com diversas funções, a saber:

I – Vigilância ambiental (*Earthwatch*), que compreende as funções:

a) avaliação e revisão para identificar os conhecimentos necessários às ações e determinar as medidas a serem tomadas;

b) pesquisa para criar novos conhecimentos a fim de orientar a tomada de decisão;

c) monitoramento para coletar dados sobre variáveis ambientais específicas e avaliá-las para determinar e prever condições e tendências ambientais importantes; e

d) intercâmbio de informações para disseminar o conhecimento nas comunidades científicas e tecnológicas, e assegurar aos tomadores de decisão em todos os níveis o benefício do melhor conhecimento disponibilizado nas formas e nos momentos em que pode ser útil.

II – Gestão ambiental, compreendendo as funções destinadas a facilitar um planejamento abrangente que leve em conta os efeitos colaterais das atividades humanas e, assim, proteja e melhore o ambiente humano para as gerações presentes e futuras.

III – Medidas de apoio às outras duas categorias, compreendendo as funções de:

a) educação;

b) formação e informação pública para fornecer especialistas, profissionais multidisciplinares e pessoal técnico e para facilitar o uso de conhecimento na tomada de decisão em todos os níveis;

c) arranjos organizacionais; e

d) assistência financeira e de outros tipos.

Figura 1.1 Plano de Ação para o Meio Ambiente Humano; Estrutura

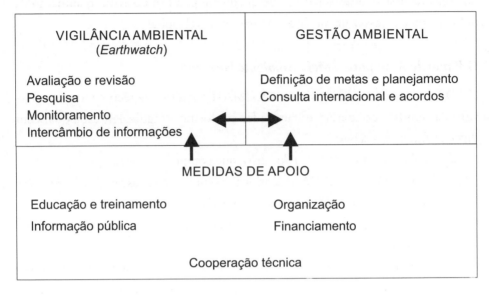

Fonte: *United Nations*, 1972, p. 6.

As recomendações constantes no Plano de Ação foram feitas ao secretário-geral da ONU, aos departamentos da ONU, como a ECOSOC, aos governos dos estados nacionais, e às organizações intergovernamentais (FAO, UNESCO, OMS, WMO, GATT, BIRD etc.) e regionais, com o objetivo de criar condições institucionais para atuar sobre as questões relativas ao desenvolvimento e meio ambiente em âmbito global. As áreas contempladas pelo Plano de Ação foram as seguintes:

1) planejamento e gestão dos assentamentos humanos;

2) aspectos ambientais da gestão de recursos naturais;

3) identificação de poluentes de ampla significação internacional, dividido em duas partes: poluição em geral e poluição do mar e oceanos;

4) aspectos educativos, informativos, sociais e culturais das questões ambientais; e

5) desenvolvimento e meio ambiente, centrados nas funções de gestão ambiental e de assistência financeira e tecnológica.

Um dos resultados concretos mais importantes da CNUMAH foi a criação do Programa das Nações Unidas para o Meio Ambiente (PNUMA/UNEP), atualmente denominado ONU Meio Ambiente (*UN Environment*), com sede em Nairóbi, Quênia[14]. Esse órgão iria desempenhar um papel central na coordenação e liderança das ações da ONU em relação ao meio ambiente, muitas das quais eram até 1972 realizadas pela UNESCO.

Outro resultado concreto foi a onda de criação de órgãos governamentais em muitos países para tratar de problemas ambientais, como controle da poluição e do uso de recursos naturais, como fauna, flora, minérios e água. Na época, eram poucos os países que dispunham de órgão que tratasse de questões ambientais amplamente consideradas. Por exemplo, no Brasil somente em 1973 foi criada a Secretaria Especial do Meio Ambiente (SEMA) subordinada ao Ministro do Interior. A vinculação dessa secretaria a um ministro de estado, colocando-a no terceiro escalão do Executivo Federal, mostrava que as questões ambientais não eram prioritárias para o governo da época, mas também não se poderia desconsiderá-las de todo após a repercussão positiva da CNUMAH em nível mundial. Somente em 1990, cinco anos após a redemocratização do país, que a Secretaria do Meio Ambiente passaria a integrar a estrutura da presidência da República[15].

Diversas iniciativas para implementar as recomendações aprovadas na CNUMAH foram desencadeadas pelos organismos que integram a ONU. Em 1974, a Assembleia Geral da ONU adotou uma declaração sobre o estabelecimento de uma nova ordem econômica mundial baseada na equidade, autodeterminação, interdependência, interesse comum e cooperação entre todos os estados-membros. Entre as questões tratadas nessa declaração merecem destaque: a necessidade de regulamentação e supervisão das atividades das corporações transnacionais em função dos interesses nacionais; a necessidade de implementar relações de trocas internacionais justas; acesso à ciência e tecnologia pelos países em desenvolvimento; a necessidade de pôr fim aos desperdícios dos recursos naturais; e a necessidade dos países não desenvolvidos de usar seus recursos nos seus processos de desenvolvimento ecoando o princípio 21 da Declaração de Estocolmo comentada acima[16].

No debate sobre a relação desenvolvimento e meio ambiente diversas organizações tiveram um papel preponderante, com destaque para a Organização das Nações Unidas (ONU) e suas agências. A UNESCO desempenhou um papel de destaque como promotora de inúmeros eventos intergovenamentais como a Conferência sobre Conservação e Uso Racional de Recursos de 1968 e o Programa Homem e

---

14 Para saber mais, cf. https://www.unenvironment.org
15 Brasil, 1990.
16 Assembleia Geral da ONU. Resolução 3.201, de 1º de maio de 1974.

Biosfera, iniciado em 1971, no qual as reservas da biosfera são os meios de ação para a conservação da natureza. Em 2019 a Rede Mundial de Reservas da Biosfera compreendia 686 reservas em 122 países, dentre eles o Brasil, que conta com sete reservas da biosfera[17].

A UNESCO teve e continua tendo papel importante na promoção da educação ambiental, um instrumento fundamental para a formação de uma opinião pública bem-informada e uma conduta dos indivíduos, das empresas e das coletividades responsável para com a proteção e melhoria do meio ambiente em todas as suas dimensões[18]. Atendendo o princípio 19 da Declaração de Estocolmo e a recomendação 96 do Plano de Ação, a UNESCO e o PNUMA criaram o Programa Internacional de Educação Ambiental (PIEA) para promover o intercâmbio de ideias, informações e experiências sobre educação ambiental. Entre as realizações do PIEA estão os seminários internacionais de 1975 e 1977, nos quais foram aprovadas a Carta de Belgrado e a Declaração de Tbilisi, respectivamente, dois importantes documentos sobre educação ambiental sob a perspectiva do desenvolvimento sustentável, até hoje bastante útil.

A fase pós-Conferência de Estocolmo foi marcada pela aprovação de diversos acordos multilaterais ambientais (AMUMA) que haviam sido colocados como tarefas a serem realizadas pelas recomendações do Plano de Ação, tais como a Convenção de Viena para a Proteção da Camada de Ozônio de 1985, a Convenção de Basileia sobre Controle de Movimentos de Resíduos Perigosos e seu Depósito de 1989. Iniciativas como essas contribuíram para consolidar a percepção da necessidade de encontrar outro modo de desenvolvimento e formaram as bases de uma nova ordem internacional baseada no desenvolvimento com proteção ao meio ambiente.

Muitas Organizações Não Governamentais (ONGs) desempenharam um papel fundamental na construção dessa ordem internacional, talvez tão importante quanto as organizações governamentais e intergovernamentais, pois geralmente não se encontram compromissadas com interesses decorrentes de questões políticas. Muitos eventos importantes como reuniões técnicas, conferências, treinamentos, assessoria técnica, projetos de pesquisas, entre outras atividades do gênero, têm sido realizados por ONGs que atuam no interesse do meio ambiente, dos direitos humanos, da ajuda humanitária e outros. O PNUMA mantém em sua sede em Nairóbi, Quênia, um

---

17 Cf. mais em http://www.unesco.org/new/en/natural-sciences/environment/ecological-sciences/man-and-biosphere-programme/ – Acesso em 29/07/2028.
18 Declaração de Estocolmo Sobre o Ambiente Humano de 1972, princípio 19.

centro de coordenação ambiental para facilitar a comunicação e o intercâmbio entre ONGs independentes e federações de ONGs. Mais tarde, a Agenda 21, aprovada em 1992, iria considerar as ONGs como um grupo prioritário de parceiros para o alcance de padrões de desenvolvimento sustentável.

Antecipando os próximos passos

Apesar dos avanços, alguns mencionados acima, o cumprimento do Plano de Ação de Estocolmo deixou muito a desejar, como afirma a Declaração de Nairóbi, aprovada durante a Assembleia Mundial dos Estados promovida pela PNUMA para avaliar os 10 primeiros anos da CNUMAH (Estocolmo+10). Conforme a Declaração, o Plano de Ação foi apenas parcialmente implementado e seus resultados não podem ser considerados satisfatórios, devido principalmente à previsão e compreensão inadequadas dos benefícios em longo prazo da proteção ambiental, à inadequada coordenação de abordagens e esforços realizados e à indisponibilidade de recursos e sua distribuição desigual. Por isso, ele não gerou impacto positivo suficiente sobre a comunidade internacional como um todo.

Segundo a Declaração de Nairóbi, a deterioração descontrolada do meio ambiente, o desmatamento, a degradação do solo e da água e a desertificação atingem proporções alarmantes que colocam em risco as condições de vida em grandes partes do mundo. Doenças associadas às condições ambientais adversas continuam causando sofrimento humano. Mudanças na atmosfera, poluição dos mares e das águas interiores, uso e descarte inadequados de substâncias perigosas, extinção de espécies animais e vegetais constituem outras graves ameaças ao meio ambiente humano[19].

Vale mencionar que esse diagnóstico não mudou muito desde então, as ameaças continuam graves mesmo com todos os esforços realizados. Por exemplo, um relatório da OMS de 2018 informa que a poluição atmosférica configura uma crise de saúde pública global, pois ameaça a saúde das pessoas de todas as idades, em todo mundo, tanto nas zonas urbanas quanto nas rurais, sendo que as crianças são afetadas de modo excepcional. Uma a cada quatro mortes de crianças menores de 5 anos está direta ou indiretamente relacionada com riscos ambientais[20].

---

19 Nairobi Declaration, 1982 [Disponível em http://www.un-documents.net/nair-dec.htm – Acesso em 21/10/2018].
20 WHO, 2018 [Disponível em http://www.who.int/ceh/publications/Advance-copy-Oct24_18150_Air-Pollution-and-Child-Health – Acesso em 21/10/2018].

A Declaração de Nairóbi afirma que as ameaças ao meio ambiente são agravadas tanto pela pobreza quanto pelos padrões de consumo perdulários, pois ambos podem gerar a superexploração do meio ambiente. A degradação ambiental causada pela pobreza decorreria da pressão populacional devida às altas taxas de natalidade das populações pobres, da menor produtividade em geral e, em especial, no cultivo da terra, gerando solos erodidos, desmatamentos, rios e mananciais assoreados, áreas protegidas invadidas, entre outros problemas ambientais vinculados à sobrevivência imediata dessas populações. Tais problemas, por sua vez, reforçariam a pobreza.

Embora não faltem exemplos desse círculo vicioso, o fato é que a pobreza e os padrões de consumo perdulário não podem ser colocados no mesmo plano como ameaça ao meio ambiente, como afirma a Declaração. Um documento elaborado posteriormente afirma que, embora a pobreza gere certos tipos de pressão ambiental, as principais causas da deterioração ininterrupta do meio ambiente mundial são os padrões insustentáveis de consumo e produção, especialmente nos países industrializados. E recomenda que as políticas para conservação e proteção dos recursos naturais levem em conta as populações pobres que dependem deles para sobreviverem, caso contrário, elas podem impactar negativamente tanto o combate à pobreza quanto à conservação e proteção do meio ambiente[21]. A erradicação da pobreza e a mudança do padrão de consumo se tornariam dois temas centrais do desenvolvimento sustentável nos anos seguintes.

---

21 Agenda 21, capítulo 3, seção 3.2 e capítulo 4, seção 4.3.

2
Desenvolvimento sustentável

A expressão *desenvolvimento sustentável* surge pela primeira vez em 1980 no documento denominado Estratégia de Conservação Mundial (*World Conservation Strategy*), produzido pela União Internacional para a Conservação da Natureza (IUNC)[22] e *World Wildlife Fund* (WWF) por solicitação do PNUMA. A tônica desse documento é predominantemente conservacionista, o capítulo 20, denominado "Rumo ao desenvolvimento sustentável", inicia dizendo que desenvolvimento e conservação operam no mesmo contexto global. Desenvolvimento é definido como modificação da biosfera e a aplicação de recursos humanos, financeiros, vivos e não vivos para satisfazer as necessidades humanas e melhorar a qualidade de vida humana. Conservação é a gestão do uso humano da biosfera para produzir o maior benefício sustentável para a presente geração, enquanto mantém o seu potencial de atender as necessidades e aspirações das futuras gerações[23].

O *World Conservation Strategy* afirma várias vezes que desenvolvimento sustentável e conservação da natureza são mutuamente dependentes. Um sem o outro não vai longe. A base do desenvolvimento continuado depende de como a biosfera é utilizada e a capacidade da biosfera de fornecer recursos continuamente depende de como o desenvolvimento é praticado. Ou seja, se o objetivo do desenvolvimento é o bem-estar social e econômico das gerações presentes e futuras, o da conservação é manter a capacidade do planeta para sustentar esse desenvolvimento. Assim,

---

22 IUCN (do inglês: International Union for Conservation of Nature). Organização fundada em 1948 com o objetivo de prover uma base científica para as ações ambientais e que congrega mais de 1.300 organizações em mais de 170 países, inclusive no Brasil [Disponível em https://www.iucn.org, acesso em 04/06/2018].
23 IUCN et al., 1980, capítulo 20.

uma estratégia mundial para a conservação da natureza deve alcançar os seguintes objetivos: (1) manter os processos ecológicos essenciais e os sistemas naturais vitais necessários à sobrevivência e ao desenvolvimento do ser humano; (2) preservar a diversidade genética; e (3) assegurar o aproveitamento sustentável das espécies e dos ecossistemas que constituem a base da vida humana[24]. Ou seja, essa estratégia visa manter a capacidade do planeta para sustentar o desenvolvimento que, por sua vez, deve levar em consideração a capacidade dos ecossistemas e as necessidades das futuras gerações.

A Comissão Mundial do Meio Ambiente e Desenvolvimento

A expressão desenvolvimento sustentável começa a ser divulgada mais intensamente com a publicação em 1987 do relatório da Comissão Mundial do Meio Ambiente e Desenvolvimento (CMMAD), denominado "Nosso Futuro Comum". Os trabalhos da CMMAD, também conhecida como Comissão Brundtland[25], constituem fontes fundamentais dos conceitos e propostas sobre desenvolvimento sustentável, com ampla repercussão internacional. Sugerida na Conferência de Nairóbi de 1982 (Estocolmo+10) e criada em 1983 pela Assembleia Geral da ONU, essa Comissão tinha os seguintes objetivos:

> 1) propor estratégias ambientais de longo prazo para alcançar um desenvolvimento sustentável por volta do ano 2000 e daí em diante;
> 2) propor recomendações para que a preocupação ambiental se traduza em maior cooperação entre os países e leve ao alcance de objetivos comuns e interligados considerando pessoas, recursos, meio ambiente e desenvolvimento de modo inter-relacionados;
> 3) considerar os meios pelos quais a comunidade internacional possa lidar com as preocupações ambientais de modo mais eficiente; e
> 4) ajudar a definir noções comuns sobre questões ambientais de longo prazo e os esforços necessários para tratar com êxito os problemas da proteção e da melhoria do meio ambiente[26].

Embora os temas recomendados se vinculem mais fortemente com questões ambientais, a Comissão desde o início tratou de discuti-las como questões decorrentes dos processos de desenvolvimento adotados pelos países. Conforme Gro Harlen Brundtland, quando se discutiam pela primeira vez as atribuições da Comissão em

---

24 Ibid.

25 Gro Harlen Brudtland, ex-ministra do Meio Ambiente e ex-primeira-ministra da Noruega, exerceu a presidência da CMMAD, que funcionou de 1983 a 1987.

26 CMMAD, 1991, p. xi.

1982, houve quem desejasse limitá-las apenas às questões ambientais, o que teria sido um grave erro, pois o "meio ambiente não existe como uma esfera desvinculada das ações, ambições e necessidades humanas". Quanto à palavra desenvolvimento, um equívoco cometido por muitos é entendê-la "como o que as nações pobres deviam fazer para se tornarem ricas". Segundo a autora, desenvolvimento e meio ambiente são inseparáveis: "é no meio ambiente que todos vivemos; o desenvolvimento é o que todos fazemos ao tentar melhorar o que nos cabe neste lugar que ocupamos"[27].

A CMMAD encerrou seus trabalhos em 1987 publicando um relatório, denominado *Nosso Futuro Comum*, cujo núcleo central é a formulação dos princípios do desenvolvimento sustentável entendido como um direito humano. Com efeito, em 1986, um ano antes da divulgação desse relatório, a Assembleia Geral da ONU havia reconhecido o desenvolvimento como um direito humano que condiciona a realização plena dos humanos individuais e sociais:

> o direito ao desenvolvimento é um direito humano inalienável, em virtude do qual toda pessoa e todos os povos estão habilitados a participar do desenvolvimento econômico, social, cultural e político, a ele contribuir e dele desfrutar, no qual todos os direitos humanos e liberdades fundamentais possam ser plenamente realizados[28].

A pessoa humana é o sujeito central do desenvolvimento e deve ser tanto o participante ativo dos processos de desenvolvimetno quanto o seu beneficiário. É uma condenação à ideia de desenvolvimento concebido em gabinetes, às portas fechadas, por governantes. Estes têm o direito e o dever de formular políticas de desenvolvimento, porém com a participação ativa, livre e significativa da população tanto na formulação quanto na distribuição dos benefícios.

O relatório da CMMAD faz suas as palavras do *World Conservation Strategy*: "o desenvolvimento não se mantém se a base de recursos ambientais se deteriora; o meio ambiente não pode ser protegido se o crescimento não leva em conta as consequências da destruição ambiental"[29]. E coloca quatro questões importantes para o entendimento do desenvolvimento sustentável:

> 1) os impactos ambientais são interligados, por exemplo, o desmatamento e a erosão do solo;
> 2) os desgastes ambientais e os padrões de desenvolvimento econômico se interligam;

---

27 Ibid., p. xiii.
28 UNGA. Resolution 41/128 de 1986 [Disponível em www.un.org/documents/ga/res/41/a41r128.htm – Acesso em 29/07/2018].
29 CMMAD, 1991, p. 40-43.

3) os problemas ambientais e econômicos estão ligados a fatores sociais e políticos; e

4) os ecossistemas transpassam as fronteiras nacionais[30].

A definição mais popular de desenvolvimento sustentável encontra-se nesse relatório: "o desenvolvimento sustentável é aquele que atende às necessidades do presente sem comprometer a possibilidade de as gerações futuras atenderem as suas próprias necessidades"[31]. Muitas outras definições foram e continuam sendo feitas, mas de longe essa é a mais conhecida. A elegância da sua construção e a facilidade de memorizá-la contribuíram para isso, além do prestígio de constar de documento referendado pela Assembleia Geral da ONU.

Note que essa definição repete com outras palavras o primeiro princípio da Declaração de Estocolmo citada no capítulo anterior. Segundo a definição, o desenvolvimento sustentável tem por objetivo (1) atender às necessidades básicas de todos os humanos desta geração, e (2) usar os recursos naturais com prudência e eficiência para que as gerações futuras possam atender suas necessidades básicas. O primeiro objetivo pressupõe a efetivação de um acordo ou pacto intrageracional pelo qual a geração atual se compromete a atender as necessidades básicas de todos os seus contemporâneos; o segundo é um pacto intergeracional pelo qual a geração atual se compromete a proteger o meio ambiente para que as futuras gerações possam atender suas necessidades básicas.

"Necessidades básicas", questão central da ideia de desenvolvimento sustentável, suscita muitos estudos e debates. A Declaração de Cocoyoc, aprovada em um seminário promovido pela CEPAL e PNUMA no México em 1974, listou as seguintes necessidades básicas dos seres humanos: alimento, moradia, vestuário, saúde e educação. A Declaração afirma que qualquer processo de crescimento que não leve em conta a satisfação plena destas necessidades, ou pior, que crie obstáculos a qualquer uma delas, é uma falsa ideia de desenvolvimento. Os processos de desenvolvimento não devem se limitar apenas à satisfação dessas citadas, pois há outras necessidades e outros valores fundamentais como a liberdade de expressão e de participar da formação das bases da própria existência e de contribuir de algum modo da construção do mundo futuro. O desenvolvimento inclui também o direito

---

30 Ibid.
31 Ibid., p. 46.

ao trabalho, não no sentido de cada pessoa ter um emprego simplesmente, mas no de sentir-se plenamente realizada em sua ocupação[32].

Caminhando nessa mesma direção, a Conferência Mundial sobre Emprego realizada pela Organização Internacional do Trabalho (OIT/ILO) em 1976 estabeleceu que os planos e políticas nacionais de desenvolvimento devem incluir explicitamente como objetivo prioritário a promoção do emprego e a satisfação das necessidades básicas da população de cada país. E que essas necessidades compreendem dois elementos. Primeiro, incluem certos requisitos mínimos de uma família para consumo privado: alimentação adequada, moradia, roupas, assim como certos equipamentos domésticos e mobílias. Segundo, incluem serviços essenciais fornecidos pela comunidade em geral e para ela, como água potável, saneamento, transporte público, saúde, educação e cultura. Nessa lista que o senso comum aprovaria está incluída a possibilidade de ter emprego remunerado adequadamente. Mais ainda, uma política orientada para as necessidades básicas requer a participação das pessoas na tomada de decisões que as afetem por meio da organização das suas próprias escolhas. Em outras palavras, a seleção dos elementos para atender as necessidades básicas não deve ser decidida de modo autocrático, mas sim com a participação das pessoas que serão afetadas pelas escolhas[33].

Para a CMMAD as necessidades básicas são as seguintes: emprego, alimentação, energia, habitação e abastecimento de água potável, saneamento e serviços médicos[34]. A educação é incluída pelos seus aspectos instrumentais, ou seja, como meio para enfrentar problemas e melhorar a qualidade de vida. Posteriormente, a Declaração Mundial sobre Educação para Todos, conhecida como Declaração de Jomtien, cidade da Tailândia onde ela foi aprovada em 1990, considera a satisfação das necessidades básicas de aprendizagem de cada pessoa, em todas as fases da vida, uma condição necessária para que os seres humanos possam sobreviver, desenvolver plenamente suas potencialidades, viver e trabalhar com dignidade, participar plenamente do desenvolvimento, melhorar a qualidade de vida, tomar decisões fundamentadas e continuar aprendendo. Essas necessidades compreendem não somente os instrumentos essenciais para a aprendizagem, tais como leitura, escrita, expressão oral,

---

32 *Declaración de Cocoyoc*, 1974 [Disponível em https://repositorio.cepal.org/handle/11362/34958 – Acesso em 29/07/2018].
33 ILO, 1997, p. 24.
34 CMMAD, 1991, p. 58.

cálculo, solução de problemas, mas também os conteúdos básicos da aprendizagem como conhecimentos, habilidades, valores e atitudes[35].

Conforme a CMMAD, o desenvolvimento sustentável, em essência, é um processo de transformação no qual a exploração dos recursos, os investimentos, o desenvolvimento tecnológico e as mudanças institucionais reforçam o potencial presente e futuro a fim de atender às necessidades e aspirações humanas[36]. Os principais objetivos das políticas derivadas desse conceito de desenvolvimento recomendados pela CMMAD são os seguintes:

    1) retomar o crescimento como condição necessária para erradicar a pobreza;
    2) mudar a qualidade do crescimento para torná-lo mais justo, equitativo e menos intensivo em matérias-primas e energia;
    3) atender às necessidades humanas essenciais de emprego, alimentação, energia, água e saneamento;
    4) manter um nível populacional sustentável;
    5) conservar e melhorar a base de recursos;
    6) reorientar a tecnologia e administrar os riscos; e
    7) incluir o meio ambiente e a economia no processo decisório[37].

Além desses objetivos, a CMMAD enfatiza a necessidade de modificar as relações econômicas internacionais e de estimular a cooperação internacional para reduzir os desequilíbrios entre os países. As recomendações nesse sentido apontam para um novo tipo de multilateralismo baseado numa vinculação estreita entre comércio internacional, meio ambiente e crescimento econômico global. O objetivo é alcançar uma economia mundial sustentável. Para isso, não podem ocorrer desigualdades entre os países e no interior dos países. A Comissão recomenda que sejam criadas ou garantidas condições políticas que assegurem a participação de todos os cidadãos na busca das soluções para os seus problemas de desenvolvimento.

O documento Cuidando do Planeta Terra (*Caring for the Earth*), publicado pela IUCN, o WWF e o PNUMA em 1991, as mesmas organizações que elaboraram o *World Conservation Strategy*, reconhece a importância do relatório Nosso Futuro Comum para o entendimento das relações de interdependência entre economia e desenvolvimento. Para essas organizações, o desenvolvimento deve apoiar-se nas pessoas e suas comunidades e na conservação da biodiversidade e dos processos

---

35 Declaração de Jomtien, 1990 [Disponível em http://unesdoc.unesco.org/images/ – Acesso em 29/07/2018].
36 Ibid., p. 49.
37 Ibid., p. 53.

naturais que sustentam a vida na Terra, tais como os que reciclam a água, purificam o ar e regeneram o solo. Este documento utiliza as seguintes expressões:

>1) *desenvolvimento sustentável* para indicar a melhoria da qualidade de vida respeitando os limites da capacidade dos ecossistemas;
>2) *economia sustentável* para indicar a economia que resulta de um desenvolvimento sustentável e que, portanto, conserva a sua base de recursos naturais;
>3) *uso sustentável* para indicar a utilização de recursos renováveis de acordo com a sua capacidade de reprodução[38].

Os conceitos e recomendações da CMMAD foram aceitos pelas entidades da ONU (PNUMA, PNUD, UNIDO etc.), bem como por diversas organizações intergovernamentais regionais como CEPAL, OCDE, não governamentais como *Worldwatch Institute*, WBCSD, IUCN, WWF. A Resolução 44/228 da Assembleia Geral da ONU, que convocou a Conferência das Nações Unidas sobre o Meio Ambiente e Desenvolvimento a ser realizada no Rio de Janeiro em 1992 consagrou as linhas mestras do relatório Nosso Futuro Comum mencionando explicitamente, entre outras questões, a relação entre pobreza e degradação ambiental e a necessidade de encontrar novos padrões de produção e consumo sustentáveis para esta e as futuras gerações[39].

Diversos governos também adotaram os princípios propostos pela CMMAD. No Brasil, a Constituição Federal de 1988 estabelece que "todos têm direito ao meio ambiente ecologicamente equilibrado, bem de uso comum ao povo, essencial à sadia qualidade de vida, impondo-se ao poder público e à coletividade o dever de defendê-lo para as presentes e futuras gerações"[40]. A redação desse artigo foi influenciada pela definição de desenvolvimento sustentável do relatório Nosso Futuro Comum, divulgado em 1987, período em que estava sendo elaborada a Constituição Federal. É quase que uma reprodução *ipsis litteris* da definição da CMMAD.

Desenvolvimento e crescimento econômico

Há quem observe que a expressão *desenvolvimento sustentável* encerra uma contradição em si; uma espécie de oximoro, isto é, uma combinação de palavras contraditórias, por exemplo, grito silencioso. Essa crítica era de se esperar, pois as duas palavras dessa expressão são ambíguas e suscitam diversos entendimentos.

---

38 IUCN; WWF & PNUMA, 1991, p. 9.
39 Disponível em http://www.un.org/es/comun/docs/ – Acesso em 15/06/2018.
40 BRASIL. *Constituição Federal*, 1988, artigo 225, caput.

A palavra desenvolvimento evoca a ideia de crescimento econômico e a palavra sustentável, de continuidade indefinidamente no tempo. Como disse Herman Daly, importante economista com atuação destacada no Banco Mundial, é a expressão crescimento sustentável em longo prazo que deve ser rejeitada como um mau oximoro. Ainda conforme esse autor, crescimento econômico e desenvolvimento, embora pareçam familiares, são distintos. O crescimento é o aumento quantitativo na escala física, enquanto desenvolvimento é a melhoria qualitativa ou a realização de potencialidades. A economia pode crescer sem se desenvolver, ou se desenvolver sem crescer, ou ambos ou nenhum[41].

Para muitos, o crescimento econômico é a causa de degradação ambiental, pois significa maior produção de bens e serviços e, consequentemente, maior uso de recursos e maior quantidade de poluentes. Também é a causa de degradação social, pois os frutos do crescimento não são distribuídos de modo equitativo e as populações mais pobres habitam as regiões mais degradadas em termos ambientais. Críticas como essas se baseiam nas políticas ditas de desenvolvimento praticadas em diversos países, onde os segmentos sociais que detêm o poder político do Estado afirmam como sendo nacionais os seus próprios objetivos e interesses. Dessa forma, os benefícios dos esforços coletivos acabam sendo distribuídos desigualmente. É o que ocorreu com os planos de desenvolvimento implementados no Brasil pós--1964; apesar de todos os esforços, o resultado final gerou uma das sociedades mais injustas do planeta.

Outras críticas referem-se ao fato de que a definição da CMMAD pouco ajuda em termos práticos. A definição seria vaga, imprecisa, apenas uma declaração de intenção, e desse modo atenderia interesses díspares e conflitantes. Como disse um crítico de primeira hora, desenvolvimento sustentável é um metaobjetivo que une a todos: do industrial com sua mente voltada para o lucro ao agricultor de subsistência, que minimiza os riscos da sua atividade; do trabalhador em busca de equidade ao indivíduo preocupado com a poluição ou com a proteção da vida selvagem; do formulador de políticas públicas maximizadoras do crescimento ao burocrata orientado por objetivos e ao político interessado em votos[42].

Incluir o crescimento econômico como um objetivo do desenvolvimento sustentável foi uma espécie de exorcismo que livrou o desenvolvimento sustentável do anátema que pesava sobre o ecodesenvolvimento. Provavelmente, esse é o fato

---

41 Daly, H.E., 1990.
42 Lélé, 1991, p. 61.

que mais favoreceu a aceitação da ideia de desenvolvimento sustentável por parte de amplos setores da sociedade de todos os países, principalmente governantes, políticos, empresários e dirigentes de empresas. Empresário que se contenta com o tamanho da sua empresa, não importa qual o tamanho, é uma espécie de *avis raras*, pois em seu ambiente impera o lema crescer ou desaparecer. Um dirigente empresarial que não faça a empresa crescer logo será substituído.

O mesmo ocorre na esfera pública, o crescimento econômico traz votos e popularidade para os governantes e políticos e esperança de emprego e renda para os eleitores. Quando a economia entra em recessão ou se mantém estagnada em patamares baixos, os governantes procuram aplicar novas medidas para retomar o crescimento e os partidos de oposição aproveitam para mostrar que possuem soluções melhores para alcançar esse objetivo. A retração da economia reduz a arrecadação de impostos enquanto aumenta o desemprego e a necessidade de recursos para auxiliar os desempregados ou as empresas para que elas não fechem suas portas. O crescimento econômico considerado apenas o seu aspecto quantitativo pode disfarçar a má gestão, a irresponsabilidade e malversação de recursos nas empresas e nos órgãos públicos. Por isso, uma questão importante do debate sobre desenvolvimento sustentável refere-se à ênfase dada ao crescimento e ao receio de tomar o crescimento econômico por desenvolvimento.

A CMMAD procurou neutralizar esse receio ao considerar a necessidade de mudar a qualidade do crescimento como objetivo do desenvolvimento sustentável para torná-lo mais justo, equitativo e menos intensivo em matérias-primas e energia. O desenvolvimento sustentável considera o crescimento importante, como mencionado, mas requer mudanças na forma habitual de encará-lo, não mais como um fim em si mesmo ou para preservar o *status quo*, mas como parte de um processo de melhoria da qualidade de vida de todos os humanos.

Medindo o crescimento econômico

Outro ponto problemático refere-se às formas de medir crescimento e desenvolvimento. O Produto Nacional Bruto (PNB) e o Produto Interno Bruto (PIB) medem o tamanho da economia de um país ou de uma de suas subdivisões. O PIB nominal é o valor a preços correntes de todos os bens e serviços finais produzidos em um país em um período, em geral um ano. Esse valor corresponde ao total dos gastos em bens e serviços finais, ou seja, dos gastos agregados em valores correntes ou valores de mercado no período considerado. Também é o valor total dos rendimentos recebidos pelos fatores de produção, tais como salários, lucros, juros, aluguéis, arrendamentos, *royalties*, impostos, daí a denominação Rendimento Interno Bruto (RIB).

O PIB *per capita* é o PIB dividido pela população do país e mostra o que em média cabe a cada habitante. O PIB nominal pode aumentar de um ano a outro devido à variação generalizada dos preços sem que tenha ocorrido aumento da produção de bens e serviços. Isso faz com que essa medida não seja confiável para informar se houve ou não crescimento. Para avaliar o desempenho da economia ano a ano o que importa é o PIB real, o valor dos bens e serviços, ou dos gastos agregados, considerando os preços de um ano de partida denominado ano-base. Quando se diz, por exemplo, "o PIB cresceu 4% no ano passado" ou "espera-se um crescimento de 3% do PIB neste ano", é do PIB real que se está falando. Para efeito de comparação com outros países, o que importa é o PIB real em dólares norte-americanos corrigidos pela Paridade do Poder de Compra (PPC), de modo que certa quantidade de dólares em um país tenha o mesmo poder de compra nos demais.

O PNB é o PIB excluindo os valores remetidos a outros países para remunerar os investimentos estrangeiros no país, e incluindo os recebidos de outros países devido aos investimentos feitos pelos seus residentes no estrangeiro. Da mesma forma, o Rendimento Nacional Bruto (RNB) é o RIB excluído os rendimentos enviados a outros países para remunerar fatores de produção de não residentes. Quando os valores remetidos e recebidos estão equilibrados, o PIB e o PNB apresentam poucas diferenças. Em países cujos sistemas produtivos são preponderantemente baseados em investimentos estrangeiros, o PNB fica menor que o PIB, uma situação típica de países em desenvolvimento. Nesse caso, o PNB é a melhor medida, pois desconsidera os rendimentos enviados para fora do país.

O PIB e o PNB mostram o desempenho da economia formal, pois consideram apenas os bens e serviços finais transacionados no mercado, ou seja, exclui os bens e serviços não remunerados, como os serviços realizados pelas famílias para elas mesmas, e os remunerados informalmente, como o trabalho sem carteira assinada e os bens e serviços vendidos sem notas fiscais. Também não informam as condições de vida, o nível de bem-estar desfrutado pela população e de satisfação com a vida, como mostra a Figura 2.1. Além disso, o PNB ou o PIB aumentam com as despesas governamentais e privadas para enfrentar a violência, o narcotráfico, as epidemias, os desastres naturais e os produzidos pela ação humana, entre outras desgraças. O mesmo ocorre com as despesas para descontaminar o ar, a água e o solo e tratar as doenças causadas pelos contaminantes. As despesas pelos motivos exemplificados, denominadas lamentáveis na Figura 2.1, fornecem uma falsa ideia tanto sobre o crescimento econômico quanto sobre a qualidade de vida e o bem-estar da população.

Figura 2.1 O PNB e as medidas de bem-estar

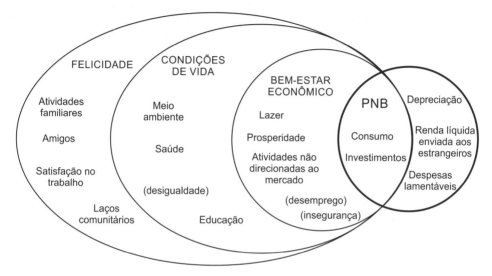

Fonte: Deutsche Bank Research, 2005.
Obs.: os itens entre parêntesis indicam impactos negativos sobre o bem-estar.

Diversas iniciativas foram e continuam sendo feitas para criar instrumentos de mensuração que reflitam melhor o desenvolvimento para além do crescimento econômico. Um desses instrumentos é o Índice de Desenvolvimento Humano (IDH) criado pelo PNUD em 1990. O conceito de desenvolvimento humano refere-se à expansão das liberdades e à capacidade das pessoas para levar um tipo de vida que valorizam e possuem razão para isso[43]. O IDH destaca os fins do desenvolvimento e não os seus meios. Ele utiliza medidas que traduzam melhor a distribuição dos benefícios do esforço coletivo, a saber: (1) longevidade e vida saudável, (2) acesso ao conhecimento e (3) padrão de vida decente representado pelo Rendimento Interno Bruto *per capita* (RNR *per capita*) ajustado ao custo de vida do país pelo PPC, como mostra a Figura 2.2.

---

43 PNUD, 2011.

Figura 2.2 IDH; composição

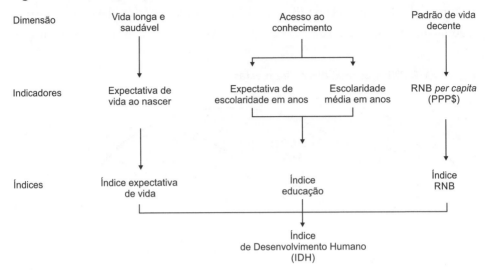

Fonte: UNEP, 2016.

A capacidade aquisitiva é um importante condicionante do desenvolvimento humano, mas não é o único e que não existe uma relação automática entre eles, como pode se observar na Tabela 2.1. O máximo que o IDH pode alcançar é o valor um (1,0), o que não significa um ideal de desenvolvimento, mas um mínimo aceitável. O PNUD considera como país de baixo desenvolvimento humano aquele que apresente um IDH menor que 0,550; médio desenvolvimento humano, IDH entre 0,550 e 0,699; alto, entre 0,669 e 0,800; muito elevado, acima de 0,800[44].

Um desenvolvimento humano muito elevado significa que o país apresenta resultados elevados nos três componentes do índice, como pode se ver no primeiro bloco da Tabela 2.1. Países com elevado ou médio desenvolvimento humano, um componente do IDH com desempenho muito alto pode compensar deficiências em um ou outro, como é o caso do último da lista deste bloco de países. Os países com IDH baixo apresentam desempenhos ruins em todas as áreas. Note a baixíssima escolaridade média no último bloco de países da Tabela 2.1. Os países com IDH muito baixo em geral são países politicamente instáveis quando não em situação de conflitos armados, como o caso da Síria, que antes da guerra civil que se arrasta há anos era um país de IDH médio.

---

[44] UNEP, 2016, p. 193.

As sucessivas medições do IDH mostram a evolução de país ou região em termos de longevidade, escolaridade e poder aquisitivo da população. Por exemplo, o Brasil em 1990 com um IDH de 0,611 apresentava um desenvolvimento humano médio; em 2015, com um IDH de 0,754, um desenvolvimento humano elevado, uma posição que continua até hoje (2019). Seria uma boa notícia se internamente os componentes do IDH fossem bem distribuídos entre os estados e municípios. Nesses níveis de desagregação observa-se muita desigualdade[45]. Porém, quando se desagregam por cor, gênero e faixa etária, as desigualdades são ainda maiores[46].

Tabela 2.1 IDH de 2018 – Países selecionados

Posição no ranking	PAÍS	Valor do IDH (2019)	Esperança de vida ao nascer (em anos)	Escolaridade média (em anos)*	RNB per capita ajustado ao custo de vida do país (PPC em US$)
Países de desenvolvimento humano muito elevado (IDH > 0,800)					
1	Noruega	0,954	82,3	12,6	68,059
2	Suíça	0,946	83,6	13,4	59,373
3	Irlanda	0,942	82,1	12,5	55,660
4	Alemanha	0,939	81,1	14,1	46,946
4	Hong-Kong/China	0,939	84,7	12,0	60,221
6	Austrália	0,938	83,3	12,7	44,097
6	Islândia	0,938	82,9	12,5	47,566
----	-------	------	-----	-----	--------
62	Seicheles	0,801	73,3	9,7	25,077
Países de desenvolvimento humano elevado (0,699 < IDH < 0,800)					
63	Sérvia	0,799	75,8	11,2	15,218

---

45 Cf. mais no Atlas de Desenvolvimento Humano Municipal (IDHM) [Disponível em http://www.atlasbrasil.org.br –. Acesso em 29/07/2018].

46 IPEA; PNUD & FJP, 2019.

* Escolaridade média: número médio de anos de escolaridade das pessoas com idade igual ou superior a 25 anos, convertido com base nos níveis de realização educativa usando as durações oficiais de cada nível.

63	Trinidad-Tobago	0,799	73,4	11,0	28,497
65	Irã	0,797	76,5	10,0	18,166
66	Maurício	0,796	74,9	9,4	22,724
67	Panamá	0,795	78,3	10,2	20,455
------	----------	--------	-----	-----	-------
79	**BRASIL**	**0,761**	**75,7**	**7,8**	**14.068**
------	--------	--------	-------	-------	----------
116	Egito	0,700	71,8	7,3	10,744
	Países de desenvolvimento humano médio (0,550 < IDH < 0,699)
117	Ilhas Marshall	0,698	73,9	10,2	4,633
118	Vietnan	0,693	75,3	8,2	6,220
119	Estado da Palestina	0,690	73,9	9,1	5,314
-------	----------	---------	-------	-----	--------
153	Ilhas Salomão	0,557	72,8	5,5	2,927
	Países de desenvolvimento humano baixo (IDH < 0,550)
154	Síria	0,549	71,8	5,1	2,725
155	Papua-Nova Guiné	0,543	64,3	4,6	3,686
-----	----------	--------	---------	-------	---------
185	Burundi	0,423	61,2	3,1	660
186	Sudão do Sul	0,413	57,6	4,8	1,455
187	Chade	0401	54,0	2,4	1,716
188	Rep. Centro Africana	0,381	52,8	4,3	777
189	Niger	0,377	62.0	2,0	912

Fonte: UNEP. *Human development report* 2019: Human Development for Everyone. Nova York, 2019.

Uma das críticas ao IDH refere-se à falta de indicadores que relacionem desenvolvimento e uso dos recursos da natureza. Em 2010 o PNUD lançou o Índice de Desenvolvimento Humano Sustentável (IDHS), composto por quatro indicadores, os três do IDH (longevidade, educação e poder aquisitivo) e mais a emissão de carbono *per capita*. A busca de novos indicadores que reflitam melhor as exigências do desenvolvimento sustentável é lembrada na Agenda 21, principalmente nos capítulos 8 e 40 que tratam da integração meio ambiente-desenvolvimento sustentável e informação para a tomada de decisão, respectivamente.

Dimensões do desenvolvimento sustentável

Considerando que o conceito de desenvolvimento sustentável sugere um legado permanente de uma geração a outra, para que todas possam prover suas necessidades, a sustentabilidade passa a incorporar o significado de manutenção e conservação indefinidamente dos recursos naturais. Uma questão controversa refere-se ao termo *sustentável* que qualifica o desenvolvimento.

Antes do surgimento da expressão desenvolvimento sustentável, como mostrado anteriormente, o termo sustentável já era usado em muitas áreas de estudo e prática, pois significa o que pode ser sustentado, mantido, alimentado, nutrido, garantido, assegurado. Assim se diz, por exemplo, que uma proposta é sustentável se suas condições serão mantidas, um negócio sustentável é aquele que tem um fluxo de recursos garantido. A empresa que repõe os ativos consumidos ou depreciados no exercício das suas atividades é sustentável porque poderá manter o mesmo nível de produção do ano anterior. No plano macroeconômico, a sustentabilidade econômica convencional refere-se à formação de capital, processo pelo qual os recursos poupados do consumo são convertidos em meios de produção. Na Contabilidade Nacional, a formação bruta de capital refere-se aos investimentos em ativos (máquinas, equipamentos e outros bens de produção), sendo, portanto, um indicador de desempenho futuro da economia.

O conceito tradicional de sustentabilidade ambiental tem sua origem nas Ciências Biológicas e aplica-se aos recursos renováveis que podem se exaurir pela exploração descontrolada, como solos agricultáveis, peixes e florestas. A sustentabilidade para esse tipo de recursos apoia-se na ideia de que só é possível a sua exploração permanente se for restrita apenas ao incremento do período, geralmente um ciclo anual, para preservar a base inicial dos recursos de modo a permitir sua recomposição. O limite da exploração seria dado por estudos sobre dinâmica populacional, ciclos de reprodução, instrumentos de exploração e outros capazes de fixar uma taxa de Rendimento Máximo Sustentável, aplicável ao recurso renovável. Esse é o conceito de uso sustentável apresentado anteriormente, repetindo: a utilização de recursos renováveis de acordo com a sua capacidade de reprodução.

Para os recursos não renováveis, por exemplo, minérios e combustíveis fósseis, a sustentabilidade será sempre uma questão de tempo, pois os limites físicos das suas fontes serão alcançados em algum momento, caso sejam explorados continuamente. O Painel Internacional de Recursos (IRP) mostra que o século XX foi uma época de grande progresso para a humanidade impulsionado pelos avanços da tecnologia e pelo crescimento econômico e populacional. A extração de materiais de construção aumentou em relação ao século anterior 34 vezes; a de combustíveis fósseis, 12 vezes; de minerais, 27; biomassa, 3,6; metais e minerais industriais, 8 vezes. Lembrando que recursos materiais são ativos naturais deliberadamente extraídos e modificados por meio de atividade humana por serem úteis para criar valor econômico. Esse incremento de consumo material trouxe profundos impactos negativos ao meio ambiente, além de não ter sido distribuído equitativamente[47].

Assim, reduzir ao máximo todo tipo de desperdício na exploração e no uso dos recursos é uma providência necessária e urgente e que depende das práticas produtivas e dos hábitos de consumo da população em geral, excluídos os que vivem na pobreza, pois pobreza significa subconsumo forçado, algo intolerável que deve ser eliminado como uma das tarefas mais urgentes da humanidade. Do ponto de vista dos sistemas produtivos, o objetivo é produzir mais bens e serviços necessários para atender um número maior de pessoas, sem aumentar a exploração de recursos naturais.

Um dos objetivos básicos da sustentabilidade ambiental é reduzir a quantidade de recursos usados expandindo o bem-estar da população mundial. Em outras palavras, promover o desacoplamento (*decoupling*) entre as atividades econômicas e os recursos usados e seus impactos ambientais. O verbo *desacoplar* significa separar-se do que está conectado, desfazer-se de uma ligação; o substantivo *desacoplamento* é o ato ou efeito de desligar ou desfazer uma conexão. São termos de uso frequente na Física e nas atividades técnicas de um modo geral[48]. Também são usados os termos descolar e descolamento.

---

[47] UNEP. *International Resource Panel*, 2011, p. 10.

[48] *Dicionário Houaiss*, 2009 (cf. verbetes).

No contexto do desenvolvimento sustentável, desacoplamento significa usar menos recursos por atividade econômica e reduzir o impacto ambiental de todas as atividades econômicas. Portanto, há dois desacoplamentos: o dos recursos e o dos impactos, como ilustra a Figura 2.3. O primeiro significa reduzir o uso de recursos por unidade de atividade econômica, ou seja, da produção necessária à ampliação do bem-estar humano. O segundo significa aumentar as atividades ao mesmo tempo em que reduz os impactos ambientais negativos. O desacoplamento pode ser relativo ou absoluto. Aquele ocorre quando a taxa de crescimento de um parâmetro ambiental (uso de recursos ou impacto ambiental) é menor do que a taxa de crescimento de um indicador econômico importante, por exemplo, o PIB. O absoluto ocorre quando o crescimento da taxa de produtividade do recurso excede à taxa de crescimento da economia[49].

Figura 2.3 Representação estilizada dos dois desacoplamentos

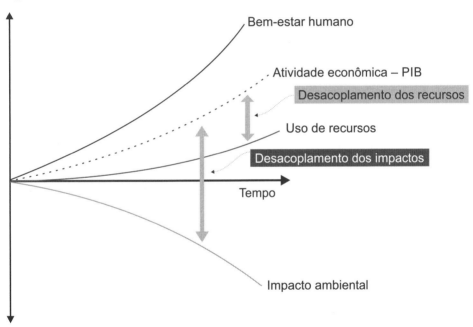

Fonte: UNEP, 2011, p. 5.

Um problema típico do desacoplamento é o que se denomina efeito bumerangue, rebote ou ricochete. Essas palavras referem-se ao retorno de algo ao lugar de lançamento. O efeito rebote (em inglês: *rebound effect*) foi inicialmente usado para indicar certo tipo de comportamento do consumidor diante da redução do custo da

---
49 UNEP, 2011.

energia, tanto em nível individual quanto nacional. O efeito se dá quando a economia devida ao menor custo da energia para o consumidor, resultante do aumento da eficiência energética, é usada pelo consumidor para aumentar o consumo na forma de mais horas de uso ou maior qualidade do serviço de energia. Por exemplo, a troca de lâmpadas fluorescentes por LED reduz o custo da energia para o consumidor por hora de uso da lâmpada. O efeito rebote se dá quando a economia obtida pela redução do custo é usada pelo consumidor para aumentar as horas de uso ou usar uma lâmpada mais potente para melhorar a iluminação[50]. Com o tempo, esse efeito passou a ser considerado para qualquer produto ou serviço que ficou mais barato devido às inovações tecnológicas.

O efeito rebote é a diferença quantitativa entre as economias projetadas de recursos que derivariam de um conjunto de mudanças tecnológicas e as economias reais derivadas da prática, medidas em termos percentuais. O efeito pode ser direto ou indireto. O primeiro, também denominado microefeito rebote, ocorre ao nível do consumidor, como no exemplo acima, que poderá consumir mais de um produto que ficou mais barato por ter sido produzido com menos recursos ou gastar o dinheiro economizado comprando outro produto. O indireto ou macroefeito ocorre ao nível das economias nacionais, são de longo prazo e mais difíceis de precisar[51].

A ocorrência do efeito rebote anula os benefícios do aumento da eficiência produtiva, por isso também é denominado *take-back effect*. Ou seja, a redução dos insumos usados para produzir bens e serviços devido ao aumento da eficiência produtiva é recuperada, ou seja, tomada de volta pelo aumento do consumo desses bens e serviços. Isso torna sem efeito a redução do uso de materiais e energia por unidade produtiva, um dos principais objetivos das inovações ambientais ou ecoinovações e coloca em dúvida as possibilidades delas de produzirem os desacoplamentos mencionados.

Para combater o efeito rebote é necessário atuar conjuntamente em duas frentes: uma no âmbito da produção de bens e serviços e das inovações tecnológicas e de gestão para aumentar a eficiência dos recursos e reduzir a geração de resíduos; outra no âmbito do consumo de bens e serviços para mudar o comportamento do consumidor. Essas duas frentes de batalha é sintetizada pela expressão "produção e consumo sustentáveis", e que indica um dos componentes essenciais do desenvolvimento sustentável, assunto que voltará outra vez.

---

50 Herring & Roy, 2007.
51 UNEP, 2011.

Em suma, a obtenção desses dois desacoplamentos depende de como os recursos naturais são explorados e usados, que, por sua vez, depende de questões econômicas, políticas, institucionais e culturais que determinam o que a sociedade pretende fazer com eles. Ou seja, depende do tipo de desenvolvimento praticado, o que leva a outras dimensões do desenvolvimento sustentável, além das dimensões econômica e social comentadas acima.

Novas dimensões do desenvolvimento sustentável

Conforme mostrado anteriormente, não se pode pensar em desenvolvimento sustentável com os mesmos critérios e preocupações que acompanharam as experiências de desenvolvimento do passado. Quando é necessário rever os fins e os meios para se alcançar o *outro desenvolvimento*, como fala Ignacy Sachs, o que está em jogo é um novo paradigma de desenvolvimento. O conceito de sustentabilidade não pode se limitar apenas à visão tradicional de estoques e fluxos de recursos naturais e de capitais. De acordo com esse autor, é necessário considerar simultaneamente as seguintes dimensões:

> 1) **Sustentabilidade social:** refere-se ao objetivo de melhorar substancialmente os direitos e as condições de vida das populações e reduzir as distâncias entre os padrões de vida dos grupos sociais. Refere-se, portanto, busca de equidade social entre os membros da atual geração;
> 2) **Sustentabilidade econômica:** refere-se à necessidade de manter fluxos regulares de investimentos públicos e privados e à gestão eficiente dos recursos produtivos, avaliada mais sob critérios macrossociais do que microempresariais e por fluxos regulares de investimentos;
> 3) **Sustentabilidade ecológica ou ambiental:** refere-se às ações para evitar danos ao meio ambiente causados pelos processos de desenvolvimento. Envolve medidas para reduzir o consumo de recursos e a produção de resíduos, bem como para intensificar as pesquisas e a introdução de tecnologias limpas e poupadoras de recursos e para definir regras que permitam uma adequada proteção ambiental;
> 4) **Sustentabilidade espacial:** refere-se à busca de uma configuração mais equilibrada da questão rural-urbana, melhor distribuição do território e melhor solução para os assentamentos humanos. Envolve, entre outras preocupações, a concentração excessiva das áreas metropolitanas; e
> 5) **Sustentabilidade cultural:** refere-se ao respeito às diferentes culturas e às suas contribuições para a construção de modelos de desenvolvimento apropriados às especificidades de cada ecossistema, cada cultura e cada local[52].

---

52 Sachs, 1993, p. 24-27.

Em relação a esta última, a Comissão Mundial de Cultura e Desenvolvimento (CMCD) afirma que as formas de desenvolvimento são em última análise determinadas pelos fatores culturais, por isso não caberia falar de desenvolvimento e cultura como questões separadas e estanques. Essa dimensão da sustentabilidade refere-se ao fato de que o desenvolvimento e a economia fazem parte ou constituem aspectos da própria cultura de um povo[53]. A CMCD fala também em sustentabilidade fiscal, administrativa e política, que são aspectos da cultura de um país ou local, para obter o consentimento dos cidadãos em torno dos projetos de desenvolvimento.

A **dimensão política** refere-se ao fato de que desenvolvimento é um direito de todos e de todos os povos, como já comentado, o que coloca a questão da democracia como condição básica. Como diz Sachs, a democracia é um valor fundamental que garante a transparência e a responsabilização necessárias ao funcionamento dos processos de desenvolvimento[54]. Ela garante que o desenvolvimento resulte da participação e da contribuição dos que serão beneficiados e não de uma dádiva dos governantes. Essa dimensão implica a participação ativa de novos atores não estatais, como o setor produtivo privado, as organizações não governamentais, a comunidade científica e tecnológica, entre muitas outras.

O empoderamento desses novos atores não significa a superação ou diminuição do papel do Estado. Os estados democráticos oferecem uma contribuição ao desenvolvimento sustentável ao mesmo tempo única, necessária e imprescindível. Única porque transcende a lógica do mercado diante da necessidade de proteger os valores e as práticas de justiça social e equidade, bem como a defesa dos direitos difusos da cidadania. Necessária porque a lógica da acumulação capitalista requer a oferta de bens comuns que não podem ser produzidos por atores competitivos que atuam no mercado. Indispensável porque se dirige às gerações futuras e lida com processos ambientais que não são substituíveis por capital e tecnologia. Em suma os estados têm responsabilidades que não podem ser transferidas ou delegadas a outros atores, particularmente em matéria regulatória e de articulação com setores produtivos, comunitários e sociais, tais como questões sobre educação, seguridade social, meio ambiente[55].

A **sustentabilidade institucional** complementa a sustentabilidade política. Não é possível atender todos os requisitos de sustentabilidade política senão por

---

53 CMCD, 1997, p. 32-33.
54 Sachs, 2004, p. 39.
55 Guimarães, 2006, p. 94.

meio da ampliação dos espaços da cidadania que, por sua vez, exige a manutenção de regimes democráticos e o aperfeiçoamento constante das suas instituições. De acordo com a CMCD, as instituições políticas precisam superar as resistências de modo legítimo e o aparato administrativo deve estar apto para conduzir as reformas de modo continuado, o que pressupõe a existência de recursos para arcar com os dispêndios públicos[56]. As instituições políticas e o aparato administrativo dos entes estatais são agentes importantes de qualquer processo de desenvolvimento.

Para o IBGE, a dimensão institucional refere-se *à* "orientação política, capacidade e esforço despendido por governos e pela sociedade na implementação das mudanças requeridas para uma efetiva implementação do desenvolvimento sustentável"[57]. Essa dimensão contempla instrumentos políticos e legais, tais como a ratificação de acordos globais, legislação ambiental, investimentos em ciência e tecnologia, conselhos municipais de meio ambiente, grau de participação de municípios em comitês de bacias hidrográficas, acesso à internet, entre outras questões. Conforme o IBGE, a habilidade de um país para avançar na direção do desenvolvimento sustentável é determinada pela capacidade das pessoas e das instituições[58].

Além da dimensão institucional, o IBGE utiliza as dimensões econômicas, ambientais e sociais, cada qual com diversos indicadores, como exemplificado no Quadro 2.2. Essas dimensões e indicadores são apropriados para avaliar a situação de um país, uma região desse país, um município em relação ao alcance dos objetivos do desenvolvimento sustentável. Os indicadores são endereçados aos políticos, governantes, gestores públicos e outros que atuam nos entes públicos. A rigor, uma gestão pública afinada com os conceitos do desenvolvimento sustentável deveria usar esses indicadores para formular as políticas públicas, estabelecer os planos, programas e projetos e acompanhar a sua execução.

Os indicadores do Quadro 2.2 não devem ser vistos de modo isolado, mas em conjunto com os que se relacionam mais intensamente. Por exemplo, o indicador 46, consumo de energia *per capita*, mostra o consumo final anual de energia por habitante, em um determinado território expresso em gigajoules por habitantes (GJ/hab.), ou seja, é o resultado da divisão entre consumo final de energia em gigajoules (GJ) pela população desse território (habitantes). O consumo final de energia inclui quantidade de energia utilizada na indústria, comércio, agropecuária, transporte e outras ativi-

---

56 CMCD, 1997, p. 273.
57 IBGE, 2015, p. 14.
58 Ibid., p. 14.

dades produtivas, bem como nas residências, iluminação pública etc. A produção de energia, como qualquer atividade produtiva, gera impactos ambientais, por exemplo, as termoelétricas emitem gases de efeito estufa (indicador 01) e as usinas nucleares, rejeitos radiativos (indicador 52). Os indicadores 03, 20, 25, 26, 27, 42 e 47, listados no Quadro 2.2, influenciam ou são influenciados pelo consumo de energia *per capita*[59].

Quadro 2.2 Indicadores de desenvolvimento sustentável – IBGE, 2012

Dimensão ambiental	Dimensão social
1) Emissões de origem antrópica de gases de efeito estufa	21) Taxa de crescimento da população
	22) Taxa de fecundidade
2) Consumo industrial de substâncias destruidoras da camada de ozônio	23) Razão de dependência
3) Concentração de poluentes no ar em áreas urbanas	24) Índice de Gini da distribuição do rendimento
4) Uso de fertilizantes	25) Taxa de desocupação
5) Uso de agrotóxicos	26) Rendimento domiciliar *per capita*
6) Terras em uso agrossilvipastoril	27) Rendimento médio mensal
7) Queimadas e incêndios florestais	28) Mulheres em trabalho formal
8) Desflorestamento na Amazônia Legal	29) Esperança de vida ao nascer
9) Desmatamento nos biomas extra-amazônicos	30) Taxa de mortalidade infantil
	31) Prevalência de desnutrição total
10) Qualidade de águas interiores	32) Imunização contra doenças infecciosas infantis
11) Balneabilidade	
12) População residente em áreas costeiras	33) Oferta de serviços básicos de saúde
	34) Doenças relacionadas ao saneamento ambiental inadequado
13) Espécies extintas e ameaçadas de extinção	35) Taxa de incidência de AIDS
14) Áreas protegidas	36) Taxa de frequência escolar
15) Espécies invasoras	37) Taxa de alfabetização
16) Acesso a sistema de abastecimento de água	38) Taxa de escolaridade da população adulta

---

59 IBGE; 2015, indicador 46.

17) Acesso a esgotamento sanitário	39) Adequação de moradia
18) Acesso a serviço de coleta de lixo doméstico	40) Coeficiente de mortalidade por homicídios
19) Tratamento de esgoto	41) Coeficiente de mortalidade por acidentes de transporte
20) Destinação final do lixo	
Dimensão econômica	**Dimensão institucional**
42) Produto Interno Bruto *per capita*	53) Ratificação de acordos globais
43) Taxa de investimento	54) Legislação ambiental
44) Balança comercial	55) Conselhos municipais de meio ambiente
45) Grau de endividamento	
46) Consumo de energia *per capita*	56) Comitês de bacias hidrográficas
47) Intensidade energética	57) Organizações da sociedade civil
48) Participação de fontes renováveis na oferta de energia	58) Gastos com pesquisa e desenvolvimento (P&D)
49) Consumo mineral *per capita*	59) Fundo municipal de meio ambiente
50) Vida útil das reservas de petróleo e gás	60) Acesso aos serviços de telefonia
	61) Acesso à internet
51) Reciclagem	62) Agenda 21 Local
52) Rejeitos radioativos: geração e armazenamento	63) Patrimônio cultural
	64) Articulações interinstitucionais

Fonte: IBGE, 2015.

Sustentabilidade e as organizações

As dimensões da sustentabilidade comentadas acima são apropriadas para países, regiões, municípios, bairros, mas não para organizações empresariais e da sociedade civil, pois elas não possuem controle completo sobre variáveis políticas, institucionais, culturais e espaciais. As empresas, principalmente as grandes, embora exerçam influências consideráveis sobre as dimensões políticas e institucionais, seus efeitos podem ser computados em termos econômicos, sociais e ambientais. Por exemplo, os financiamentos de campanhas de candidatos a cargos eletivos por empresários e dirigentes empresariais são meios para encaminhar os interesses de suas empresas em alguma dessas três dimensões, por exemplo, para obter isenções fiscais, reduzir exigências ambientais, modificar leis trabalhistas, ganhar licitações.

Figura 2.4-A é a que melhor retrata a realidade, pois a economia faz parte da sociedade que, por sua vez, depende do meio ambiente de onde obtém a sua subsistência. Apesar disso, a Figura 2.4-B tornou-se uma representação bastante usual cujas origens se perderam. Isso porque ela permite posicionar melhor as ações humanas em relação às dimensões da sustentabilidade, uma vez que elas podem referir-se a mais de uma dimensão, ou até mesmo a nenhuma. O esquema da Figura 2.4-B é uma simplificação que atende às necessidades de gestão da sustentabilidade em nível organizacional.

Figura 2.4 Desenvolvimento sustentável: uma representação

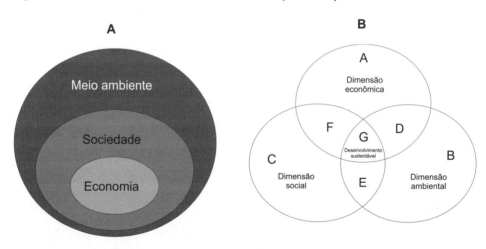

As ações envolvendo apenas uma dimensão, as áreas A, B e C da Figura 2.4-B, ou não estão sintonizadas com os objetivos do desenvolvimento sustentável, ou sua contribuição é desprezível. É o caso de uma campanha publicitária para aumentar as vendas de um produto convencional (área A). As ações nas áreas D, E e F apresentam avanços parciais em termos de sustentabilidade ao considerar simultaneamente duas dimensões. Exemplo: uma inovação de produto que aumente as vendas e diminua o consumo de material e energia na sua fabricação atende as dimensões econômicas e ambientais simultaneamente (área D). A área G é reservada às ações que atendam plenamente as três dimensões da sustentabilidade e que podem ser sintetizadas pela expressão: *equidade social, prudência ecológica e eficiência econômica*[60].

Os indicadores de sustentabilidade do Quadro 2.2 são macro-orientados e por isso não se prestam para avaliar o envolvimento das organizações empresariais e da sociedade civil com o desenvolvimento sustentável. Os indicadores apropriados para as organizações devem estar associados, direta ou indiretamente, aos impactos negativos e positivos de suas decisões e atividades e dos seus produtos (bens e serviços) sobre a sociedade, a economia e o meio ambiente. Uma decisão, mesmo quando não implantada, gera impactos, por exemplo, o anúncio da decisão de construir uma fábrica no futuro pode provocar uma especulação imobiliária no local escolhido.

Ao longo do tempo surgiram muitas propostas sobre indicadores de sustentabilidade para as organizações. Em geral os esquemas propostos envolvem (1) indicadores de situação, por exemplo: capacidade de produção, vendas totais, número de trabalhadores, volume total de compras, investimentos em P&D; (2) indicadores de gestão como objetivos, metas, programas, compromissos voluntários; e (3) indicadores de desempenho operacional (consumo de material, água e energia por unidade de produção, emissões de poluentes por tipo e quantidade, redução de acidentes de trabalho, distribuição do valor adicionado etc.).

As três dimensões comentadas acima constituem a base do modelo de gestão denominado *Triple Bottom Line* (TBL), desenvolvido por uma empresa de consultoria britânica denominada SustentaAbility e popularizado por um dos seus sócios e consultores, John Elkington. *Bottom line* pode ser entendido como o resultado líquido ou final de uma operação aritmética envolvendo somas e subtrações de uma categoria de elementos de gestão. O lucro líquido (ou o prejuízo) apresentado na última linha do demonstrativo de resultados contábeis de uma empresa é um *bottom line*, o resultado final de um exercício econômico-financeiro considerando receitas, custos, despesas, impostos, entre outros elementos. Além do resultado líquido do desempenho econômico-financeiro, o modelo considera também os resultados líquidos do desempenho da organização em termos sociais e ambientais, formando os três pilares do desenvolvimento sustentável.

O modelo orienta a organização a alcançar resultados líquidos nesses três pilares. Os desafios mais importantes para a gestão no TBL não se encontram no interior de cada pilar, mas entre eles, o que corresponde às áreas de interseção dois

---

60 Maurice Strong, secretário da CNUMAD, apud Sachs, 1993, p. 7.

a dois da Figura 2.4-B. A Figura 2.5 ilustra essa ideia. Uma vantagem do TBL é a possibilidade de ser aplicado, no todo ou em partes, em empresas, organizações não governamentais, cooperativas, prefeituras, autarquias e repartições governamentais. Esse modelo tem recebido inúmeras críticas. Uma delas advém do fato de ter sido adotado com muita rapidez, principalmente por corporações multinacionais sem um histórico consistente de práticas ambientais e sociais, ou, o que é ainda pior, com extensa lista de graves problemas nessas áreas[61].

Figura 2.5 TBL e exemplos de questões entre pilares

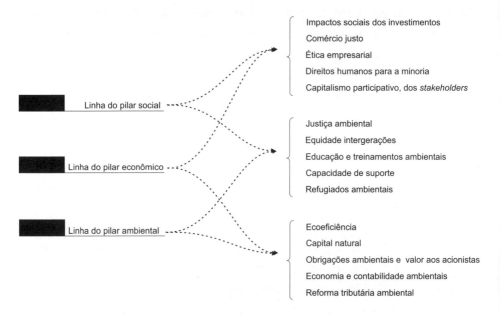

Fonte: adaptado de Elkingtron, 2000, p. 82, 88, 97.

Outras críticas referem-se à falta de metodologias adequadas para calcular as contribuições de cada pilar, o que favorece o uso de uma retórica enganadora e hipócrita[62]. Isso permitiria que uma empresa mal-intencionada pudesse afirmar que adota o TBL, pois sempre haverá gastos com questões ambientais e sociais decorrentes de obrigações legais como licenciamento ambiental, atendimento de normas de segurança do trabalho, obrigação de preencher cargos com pessoas portadoras de deficiências. A crítica vale inclusive para o pilar econômico, cujos elementos são mais fáceis de serem

---

61 Norman & MacDonald, 2004.
62 Ibid.

transformados em valores monetários para calcular os resultados líquidos. Daí a necessidade de incluir a economia e contabilidade ambientais, o capital natural, os impactos sociais dos investimentos e outras questões mencionadas na Figura 2.5. Enfim, o TBL pode ser mal-utilizado ou utilizado apenas nos aspectos que interessam às organizações, mas isso não o invalida como um modelo de gestão para implementar práticas coerentes com o desenvolvimento sustentável.

Organizações sustentáveis ou socialmente responsáveis?

O esforço das organizações para contribuir com o desenvolvimento sustentável vai ao encontro do moderno conceito de responsabilidade social empresarial (RSE). Quando as ideias sobre desenvolvimento sustentável começam a ser esboçados no período da Primeira Década do Desenvolvimento da ONU, isto é, na década de 1960, a RSE que estava em evidência referia-se ao conjunto de práticas administrativas e jurídicas para reger a relação entre os acionistas e os dirigentes das empresas constituídas na forma de sociedades anônimas. Nesse contexto, a responsabilidade desses dirigentes, na qualidade de agentes contratados pelos acionistas, os proprietários da empresa, consistia em maximizar os ganhos para os acionistas. Milton Friedman, ganhador do Prêmio Nobel de Economia, verbalizou esse entendimento dizendo que "a responsabilidade social da empresa é gerar lucros dentro da lei"[63]. Esse entendimento referia-se inicialmente apenas às sociedades anônimas de capital aberto, as *corporations* na língua inglesa, daí a expressão Responsabilidade Social Corporativa. Com o tempo passou a referir-se a qualquer tipo de empresa.

Esse conceito de RSE foi duramente questionado, inclusive em relação às *corporations*. Novos conceitos surgiam com o reconhecimento de que em qualquer organização, empresarial ou não, há outras partes interessadas além dos proprietários e dirigentes. Parte interessada ou *stakeholder* é "qualquer pessoa ou grupo que tenha algum interesse em qualquer decisão ou atividade de uma organização"[64]. Uma lista de partes interessadas de uma organização inclui trabalhadores e seus sindicatos, consumidores, fornecedores, concorrentes, moradores do entorno dos seus estabelecimentos, funcionários públicos, investidores, mídia, partidos políticos, ambientalistas das mais variadas posições, grupos de pressão dos mais variados assuntos, entre muitos outros. Com isso, no elenco de responsabilidades

---

63 Friedman, 1970. Tradução nossa.
64 ABNT ISO 26000: 2010, definição 2.21.

de uma organização aparecem questões sobre direitos humanos, meio ambiente, desenvolvimento do local onde a organização opera, práticas concorrenciais, relacionamento com os políticos e instituições governamentais e muitas outras que afetam diferentes partes interessadas.

Atender adequadamente esse elenco de responsabilidades sociais vai ao encontro do desenvolvimento sustentável, ou como disse um autor especializado no assunto: a responsabilidade social é um meio pelo qual uma organização contribui efetivamente ao desenvolvimento sustentável[65]. Esse modo de entendimento foi consolidado na norma ISO 26000 que estabelece diretrizes sobre responsabilidade social. De acordo com essa norma, responsabilidade social de uma organização

> é a responsabilidade pelos impactos de suas decisões e atividades na sociedade e no meio ambiente, por meio de um comportamento ético e transparente que: (1) contribua para o **desenvolvimento sustentável**, inclusive a saúde e o bem-estar da sociedade; (2) leve em consideração as expectativas das partes interessadas; (3) esteja em conformidade com a legislação aplicável e seja consistente com as normas internacionais de comportamento; e (4) esteja integrada em toda organização e seja praticada em suas relações[66].

A definição de desenvolvimento sustentável é a mesma do relatório Nosso Futuro Comum, citada anteriormente, uma prova da popularidade dessa definição. Uma nota de pé de página explica que esse desenvolvimento "refere-se à integração de objetivos de alta qualidade de vida, saúde e prosperidade com justiça social e manutenção da capacidade da Terra de suportar a vida em todas as suas diversidades". A nota informa que esses objetivos sociais, econômicos e ambientais são interdependentes e se reforçam mutuamente. Enfim, conclui a nota: "desenvolvimento sustentável pode ser tratado como uma forma de expressar as expectativas mais amplas da sociedade como um todo"[67]. Talvez ficasse ainda melhor se dissesse expectativas mais amplas e elevadas da sociedade.

Essa norma considera seis temas centrais da responsabilidade social de uma organização, como mostra o Quadro 2.3, cada um com exemplos de questões envolvidas. Assim, uma organização que queira contribuir com o desenvolvimento sustentável pode se valer do conceito de responsabilidade social definido acima. Mesmo que a organização obtenha um desempenho elevado em relação às questões

---

65 Marrewijk, 2003, p. 95-105. Tradução nossa.
66 ABNT ISO 26000, definição 2.18. Obs.: grifo nosso.
67 ABNT ISO 26000, nota explicativa da definição 2.18.

centrais da responsabilidade social, ela não poderá se autodeclarar socialmente responsável dada à variedade de partes interessadas e, portanto, de assuntos que lhes concernem. Não é organização que define quem serão suas partes interessadas, embora possa estabelecer modos diferenciados de tratá-las. A importância crescente da responsabilidade social das organizações entre o público em geral e a disponibilidade de informações cada vez mais acessível em tempo real facilitam o surgimento de pessoas ou grupos que se colocam como partes de uma organização com os mais variados interesses, fato este mais frequente em grandes empresas com estabelecimentos em diversos países ou regiões.

Quadro 2.3 Responsabilidade social: temas centrais e exemplos de questões

Temas centrais	Exemplos de questões envolvidas
1) Direitos humanos	• Situações de risco para os direitos humanos • Resolução de queixas • Discriminação e grupos vulneráveis • Direitos civis, políticos, econômicos, sociais e culturais
2) Práticas de trabalho	• Emprego e relações de trabalho • Diálogo social • Condições de trabalho e proteção social, saúde e segurança no trabalho • Desenvolvimento humano e treinamento no local de trabalho
3) Meio ambiente	• Prevenção da poluição • Uso sustentável dos recursos • Mitigação e adaptação às mudanças do clima • Proteção do meio ambiente e da biodiversidade e restauração de *habitats* naturais

4) Práticas leais de operação	• Práticas anticorrupção
	• Envolvimento político responsável
	• Concorrência leal
	• Promoção da responsabilidade na cadeia de valor
5) Questões relativas aos consumidores	• *Marketing* leal, informações factuais e não tendenciosas
	• Proteção à saúde e segurança do consumidor
	• Consumo sustentável
	• Proteção e privacidade dos dados do consumidor
6) Envolvimento e desenvolvimento da comunidade	• Envolvimento da comunidade
	• Educação e cultura
	• Geração de riqueza e renda e de emprego e capacitação
	• Desenvolvimento tecnológico e acesso às tecnologias

Fonte: NBR ISO 26000:2010, seção 6.

Mesmo com desempenho elevado em relação à responsabilidade social, a organização também não poderá se autodeclarar sustentável pelo fato de que nenhuma organização consegue controle total sobre suas decisões, atividades e produtos, por melhor que seja sua gestão. As organizações são constituídas por partes e subpartes que se combinam de diferentes modos para formar sistemas a fim de alcançar certos objetivos. Por sua vez, elas também são partes de outros sistemas. Dessas combinações e inter-relações surgem propriedades emergentes, ou seja, propriedades que não existiam nas partes e subpartes. Eugene Odum, grande mestre da Ecologia, dá o seguinte exemplo: a combinação de oxigênio com hidrogênio em certa configuração molecular forma água, um líquido com propriedades completamente diferentes de seus componentes gasosos[68]. Outra forma de entender tais propriedades é o conhecido jargão dos textos sobre teoria dos sistemas: "o todo é maior que a soma das partes". Conforme as palavras de Odum: "a floresta é mais do que uma mera coleção de árvores"[69]. Esse fato faz com que a gestão das organizações se deparare continuamente com questões não previstas, de modo que sempre deixará algo a desejar do ponto de vista do desenvolvimento e das dimensões da sustentabilidade.

---
68 Odum, 1988, p. 3.
69 Ibid., p. 4.

3
A popularização do desenvolvimento sustentável

O movimento pelo desenvolvimento sustentável começa a ganhar popularidade a partir da Conferência das Nações Unidas sobre Meio Ambiente e Desenvolvimento (CNUMAD), convocada pela Assembleia Geral da ONU e realizada no Rio de Janeiro em 1992[70]. Até então, as questões pertinentes a esse tema eram tratadas em pequenos círculos de especialistas ou de ambientalistas. A realização da CNUMAD é o cumprimento de uma das recomendações da Conferência de Estocolmo de 1972 para que a Assembleia Geral das Nações Unidas convocasse uma segunda conferência[71]. A resolução convocatória enumerou diversas questões a serem tratadas, dentre elas, examinar o estado do meio ambiente e as mudanças produzidas após a Conferência de Estocolmo de 1972.

A Conferência de Estocolmo de 1972 (CNUMAH) ocorreu em meio aos conflitos de um mundo dividido pela Guerra Fria. Um fato marcante nessa Conferência foi o boicote dos países da esfera soviética, o que gerou uma aura de pessimismo quanto ao futuro das teses defendidas nesse evento. Em 1992, a situação mundial era outra; havia um otimismo no ambiente empresarial, o muro de Berlim havia sido removido, a URSS dissolvida e vários países comunistas estavam transitando para economias de mercado, e a palavra de ordem era globalização, tendo como elemento central os mercados livres das amarras do dirigismo estatal.

---

70 Assembleia Geral da ONU, Resolução 44/228.
71 CNUMAH, 1972, p. 32, item 4(I).

A Conferência do Rio de Janeiro de 1992

A partir de meados da década de 1980, muitos países, como Brasil, realizavam reformas econômicas liberalizantes com base nas recomendações do Consenso de Washington. Entre elas, disciplina fiscal, reforma fiscal, livre-comércio, privatização e desregulamentação da economia, que abria um amplo campo de oportunidades para a iniciativa privada e o investimento estrangeiro (cf. Quadro 3.1). As propostas de mudanças nas regras do comércio multilateral no âmbito da rodada de negociação do GATT (Rodada Uruguai), iniciada em 1986, prenunciavam uma nova ordem internacional mais liberal a fim de ampliar o comércio internacional. Com esse ambiente de otimismo foi realizada a CNUMAD, na qual estiveram presentes representantes de 178 países, incluindo cerca de 100 chefes de estados, números até então nunca vistos em uma conferência da ONU. Daí a merecida denominação de Cúpula da Terra (*Earth Summit*).

Simultaneamente ao evento oficial de caráter intergovernamental, realizou-se o Fórum Global das ONGs, reunindo cerca de 4.000 entidades da sociedade civil do mundo todo, um evento sem precedentes até então, quer pelo número de entidades e organizações envolvidas, quer pelos seus resultados: 36 documentos e planos de ações. Como na Conferência de 1972, as ONGs presentes eram em torno de 500; pode-se considerar este aumento substancial como um aspecto bastante positivo que reflete não só o cenário internacional acalmado pelo fim da Guerra Fria, mas a ampliação da conscientização em nível mundial da necessidade de implementar outro estilo de desenvolvimento.

A CNUMAD teve como resultado a aprovação de vários documentos oficiais após negociações intensas e desgastantes, que muitas vezes desfiguraram os seus objetivos originais. Os principais são os seguintes: Declaração do Rio de Janeiro sobre o Meio Ambiente e Desenvolvimento; Convenção sobre Mudança do Clima; Convenção da Biodiversidade; e Agenda 21, que serão logo mais comentados. A CNUMAD é a conferência do desenvolvimento sustentável devido à enorme quantidade em que essa expressão aparece nos seus documentos oficiais e não oficiais.

Quadro 3.1 As 10 medidas de política econômica do Consenso de Washington

A expressão Consenso de Washington foi criada pelo economista John Williamson em 1989 para indicar o mínimo denominador comum de recomendações sobre políticas para a América Latina a serem tratadas pelas instituições baseadas em Washington (FMI, Banco Mundial etc.). As diretrizes citadas abaixo foram exigidas pelo FMI e diversas autoridades financeiras nacionais, e desfrutaram de muito prestígio até o advento de uma sucessão de crises a partir de meados da década de 1990, notadamente a crise russa. A partir de então, a onda neoliberal capitaneada pelo receituário abaixo começou a refluir. As medidas de ajuste macroeconômico recomendadas eram as seguintes:

1) **Disciplina fiscal:** os déficits orçamentários devem ser muito pequenos para que não sejam financiados pela inflação.

2) **Prioridades dos gastos públicos:** os gastos públicos devem ser redirecionados das áreas que recebem mais recursos do que justificaria o seu retorno econômico, tais como gastos com administração, defesa, subsídios indiscriminados e elefantes brancos, para áreas negligenciadas, mas com alto rendimento econômico e capacidade para melhorar a distribuição de renda como saúde e educação primárias e infraestrutura.

3) **Reforma fiscal:** ampliação da base de tributação e cortes marginais das taxas de impostos, com o objetivo de ampliar os incentivos e a equidade sem diminuir a progressividade e melhorar a gestão fiscal.

4) **Liberação financeira:** o objetivo final é alcançar taxas de juros determinadas pelo mercado. Porém, a experiência tem mostrado que diante da falta de confiança as taxas de mercado podem ser tão altas que ameaçam a solvência de empresas produtivas e governos. Nessas circunstâncias, um objetivo intermediário seria abolir as taxas preferenciais para tomadores privilegiados a fim de obter uma taxa de juros moderadamente positiva.

5) **Taxa de câmbio:** os países precisam de uma taxa de câmbio unificada (pelo menos para as transações comerciais), estabelecida em nível suficientemente competitivo para induzir o crescimento rápido das exportações não tradicionais e assegurar aos exportadores que ela será mantida no futuro.

6) **Liberação comercial:** restrições quantitativas ao comércio devem ser rapidamente substituídas por tarifas que, por sua vez, devem ser progressivamente reduzidas até alcançar uma tarifa baixa uniforme na faixa de 10% (ou no máximo em torno de 20%).

7) **Liberação do fluxo de investimento estrangeiro direto:** abolir as barreiras à entrada de empresas estrangeiras; as empresas estrangerias e as locais devem competir em condições de igualdade.

8) **Privatização:** privatizar as empresas estatais de qualquer área. A principal razão para privatizar é a crença de que a empresa privada é gerida com mais eficiência do que as estatais, seja porque os gestores privados têm mais incentivos diretos em relação aos resultados da empresa, seja porque têm participação direta

> nos lucros. A ameaça de falência coloca limites para ineficiência das empresas privadas, enquanto as estatais parecem ter acesso ilimitado a subsídios, que, além disso, comprometem os orçamentos públicos.
>
> 9) **Desregulamentação:** eliminar regulamentos que criam barreiras à entrada de empresas ou restringem a competitividade, assegurando que as disposições legais estejam justificadas segundo critérios de segurança, proteção ambiental e supervisão bancária para as instituições financeiras.
>
> 10) **Direitos de propriedade:** assegura por meio do sistema legal o direito de propriedade sem custos excessivos, inclusive para os setores informais da economia.

Fonte: Williamson, J. 1996 e 2009.

Também foi aprovada uma Declaração Não Vinculante de Princípios para um Consenso Mundial sobre Gestão e Conservação de Florestas de Todo Tipo[72], um documento que não gerou nenhuma repercussão positiva sobre florestas. Pelo contrário, foi um retrocesso. A ideia inicial era aprovar uma Convenção sobre Exploração, Proteção e Desenvolvimento Sustentável de Florestas. Porém, essa ideia foi detonada pela oposição cerrada de vários países em desenvolvimento com grandes florestas (Brasil, Índia, Malásia, Nigéria, Quênia, Congo etc.). Em vez de uma Convenção que gera obrigações aos países signatários, foi aprovada uma declaração de princípios sem efeito vinculante (*non-legally binding*) no plano do direito internacional. Esses países temiam perder a sua soberania para explorar as florestas localizadas em seus territórios.

Entre os documentos não oficiais merece destaque o Tratado de Educação Ambiental para Sociedades Sustentáveis e Responsabilidade Global, elaborado por estudiosos e praticantes da educação ambiental de vários países. O Tratado contém 16 princípios e um plano de ação com 22 diretrizes para implementar uma educação ambiental coerente com o desenvolvimento sustentável. O Tratado se tornou uma referência importante para a política brasileira de educação ambiental.

Declaração do Rio de Janeiro

Inicialmente estava prevista a elaboração de uma Carta Magna da Terra, contendo uma declaração abrangente dos princípios fundamentais do desenvolvimento sus-

---

[72] United Nations General Assembly, 1992a.

tentável. Depois, pensou-se em proclamar apenas uma breve declaração reafirmando a Declaração de Estocolmo de 1972. Por fim foi aprovada uma solução conciliando esses dois posicionamentos, ou seja, a Declaração do Rio de 1992 reafirma a de 1972 em seu preâmbulo, repete alguns princípios com outras palavras (p. ex., o princípio 2 é semelhante ao n. 21, comentado no capítulo anterior) e acrescenta novos temas.

A Declaração do Rio contém 27 princípios, dos quais o primeiro expressa o objetivo último do desenvolvimento sustentável: "os seres humanos estão no centro das preocupações com o desenvolvimento sustentável e têm direito a uma vida saudável e produtiva em harmonia com o meio ambiente"[73]. Os seguintes princípios particularmente são importantes tanto para os governos quanto para as empresas:

- **Princípio da responsabilidade perante danos:** os estados devem desenvolver legislação nacional sobre a responsabilidade de indenização das vítimas de poluição e outros danos ambientais (princípio 13).
- **Princípio da não transferência** de atividades causadoras de degradação ambiental de um país para outro: os estados devem cooperar de modo efetivo para desestimular ou prevenir a realocação ou transferência para outros estados de quaisquer atividades ou substâncias que causem degradação ambiental grave ou que sejam prejudiciais à saúde humana (princípio 14).
- **Princípio da precaução:** quando houver ameaça de danos sérios ou irreversíveis, a ausência de absoluta certeza científica não deve ser utilizada como razão para postergar medidas eficazes e economicamente viáveis para prevenir a degradação ambiental (princípio 15).
- **Princípio do poluidor-pagador:** considerando que o poluidor deve, em princípio, arcar com o custo decorrente da poluição, as autoridades nacionais devem procurar promover a internalização dos custos ambientais e o uso de instrumentos econômicos, levando na devida conta o interesse público, sem distorcer o comércio e os investimentos internacionais (princípio 16).
- **Princípio da avaliação de impactos ambientais:** a avaliação do impacto ambiental, como instrumento nacional, deve ser empreendida para atividades planejadas que possam vir a ter impacto negativo considerável sobre o meio ambiente, e que dependam de uma decisão de autoridade nacional competente (princípio 17)[74].

---

73 Declaração do Rio de Janeiro [Disponível em http://www.onu.org.br/rio20/img/2012/01/rio92.pdf e http://www.unep.org – Acesso em 30/07/2018].
74 Ibid.

Os países não desenvolvidos tentaram sem sucesso que fosse reconhecido de modo explícito que os países desenvolvidos são os maiores responsáveis pela degradação ambiental. Em seu lugar foi estabelecido **o princípio das responsabilidades comuns, porém diferenciadas**, pelo qual os países desenvolvidos reconhecem a responsabilidade que têm na busca internacional do desenvolvimento sustentável, em vista das pressões exercidas por suas sociedades sobre o meio ambiente global e das tecnologias e recursos financeiros que controlam[75].

Convenção sobre Mudanças Climáticas

Um dos problemas planetários mais graves refere-se à mudança do clima. Clima é o conjunto de fenômenos atmosféricos de uma região como os padrões ou as condições médias e extremas de temperatura, pressão atmosférica, ventos, umidade, precipitação. A temperatura média da superfície da Terra depende da energia do Sol que incide sobre a sua superfície, sendo que parte dela retorna ao espaço, que é um sumidouro de calor. A energia que atravessa a atmosfera se transforma em radiações infravermelhas e são absorvidas pelas moléculas de certos gases e reemitidas à superfície, o que contribui para aquecer a superfície da terra e a troposfera próxima a ela. Esse fenômeno natural mantém a temperatura média da superfície em torno de 15ºC; sem esses gases a Terra teria uma temperatura média de 15ºC negativos, ou seja, a presença desses gases na atmosfera produz um aquecimento de 30ºC aproximadamente[76], por isso são denominados gases de efeito estufa (GEEs).

O aumento da concentração dos GEEs eleva a temperatura média e interfere nas condições ou padrões climáticos. A questão em pauta é o aumento da concentração de GEEs decorrente das atividades humanas. Conforme a Convenção sobre a Mudança do Clima, mudança do clima é o aumento da temperatura da atmosfera devido ao aumento da concentração de GEEs atribuída às atividades humanas. É uma mudança que possa ser atribuída direta ou indiretamente à atividade humana que altere a composição da atmosfera mundial e que se some àquela provocada pela variabilidade climática natural observada ao longo de períodos comparáveis[77]. A percepção desse problema e as ações para enfrentá-lo têm uma longa história da qual essa Convenção é um dos momentos mais importantes.

---

75 Ibid., princípio 7.
76 Baird, 2002, p. 197.
77 UNFCCC, artigo 1º.

A Conferência de Estocolmo foi um momento importante para a tomada de consciência a respeito dos problemas ambientais de dimensão global. Porém, nessa ocasião pouco se discutiu sobre a mudança do clima devido à ação humana. Esse tema começou a ser tratado de fato na 1ª Conferência Mundial sobre o Clima realizada em 1979 em Genebra pela Organização Mundial de Meteorologia (WMO). Como resultado foi criado nesse ano o Programa Mundial do Clima (WCP), com o objetivo de ampliar o conhecimento científico sobre o clima e os seus efeitos sobre os seres humanos e as atividades econômicas, constituído por quatro subprogramas: um para melhorar a disponibilidade de dados confiáveis sobre clima; outro para pesquisar os mecanismos do clima; um terceiro para aplicar os conhecimentos no planejamento e gestão; e o quarto para estudar os impactos da variabilidade do clima[78].

Em 1988 foi criado o Painel Intergovernamental sobre Mudança do Clima (IPCC)[79] pela WMO e UNEP, com o objetivo de analisar de forma exaustiva, objetiva e transparente as informações científicas, técnicas e socioeconômicas relevantes para entender as questões relacionadas aos riscos que podem estar associados às mudanças do clima por causas humanas, bem como as consequências prováveis e as possibilidades de adaptação e mitigação. No final de 1988, a Assembleia Geral da ONU reconheceu que a mudança climática é uma preocupação comum da humanidade, pois o clima é uma condição essencial que sustenta a vida na Terra, e conclamou as nações para enfrentarem esse problema dentro de um quadro global por meio de ações necessárias e oportunas[80]. A 2ª Conferência Mundial sobre o Clima realizada em 1990 teve, entre outros objetivos, o de avaliar os resultados da primeira década do WCP, analisar o primeiro relatório do IPCC e iniciar as negociações sobre uma convenção abrangente sobre mudança do clima, que viria ser a Convenção sobre Mudança do Clima.

A Convenção-quadro das Nações Unidas sobre Mudança do Clima (UNFCCC)[81], ou simplesmente Convenção sobre Mudança do Clima, preparada por um Comitê Intergovernamental de Negociação da ONU, foi assinada pelos chefes de estados presentes na CNUMAD e entrou em vigor 1994. O seu objetivo é alcançar a estabilização das concentrações de GEEs na atmosfera em um nível que impeça uma interferência

---

78 WMO, 1979 [Disponível em https://library.wmo.int/pmb_ged/wmo_537_en.pdf – Acesso em 04/08/2018].
79 Do inglês: *Intergovernmental Panel on Climate Change*.
80 United Nations General Assembly, 1988.
81 UNFCCC, do inglês: *United Nations Framework Convention on Climate Change*.

antrópica perigosa no sistema climático. As principais obrigações dos estados signatários são as seguintes:

- Elaborar, atualizar e publicar inventários nacionais sobre as emissões de GEEs por fontes de emissão, exceto os controlados pelo Protocolo de Montreal[82].
- Formular programas nacionais e regionais para controlar as emissões antrópicas desses gases e mitigar os seus efeitos sobre as mudanças climáticas, bem como para permitir adaptação adequada à mudança.
- Promover processos de gerenciamento sustentável de elementos da natureza que contribuem para remover ou fixar esses gases, em especial as biomassas, as florestas e os oceanos.
- Promover a pesquisa científica e tecnológica, incluindo a realização de observações sistemáticas sobre o clima.
- Promover a educação e a conscientização pública sobre questões ligadas à mudança do clima e suas causas antrópicas e estimular a participação de todos para alcançar os objetivos desta Convenção.

Protocolo de Quioto

A UNFCCC não fixou metas de limitação e redução de emissões de GEEs, por isso é denominada Convenção-quadro (*Framework Convention*). Elas somente foram fixadas para os países listados no Anexo I da Convenção (Quadro 3.2) pelo Protocolo de Quioto, aprovado em 1997 na 3ª Conferência das Partes da Convenção (COP), órgão supremo da Convenção. A inclusão de países no Anexo I baseou-se no princípio das responsabilidades comuns, porém diferenciadas, comentado na seção anterior. Apesar de existirem mais de uma dezena de GEEs, apenas os mencionados no Quadro 3.2 foram considerados no Protocolo devido a sua importância em termos de emissões e de efeito sobre o aquecimento global. Outros países e outro gás, o trifluoreto de nitrogênio, foram acrescentados pela Emenda de Doha ao Protocolo em 2012.

---

82 Protocolo de Montreal sobre a proteção da camada de ozônio.

Quadro 3.2 Protocolo de Quioto – 1º período de compromisso: resumo

Países do Anexo I da UNFCCC	Alemanha, Austrália, Áustria, Belarus, Bélgica, Bulgária, Canadá, Cazaquistão Chipre, Dinamarca, Eslováquia, Eslovênia, Espanha, Estados Unidos da América, Estônia, Federação Russa, Finlândia, França, Grécia, Hungria, Irlanda, Islândia, Itália, Japão, Letônia, Liechtenstein, Luxemburgo, Malta, Mônaco, Noruega, Nova Zelândia, Países Baixos, Polônia, Portugal, Reino Unido da Grã-Bretanha e Irlanda do Norte, República Tcheca, Romênia, Suécia e Suíça.		
GEEs	Dióxido de carbono (CO_2), metano (CH_4), óxido nitroso (N_2O), hidrofluorcarbonos (HFCs), perfluorcarbonos (PFCs), hexafluoreto de enxofre (SF_6) e trifluoreto de nitrogênio (NF_3)		
Setores e fonte de emissão	Energia	• Queima de combustível: setor energético, indústria de construção e de transformação, transportes e outros setores.	
		• Emissões fugitivas de combustíveis sólidos, petróleo, gás natural e outros.	
	Processos industriais	• Produtos minerais, indústria química, produção de metais, produção e consumo de halocarbonos e hexafluoreto de enxofre e outros.	
	Solventes e outros produtos	• Agricultura: fermentação entérica, tratamento de dejetos, cultivo de arroz, solos agrícolas, queimadas prescritas em regiões de savanas, queima de resíduos agrícolas.	
		• Resíduos: disposição no solo, tratamento de esgoto, incineração e outros.	

Fonte: Convenção sobre Mudança do Clima, Protocolo de Quioto e Emenda de Doha de 2012.

Para que o Protocolo de Quioto entrasse em vigor era necessário que pelo menos 55 países signatários da Convenção, englobando os do Anexo I, que contabilizassem no total pelo menos 55% das suas emissões totais de CO_2 em 1990. Com a adesão da Rússia em novembro de 2004, o Protocolo entrou em vigor a partir de 2005, oito anos depois da sua aprovação. Essa demora reflete a imensa dificuldade dos países de refazer suas economias para depender menos de combustíveis fósseis.

O Protocolo de Quioto criou mecanismos de flexibilização para facilitar o cumprimento das metas estabelecidas aos países do Anexo, por exemplo, permitindo a transferências de redução de GEEs entre eles. Os países do Anexo I podem transferir ou adquirir unidades de redução de emissões ou de remoção antrópicas obtidas em projetos aprovados pelos países envolvidos. Podem também participar do comércio de emissões certificadas (*emission trade*) entre eles a fim de cumprir suas metas. O Mecanismo de Desenvolvimento Limpo (MDL) é um mecanismo que permite aos países incluídos no Anexo I se beneficiar de projetos que obtenham reduções certificadas de emissões realizadas nos países não incluídos e que, portanto, não possuem metas de redução.

O princípio das responsabilidades comuns, mas diferenciadas aplicado apenas com base no histórico de emissões de GEEs, deixou sem compromissos quantificados países como China, Índia, Brasil, México, Indonésia, Arábia Saudita e outros grandes emissores de GEEs. Isso fez com que as expectativas de redução do nível de concentração de GEEs ficassem a cargo de poucos países, alguns insignificantes quanto ao seu potencial de redução. A relação de setores contemplados, como mostra o Quadro 3.2, também deixava de fora os desmatamentos e as queimadas em florestas tropicais e subtropicais, apenas foram incluídas as áreas de savana.

Para superar esse fato e preparar um novo período de compromisso após 2012, na COP-13 de 2007 foi aprovado o Plano de Ação de Bali no qual se instituiu, entre outros instrumentos, a Redução de Emissões Provenientes de Desmatamentos e da Degradação de Florestas (REED) em países em desenvolvimento e as Ações de Mitigação Nacionalmente Apropriadas (NAMA) no contexto do desenvolvimento sustentável[83]. Muitos países estabeleceram suas NAMA, entre eles o Brasil.

Ao instituir a Política Nacional sobre Mudança do Clima (PNMC), o Brasil se comprometeu a adotar voluntariamente ações de mitigação para reduzir entre 36,1% a 38,9% suas emissões de GEEs projetadas até 2020 e envolvendo os seguintes setores: mudança do uso da terra, energia, agropecuária, processos industriais e tratamento de resíduos. Para atingir essas metas foram estabelecidas, entre outras, as seguintes medidas:

> 1) redução de 80% dos índices anuais de desmatamento na Amazônia Legal em relação à média verificada entre os anos de 1996 a 2005;
> 2) redução de 40% dos índices anuais de desmatamento no Bioma Cerrado em relação à média verificada entre os anos de 1999 a 2008;

---

[83] *Bali Action Plan* [Disponível em http://unfccc.int/files/meetings/cop-13 – Acesso em 18/01/2011]. Obs.: REED = *Reducing Emission from Deforestation and forest Degradation*. NAMA = *Nationally Appropriate Mitigation Actions*.

3) expansão da oferta hidroelétrica, da oferta de fontes alternativas renováveis, notadamente centrais eólicas, pequenas centrais hidroelétricas e bioeletricidade, da oferta de biocombustíveis e do incremento da eficiência energética;
4) recuperação de 15 milhões de hectares de pastagens degradadas;
5) ampliação do sistema de integração lavoura-pecuária-floresta em 4 milhões de hectares;
6) expansão da prática de plantio direto na palha em 8 milhões de hectares;
7) expansão da fixação biológica de nitrogênio em 5,5 milhões de hectares de áreas de cultivo, em substituição ao uso de fertilizantes nitrogenados;
8) expansão do plantio de florestas em 3 milhões de hectares;
9) ampliação do uso de tecnologias para tratamento de 4,4 milhões de metros cúbicos de dejetos de animais; e
10) incremento da utilização na siderurgia do carvão vegetal originário de florestas plantadas e melhoria na eficiência do processo de carbonização[84].

O Protocolo de Quioto foi atualizado em 2012 com o objetivo de reduzir o total de emissões de GEEs em nível abaixo de 18% do total de 1990 durante o segundo período de compromisso compreendido entre 2013 e 2020[85]. Além desses compromissos, na COP-20 em Lima, Peru, foi criado o mecanismo denominado Contribuição Pretendida Determinada Nacionalmente (INDC)[86], um compromisso que cada país pretende assumir voluntariamente ao determinar suas próprias metas de redução de GEEs. A INDC estabelecida pelo governo brasileiro e comunicada ao Secretariado da Convenção sobre Mudança do Clima é uma meta de redução das emissões de GEEs em 37% abaixo dos níveis de 2005 em 2025 e 43% em 2030[87].

A NAMA refere-se exclusivamente a ações de mitigação, enquanto a INDC pode envolver medidas de mitigação e adaptação. Em termos gerais, adaptar é ato de modificar algo para que se acomode, se ajuste ou se adeque a uma nova situação; adaptação é o ato de se adaptar, de se ajustar ou de adequar uma coisa à outra. Mitigar

---

[84] Brasil, Lei 12.187/2009, artigo 12, e Decreto 9.578/2018, artigos. 18 e 19. Para ver as NAMAS de outros países, acesse https://unfccc.int/topics/mitigation/workstreams/nationally-appropriate-mitigation-actions/nama-map-pre-2020-action-by-countries

[85] Protocolo de Quioto. Emenda de Doha de 2012 [Disponível em https://unfccc.int/files/kyoto_protocol – Acesso em: 25/07/2018].

[86] INDC, do inglês: *Intended Nationally Determined Contributions*.

[87] Disponível em http://www.itamaraty.gov.br/images/ed_desenvsust/BRASIL-INDC-portugues.pdf – Acesso em 25/07/ 2018].

significa aliviar, suavizar, aplacar, tornar algo mais brando, mais suave; mitigação é o processo de aliviar, suavizar, abrandar[88]. Em relação à mudança do clima:

- **adaptação** se refere às iniciativas e medidas para reduzir a vulnerabilidade dos sistemas naturais e humanos em decorrência dos efeitos atuais e esperados da mudança do clima; e
- **mitigação**, às mudanças e substituições tecnológicas que reduzam o uso de recursos e as emissões por unidade de produção, bem como a implementação de medidas que reduzam as emissões de GEEs e que aumentem os sumidouros[89].

Em 2015 foi assinado o Acordo de Paris no âmbito da UNFCCC visando manter o aumento da temperatura média mundial bem abaixo de 2°C em relação aos níveis pré-industriais e empreender esforços para limitar esse aumento a 1,5°C, reconhecendo que isso reduziria consideravelmente os riscos e os impactos climáticos. Além desses, o Acordo objetiva aumentar a capacidade de adaptação aos impactos da mudança climática e aumentar os fluxos financeiros compatíveis com o desenvolvimento resiliente ao clima e às baixas emissões de GEE[90].

A mudança do clima devido às atividades humanas é a questão ambiental global mais polêmica. Há os que a negam por motivos vários que não cabe aqui comentá-los. É o caso de Donald Trump que, cumprindo promessa de campanha à presidência da república, retirou os Estados Unidos do Acordo de Paris. Não são apenas pessoas insensatas e mal-informadas que fazem objeções, também há muitos cientistas nesse meio como os que integram o *Nongovernmental International Panel on Climate Change* (NIPCC), patrocinado pelo *Heartland Institute*, sediada em Illinois, Estados Unidos. Já pelo nome se vê a clara intenção de se colocar como opositor ao IPCC. Os relatórios do NIPCC contestam os resultados apresentados pelo IPCC e com isso afirmam que não existe consenso científico a respeito das questões climáticas[91].

Os membros do NIPCC e outras organizações similares não são céticos no sentido da dúvida metódica, a postura típica da comunidade científica quanto à produção de conhecimentos científicos. "Negacionistas" é a denominação mais apropriada, pois suas críticas não se restringem às questões científicas, também criticam o IPCC e os pesquisadores incluídos em seus relatórios pela extrema dependência de verbas

---

88 *Dicionário Houaiss*, 2009, verbete.
89 BRASIL. Decreto 9.578, artigo 4°.
90 UNFCCC, 2015. Paris, Agreement, Annex 1, artigo 2°.
91 NIPCC, 2016.

públicas, o que daria origem a estudos que anunciam catástrofes que, por sua vez, facilitam a continuidade dessas verbas. Felizmente os negacionistas estão cada vez em menor número, pois os efeitos previstos estão ocorrendo com resultados devastadores, como o aumento de eventos climáticos extremos, incêndios florestais, secas prolongadas em certos lugares e inundações frequentes em outros, derretimento de geleiras, aumento da migração espécies invasoras, entre dezenas de outros problemas identificados com alto grau de certeza pela comunidade científica.

Mesmo deixando os negacionistas de fora, há polêmicas de sobra entre os que estão cientes da mudança. Uma prova disso são as muitas dificuldades para fechar acordos nas COPs e mais ainda para executá-los nos níveis nacionais, subnacionais e locais. Como as metas do primeiro período de compromisso do Protocolo de Quioto não foram alcançadas pairam dúvidas sobre a possibilidade de sucesso do segundo período, cujas metas são ainda mais ambiciosas. Há dúvidas sobre a eficácia da INDC criada na COP-20. Por exemplo, as contribuições voluntárias podem ser postergadas diante de qualquer dificuldade política ou econômica do país ou mudança de governante. Enfim, não faltam dúvidas sobre o cumprimento dos objetivos da Convenção.

Convenção da Biodiversidade

Diversidade biológica ou biodiversidade é a vida em suas diferentes manifestações. Como define a Convenção sobre Diversidade Biológica (CDB), é a variabilidade de organismos vivos de todas as origens e os complexos ecológicos de que fazem parte, compreendendo ainda a diversidade dentro de espécies, entre espécies e de ecossistemas[92]. Aprovada na CNUMAD em 1992, a CDB contava com a adesão de 196 países em 2018, inclusive o Brasil. Os seus objetivos são:

    1) conservação da diversidade biológica;
    2) uso sustentável dos seus componentes; e
    3) justa e equitativa distribuição dos benefícios obtidos da utilização dos recursos genéticos, incluindo o acesso apropriado a estes recursos e a apropriada transferência de tecnologia[93].

A CDB contempla todas as manifestações da biodiversidade, e nisso ela se diferencia dos demais acordos intergovernamentais sobre biodiversidade feitos ao longo do tempo. A lista desses acordos não é pequena e os temas são variados, mas todas

---

92 CDB, artigo 2º. Mais sobre a CDB, cf. https://www.cbd.int/ – Acesso em 05/08/2018. Cf. tb. UNEP, 2009.
93 CDB, artigo 1º.

têm em comum o fato de proteger uma ou mais espécies. Exemplos: o Acordo para a Proteção das Focas do Mar de Behring de 1883, a Convenção para a Proteção das Aves Úteis à Agricultura de 1911, a Convenção Internacional para Regulamentação da Pesca da Baleia de 1946 e a Convenção sobre o Comércio Internacional de Espécies de Flora e Fauna Selvagens Ameaçadas de Extinção de 1973. Outra questão que a diferencia dos demais é o fato de ter sido elaborada quando os entendimentos sobre desenvolvimento sustentável já tinham se consolidado no âmbito das ONU e suas organizações.

A CDB adota como princípio básico o direito dos países de explorar de modo soberano os seus próprios recursos genéticos, como plantas, animais, micro-organismos, conforme suas políticas de desenvolvimento, com a responsabilidade de garantir que as atividades dentro de sua jurisdição ou controle não causem danos aos demais. Ao adotar a CDB, os estados reconhecem que a conservação da biodiversidade diz respeito a toda humanidade, que são responsáveis pela conservação dos seus próprios recursos biológicos, e que o desenvolvimento socioeconômico e a erradicação da pobreza constituem a primeira e inadiável prioridade dos países em desenvolvimento.

A CDB determina a conservação e o uso sustentável da diversidade biológica para o benefício das gerações presentes e futuras. Uso sustentável é a utilização de componentes da biodiversidade de modo e em ritmo tais que não levem, no longo prazo, a sua diminuição, mantendo assim o seu potencial para atender as necessidades e aspirações das gerações presentes e futuras. Corresponde ao conceito de Rendimento Máximo Sustentável comentado no capítulo anterior e da definição dada pelo documento Cuidando do Planeta Terra de 1991, também mencionada anteriormente.

Os estados signatários devem identificar e monitorar os componentes importantes da diversidade biológica para conservação e uso sustentável; promover a conservação *in situ e ex situ*, adotando medidas para recuperar e proteger as espécies ameaçadas, regulamentando e administrando coleções de recursos biológicos, protegendo e encorajando o seu uso de acordo com as práticas culturais tradicionais que se apresentem sustentáveis. A conservação *in situ* é a conservação de ecossistemas e *habitats* naturais e a manutenção e recuperação de populações de espécies em seus meios naturais e, no caso de espécies domesticadas ou cultivadas, nos meios onde tenham desenvolvido suas propriedades características. A conservação *ex situ* ocorre fora do ecossistema ou *habitats* naturais e se dá por meio de coleta de recursos biológicos e sua manutenção em bancos genéticos, jardins botânicos e zoológicos[94].

A CDB estabelece diretrizes para o acesso aos recursos genéticos e a repartição dos benefícios. De acordo com o princípio básico, mencionado acima, o acesso é competência dos governos nacionais e está sujeito à legislação nacional. Cada Estado-membro deve criar condições que permitam o acesso para utilização ambientalmente saudável por outros membros. O acesso, quando concedido, deve ser mediante comum acordo. A concepção e realização de pesquisas científicas baseadas em recursos genéticos providos por outros países devem contar com a participação plena do país provedor e, na medida do possível, no território dessas partes contratantes[95].

Conforme a CDB, os países devem adotar medidas legislativas, administrativas ou políticas para compartilhar de forma justa e equitativa tanto os resultados da pesquisa e do desenvolvimento de recursos genéticos quanto os benefícios da sua utilização comercial ou de outra natureza com a parte provedora desses recursos. Tal partilha deve basear-se em comum acordo que beneficie os dois lados. Essa é uma questão preocupante, pois grande parte dos países detentores de recursos carece de conhecimentos científicos e tecnológicos e estruturas econômicas para explorá-los, enquanto as pesquisas de ponta são realizadas em poucos países desenvolvidos com elevada competência científica e tecnológica. Este fato dificulta a realização de acordos vantajosos para o fornecedor dos recursos.

A CDB estabelece mecanismos para facilitar o acesso e a transferência de tecnologia para esses países, providenciando a adequada e efetiva proteção para as tecnologias amparadas por qualquer forma de direitos de propriedade intelectual[96]. Ela estabelece que as partes contratantes, reconhecendo que as patentes e outros direitos de propriedade intelectual podem influir na implementação da Convenção, devem cooperar em conformidade com a legislação nacional e internacional para assegurar que tais direitos sejam favoráveis e não contrários aos seus objetivos. No Brasil é permitido o patenteamento de micro-organismos transgênicos que atendam os seguintes requisitos: novidade absoluta, ou seja, não compreendido no estado da arte; atividade inventiva, ou seja, não ser mera decorrência desse estado; e aplicação industrial. Assim, por não serem invenções, não são patenteáveis o todo ou

---

94 Ibid., artigo 2º.
95 Ibid., artigo 15.
96 Ibid., artigo 16.

as partes de seres vivos naturais e os materiais biológicos encontrados na natureza, inclusive o genoma ou o germoplasma de qualquer ser vivo natural e os processos biológicos naturais[97].

Outro ponto é o chamamento aos estados-membros para que respeitem, preservem e mantenham o conhecimento, as inovações e as práticas das comunidades locais e populações indígenas com estilo de vida tradicionais relevantes à conservação e à utilização sustentável da diversidade biológica, bem como incentivar sua mais ampla utilização com a aprovação e participação dos detentores desses conhecimentos e encorajar a repartição equitativa dos benefícios originados desses conhecimentos, inovações e práticas[98]. A proteção do conhecimento tradicional faz parte dos objetivos da *conservação in situ*.

Protocolo de Cartagena

A CDB possui dois protocolos. O Protocolo de Cartagena sobre Segurança da Biotecnologia, aprovado em 2000, busca efetivar os artigos da CDB[99] que tratam da regulamentação e administração dos riscos associados à utilização e liberação de organismos vivos geneticamente modificados (OGM) resultantes da biotecnologia moderna que possam provocar impacto ambiental negativo e afetar a conservação e a utilização sustentável da biodiversidade, considerando também os riscos para a saúde humana[100].

Os termos desse Protocolo se aplicam ao movimento transfronteiriço, ao trânsito, à manipulação e à utilização de todos os organismos vivos modificados (OGM) que possam ter efeitos adversos na conservação e no uso sustentável da diversidade biológica, levando também em conta os riscos para a saúde humana. OGM é qualquer organismo vivo que possua uma combinação nova de material genético obtido mediante a aplicação da biotecnologia moderna. Biotecnologia moderna é a aplicação de técnicas *in vitro* de ácido nucleico, incluindo DNA recombinante e injeção direta de ácido nucleico em células e organismos, e a fusão de células para além da família taxonômica[101]. O instrumento básico de regulamentação dos movi-

---

97 BRASIL. Lei 9.279, de 14/05/96, artigo 16.

98 CDB, artigo 8, letra j.

99 Ibid., artigo 8, letra g e artigo 19, parágrafo 3.

100 Protocolo de Cartagena, artigo 1°. Mais sobre o Protocolo: http://www.mma.gov.br/estruturas/biosseguranca

101 Ibid., artigo 3°.

mentos transfronteiriços intencionais é o acordo prévio informado, pelo qual, salvo exceções expressamente citadas, a parte exportadora ou o exportador notificará a parte importadora com todas as informações essenciais sobre o OGM[102].

A biossegurança deve levar em conta o princípio da precaução constante na Declaração do Rio de Janeiro de 1992, comentado em seção anterior[103]. Sobre isso, o Protocolo estabelece que

> a ausência de certeza científica devido à insuficiência das informações e dos conhecimentos científicos relevantes sobre a dimensão dos efeitos adversos potenciais de um OGM na conservação e no uso sustentável da diversidade biológica na parte importadora, levando também em conta os riscos para a saúde humana, não impedirá esta parte, a fim de evitar ou minimizar esses efeitos adversos potenciais, de tomar uma decisão, conforme o caso, sobre a importação do organismo vivo modificado destinado ao uso direto como alimento humano ou animal ou ao beneficiamento[104].

O Brasil adotou o Protocolo de Cartagena e ratificou-o em 2004. Em 2005 foi aprovada a Lei da Biossegurança, não pela adesão ao Protocolo, mas à necessidade de regulamentar vários incisos do parágrafo 1º do artigo 225 da Constituição Federal. Essa Lei instituiu normas de segurança e mecanismos de fiscalização sobre a construção, o cultivo, a produção, a manipulação, o transporte, a transferência, a importação, a exportação, o armazenamento, a pesquisa, a comercialização, o consumo, a liberação no meio ambiente e o descarte de OGM e seus derivados[105]. O Protocolo enfatiza o risco da liberação e movimentação de OGM e a lei nacional, a proteção dos recursos genéticos.

Protocolo de Nagoya

O Protocolo de Nagoya assinado em 2010 durante a 10ª Conferência das Partes da CDB (COP 10) trata especificamente do 3º objetivo mencionado no início dessa seção: acesso aos recursos genéticos e participação justa e equitativa dos benefícios derivados de sua utilização, conhecido pela sigla ABS (do inglês: *Access and Benefit Sharing*). O Protocolo estabelece diretrizes normativas para a criação de legislações nacionais para assegurar o cumprimento desse objetivo e do artigo 15 da CDB.

---

102 Ibid., artigos 7º e 8º.
103 Ibid., preâmbulo e artigo 1º.
104 Ibid., artigo 11, inciso 8.
105 BRASIL. Lei 11.105 de 2005, regulamentada pelo Decreto 5.591, de 2005.

O Protocolo se aplica também aos conhecimentos tradicionais associados aos recursos genéticos compreendidos pela CDB e os benefícios derivados da utilização destes conhecimentos. Os conhecimentos tradicionais são conhecimentos associados aos recursos genéticos que as comunidades indígenas e locais possuem. Conforme o Protocolo, cada país-membro deverá tomar medidas para assegurar que esses conhecimentos sejam acessados com consentimento prévio informado ou com aprovação e envolvimento das comunidades indígenas e locais, conforme termos mutuamente acordados[106]. Mesmo sem ratificar o Protocolo, qualquer país, ao adotar a CDB, tem obrigações com o ABS e com a proteção do conhecimento tradicional de interesse para a biodiversidade em virtude dos artigos mencionados. Esse é o caso do Brasil, que até 2018 não havia ratificado o Protocolo, mas instituiu leis para regulamentar esses artigos[107].

Plano estratégico para a biodiversidade

Durante a COP 10 da CDB também foi aprovado o Plano Estratégico para a Biodiversidade 2011-2020, com a finalidade de promover a aplicação eficaz da CDB por meio de um enfoque estratégico contendo visão de futuro, missão, objetivos e metas. A visão é um mundo em harmonia com a natureza. A missão é tomar medidas efetivas e urgentes para deter a perda da diversidade biológica para assegurar que, até 2020, os ecossistemas tenham capacidade de recuperação e continuem fornecendo serviços essenciais que assegurem a variedade da vida do planeta e contribuam para o bem-estar humano e a erradicação da pobreza.

O Plano apresenta cinco objetivos estratégicos que devem a ser alcançados por meio das 20 metas conhecidas como Metas de Aichi (cf. Anexo 1), nome da região do Japão onde se localiza Nagoya. Os objetivos são os seguintes:

1) abordar as causas subjacentes da perda de diversidade biológica mediante a incorporação da diversidade biológica em todos os âmbitos governamentais e da sociedade;

2) reduzir as pressões diretas sobre a diversidade biológica e promover o uso sustentável;

3) melhorar a situação da diversidade biológica protegendo os ecossistemas, as espécies e a diversidade genética;

---

[106] Protocolo de Nagoya, artigo 7º. Mais sobre o Protocolo de Nagoya, cf. https://www.cbd.int/abs/ – Acesso em 05/08/2018.
[107] BRASIL. Lei 13.123/2015 e Decreto 8.772/2016.

4) aumentar os benefícios da diversidade biológica e os serviços dos ecossistemas para todos; e

5) melhorar a aplicação mediante o planejamento participativo, a gestão do conhecimento e a criação de capacidades.

A aplicação dessas metas se dará por meio de ações realizadas em cada país-membro orientadas por uma Estratégia e Plano de Ação Nacional para a Biodiversidade (EPANB), conforme estabelece a meta 17 (cf. Anexo 1). A EPANB indica como o país pretende cumprir os objetivos da CDB e inclui as características da sua biodiversidade e seus problemas específicos. Note que eles devem ser elaborados de modo participativo e atualizados constantemente. Em agosto de 2018, 190 países haviam elaborado suas EPANB[108]. Os recursos financeiros para o cumprimento dos objetivos e metas devem ser fornecidos prioritariamente pelos países desenvolvidos, levando em conta as condições específicas dos menos desenvolvidos, conforme as obrigações estabelecidas na CDB[109].

As metas apresentadas no Anexo 1 são para todos os países, porém cada país pode modificá-las a fim de adequá-las às características da sua biodiversidade e aos seus próprios interesses. No Brasil, o Ministério do Meio Ambiente (MMA) iniciou em 2011 um diálogo com representantes de diversos setores da sociedade, tais como instituições de ensino e pesquisa, organizações ambientalistas, empresas, indígenas, populações tradicionais, além de realizar uma consulta pública para assegurar a participação do público interessado em geral. Com base nesse diálogo e nas consultas públicas, foram estabelecidas as Metas Nacionais de Biodiversidade para o período 2011 a 2020, que são as de Aichi adaptadas à biodiversidade brasileira (cf. Anexo 2). Em 2017 foi concluído a EPANB, com elevado grau de detalhamento, incluindo as 20 metas de Aichi ajustadas à biodiversidade brasileira, cerca de 700 ações envolvendo centenas de instituições executoras, como mostra a Tabela 3.1. Foi um esforço hercúleo, mas que certamente não será cumprido devido ao pouco tempo para dar conta de tantos problemas, o que prenuncia a necessidade de prorrogação ao fim de 2020.

---

108 Sobre a NBSAP, cf. https://www.cbd.int/nbsap/search/default.shtml – Acesso em 20/06/2018.
109 Metas de Aichi, cláusula V e CDB, artigos 20 e 21.

Tabela 3.1 Estratégia e Plano de Ação Nacional para a Biodiversidade

Objetivo*	Metas	Ações	Instituições envolvidas
1	4	171	37
2	6	174	36
3	3	143	35
4	3	106	28
5	4	127	29

Fonte: BRASIL. Ministério do Meio Ambiente, 2017.
* Cf. objetivos às p. 80-81.

Agenda 21 Global

A Agenda 21 é um programa de ação para implementar o desenvolvimento sustentável, por isso também denominado Programa 21. É uma espécie de receituário abrangente para guiar a humanidade em direção a um desenvolvimento econômico que seja ao mesmo tempo socialmente justo e ambientalmente sustentável, nos últimos anos do século XX e pelo século XXI adentro. Aprovada durante a CNUMAD, a Agenda 21 estava voltada para os problemas do período em que foi aprovada, última década do século XX, com o objetivo de preparar o mundo para os desafios do século XXI[110].

A Agenda 21 contém 40 capítulos divididos em quatro seções, com a seguinte organização: Preâmbulo; Seção I com sete capítulos sobre as dimensões sociais do desenvolvimento sustentável; Seção II, com 14 capítulos sobre as dimensões ambientais; Seção III, com 10 capítulos dedicados aos principais grupos sociais cuja atenção e participação efetiva foram consideradas decisivas para alcançar o desenvolvimento sustentável; e Seção IV, com oito capítulos sobre os meios para implantar os programas e as atividades recomendadas nas seções anteriores. O Quadro 3.3 apresenta os títulos das seções e capítulos. Cada capítulo apresenta uma introdução ao problema, os programas de ação com objetivos, metas quantitativas em muitos casos, atividades e meios de implementação, incluindo estimativas quanto aos recursos financeiros necessários, conforme estimados em 1992.

---

110 Agenda 21, capítulo 1, preâmbulo.

Quadro 3.3 Agenda 21 – estrutura resumida

Capítulo	Título
1	Preâmbulo
Seção I – Dimensões econômicas e sociais	
2	Cooperação internacional para acelerar o desenvolvimento sustentável dos países em desenvolvimento e políticas internas correlatas
3	Combate à pobreza
4	Mudança dos padrões de consumo
5	Dinâmica demográfica e sustentabilidade
6	Proteção e promoção das condições da saúde humana
7	Promoção do desenvolvimento sustentável dos assentamentos humanos
8	Integração entre meio ambiente e desenvolvimento na tomada de decisão
Seção II – Conservação e gestão de recursos para o desenvolvimento	
9	Proteção da atmosfera
10	Abordagem integrada do planejamento e gerenciamento dos recursos terrestres
11	Combate ao desflorestamento
12	Manejo de ecossistemas frágeis: a luta contra a desertificação e a seca
13	Gestão de ecossistemas frágeis: desenvolvimento sustentável das montanhas
14	Promoção do desenvolvimento rural e agrícola sustentável
15	Conservação da diversidade biológica
16	Manejo ambientalmente saudável da biotecnologia
17	Proteção dos oceanos, de todos os tipos de mares e das zonas costeiras

18	Proteção da qualidade e do abastecimento dos recursos hídricos
19	Manejo ecologicamente saudável das substâncias químicas tóxicas, incluindo a prevenção do tráfico internacional ilegal dos produtos tóxicos e perigosos
20	Manejo ambientalmente saudável dos resíduos perigosos, incluindo a prevenção do tráfico internacional ilícito
21	Manejo ambientalmente saudável dos resíduos sólidos e questões relacionadas com os esgotos
22	Manejo seguro e ambientalmente saudável dos resíduos radiativos
Seção III – Fortalecimento do papel dos grupos principais	
23	Preâmbulo da Seção III
24	Ação mundial pela mulher para um desenvolvimento sustentável e equitativo
25	A infância e a juventude no desenvolvimento sustentável
26	Reconhecimento e fortalecimento do papel das populações indígenas e suas comunidades
27	Fortalecimento do papel das ONGs: parceiras para o desenvolvimento sustentável
28	Iniciativas das autoridades locais em apoio à Agenda 21
29	Fortalecimento do papel dos trabalhadores e de seus sindicatos
30	Fortalecimento do papel do comércio e da indústria
31	A comunidade científica e tecnológica
32	Fortalecimento do papel dos agricultores
Seção IV – Meios de implementação	
33	Recursos e mecanismos de financiamento
34	Transferência de tecnologia ambientalmente saudável, cooperação e fortalecimento institucional

35	A ciência para o desenvolvimento sustentável
36	Promoção do ensino, da conscientização pública e do treinamento
37	Mecanismos nacionais e cooperação internacional para o fortalecimento institucional nos países em desenvolvimento
38	Arranjos institucionais e internacionais
39	Instrumentos e mecanismos jurídicos internacionais
40	Informações para a tomada de decisões

Fonte: CNUMAD. Agenda 21[111].

A Agenda 21 transformou uma montanha de documentos oficiais que estariam mofando em prateleiras de repartições públicas em áreas-programas para atacar problemas específicos, como se vê no Quadro 3.3. Ou seja, é uma espécie de consolidação de diversos relatórios, tratados, protocolos e outros documentos elaborados durante décadas na esfera da ONU (Assembleia Geral, FAO, PNUMA, UNESCO etc.). Princípios, conceitos e recomendações expressos no relatório da Comissão Brundtland, nas estratégias de conservação mundial de 1980, nas estratégias do *Caring for the Earth* de 1990, nos documentos do IPCC podem ser reconhecidos no texto da Agenda. Ela inclui os temas tratados na Declaração do Rio de Janeiro e nas duas convenções comentadas há pouco e muitas outras, tais como: Convenção de Viena para a Proteção da Camada de Ozônio, de 1985; Convenção das Nações Unidas sobre o Direito do Mar, de 1982; Conferência Mundial sobre Ensino para Todos de Jomtien, Tailândia, 1990; Conferência Intergovernamental de Tbilisi sobre Educação Ambiental.

Objetivando integrar as atividades relativas ao desenvolvimento e meio ambiente, nos planos nacional, sub-regional, regional e internacional, foi aprovado um novo arranjo institucional no âmbito da ONU, recomendado no capítulo 38 da Agenda 21. O Conselho Econômico e Social das Nações Unidas (ECOSOC) passou a dirigir a coordenação e integração das políticas e programas sobre meio ambiente e desenvolvimento no sistema da ONU. Nesse novo arranjo, em 1993 foi instalada a Comissão de Desenvolvimento Sustentável (CDS), de alto nível e vinculada ao

---

111 Disponível em http://www.mma.gov.br/responsabilidade-socioambiental/agenda-21/agenda-21-global – Acesso em 15/07/2017.

ECOSOC para acompanhar e avaliar a implementação da Agenda 21 e intensificar a cooperação internacional relacionada com estas atividades. A CDS foi o primeiro órgão da ONU a se dedicar integralmente ao desenvolvimento sustentável. Tinha entre suas atribuições a de apresentar recomendações à Assembleia Geral, via ECOSOC, sobre o andamento das atividades da Agenda 21.

Em 2013 a CDS foi dissolvida e em seu lugar foi criado o Fórum Político de Alto Nível das Nações Unidas sobre Desenvolvimento Sustentável (HLPF)[112] de natureza intergovernamental e universal para proporcionar liderança política, orientação e recomendações para o desenvolvimento sustentável, acompanhar e avaliar o progresso do cumprimento dos compromissos com o desenvolvimento sustentável, e promover a integração das dimensões desse desenvolvimento[113]. O HLPF é constituído por chefes de Estado e governantes e vinculado diretamente à Assembleia Geral da ONU, o que lhe confere um poder de ação maior do que o da extinta CDS. Como se verá mais adiante, o HLPF desempenha um papel central na condução e avaliação da Agenda 2030, aprovada em 2015.

Agendas 21 nacionais

Contemplando um conjunto enorme de contribuições as mais variadas e procurando ordená-las de acordo com as grandes questões sobre desenvolvimento e meio ambiente, a Agenda 21 é uma espécie de manual para orientar os países, regiões e comunidades nos seus processos de transição para uma nova concepção de sociedade. Ela não é um tratado ou convenção capaz de impor vínculos obrigatórios aos estados signatários; na realidade é um plano de ações não mandatório cuja implementação depende da vontade política dos governantes e da mobilização da sociedade.

Muitas questões tratadas na Agenda 21 global são endereçadas aos diferentes níveis de governo, o que pressupõe a cooperação entre eles, que é um dos componentes da sustentabilidade institucional comentado anteriormente. Para colocar em prática suas recomendações é necessário desdobrá-la em agendas regionais, nacionais e locais. Todos os capítulos da Agenda 21 trazem recomendações apropriadas para diferentes níveis de governo, o que permite iniciar um processo de elaboração de agendas nacionais, subnacionais e locais com base em ampla consulta a sua população.

---

112 HLPF, do inglês: United Nations High-level Political Forum on Sustainable Development.
113 United Nations General Assembly. Resolução 67/279, de 2013. Disponível em http://www.un.org/ga/search/view_doc.asp?symbol=A/67/757 – Acesso em 20/06/2017.

No Brasil foi criada em 1994, no âmbito do Executivo Federal, uma Comissão Interministerial para o Desenvolvimento Sustentável (CIDES) para assessorar o Presidente da República em decisões sobre as estratégias e políticas nacionais de desenvolvimento sustentável de acordo com a Agenda 21. Competia à CIDES propor estratégias e políticas nacionais necessárias à implementação das atividades programadas na Agenda 21, com especial atenção à sua incorporação ao planejamento global e orçamentário no âmbito da Administração Federal[114]. A CIDES deixou de existir sem ter cumprido o seu papel.

Em 1997 foi criada a Comissão de Políticas de Desenvolvimento Sustentável e da Agenda 21 Nacional (CPDS), com o objetivo de propor estratégias de desenvolvimento sustentável e coordenar, elaborar e acompanhar a implementação da Agenda 21 Brasileira. A CPDS selecionou seis áreas temáticas: (1) gestão dos recursos naturais, (2) agricultura sustentável, (3) cidades sustentáveis, (4) infraestrutura e integração regional, (5) redução das desigualdades sociais e (6) ciência e tecnologia para o desenvolvimento sustentável, cada qual atribuída a um consórcio selecionado através de concorrência pública para desenvolvê-la por meio de consultas e discussões com segmentos da sociedade brasileira.

Em 2002 a Agenda foi lançada por meio de dois documentos: (1) *Agenda 21 Brasileira: ações prioritárias* e (2) *Agenda 21 Brasileira: resultado da consulta nacional*[115]. O primeiro apresenta 21 objetivos prioritários com recomendações para alcançá-los, como mostra o Quadro 3.4; o segundo é uma síntese das consultas e debates realizados nos estados e no Distrito Federal.

Quadro 3.4 Agenda 21 Brasileira: objetivos prioritários

N.	Objetivo	N.	Objetivo
1	Produção e consumo sustentáveis contra a cultura do desperdício	12	Promoção da agricultura sustentável
2	Ecoeficiência e responsabilidade social das empresas	13	Promover a Agenda 21 Local e o desenvolvimento integrado e sustentável
3	Retomada do planejamento estratégico, infraestrutura e integração regional	14	Implantar o transporte de massa e a mobilidade sustentável

---

114 BRASIL. Decreto 1.160, de 21/06/1994.

115 CPDS, 2004.

N.	Objetivo	N.	Objetivo
4	Energia renovável e a biomassa	15	Preservar a quantidade e melhorar a qualidade da água nas bacias hidrográficas
5	Informação e conhecimento para o desenvolvimento sustentável	16	Política florestal, controle do desmatamento e corredores de biodiversidade
6	Educação permanente para o trabalho e a vida	17	Descentralização e o pacto federativo: parcerias, consórcios e o poder local
7	Promover a saúde e evitar a doença, democratizando o Sistema Único de Saúde	18	Modernização do Estado: gestão ambiental e instrumentos econômicos
8	Inclusão social e distribuição de renda	19	Relações internacionais e governança global para o desenvolvimento sustentável
9	Universalizar o saneamento ambiental protegendo o ambiente e a saúde	20	Cultura cívica e novas identidades na sociedade da comunicação
10	Gestão do espaço urbano e a autoridade metropolitana	21	Pedagogia da sustentabilidade: ética e solidariedade
11	Desenvolvimento sustentável do Brasil rural		

Fonte: Agenda 21 Brasileira: ações prioritárias.

A Agenda 21 brasileira teve seguimento no seu início principalmente em ações de caráter ambiental, até porque o Ministério do Meio Ambiente (MMA) atuara como a Secretaria Executiva do CPDA. Algumas ações prioritárias foram incluídas no Plano Plurianual de 2004-2007, o que lhes deu maior efetividade. Porém, com o tempo ela foi deixando de surtir o efeito que dela se esperava. Ela não se tornou conhecida, a não ser entre especialistas, não chegou à população, não ganhou destaque na opinião pública, na imprensa, nas escolas e sequer na comunidade científica e tecnológica amplamente considerada. Não por falta de pertinência dos temas e das propostas, mas pela diminuição do comprometimento dos sucessivos governos em levá-la avante.

Agendas 21 locais

O capítulo 28 da Agenda 21 é dedicado ao fortalecimento das autoridades locais como parceiras importantes do processo de desenvolvimento sustentável, pois constituem o nível de governo mais próximo da população. Muitos problemas e soluções tratados na Agenda 21 têm suas raízes nas atividades locais, daí a importância da participação das autoridades locais, ainda mais que elas constroem, operam e mantêm infraestrutura e estabelecem políticas e regulamentações nas três dimensões econômica, social e ambiental da sustentabilidade.

A Agenda 21 recomenda que as autoridades locais iniciem um diálogo com os seus cidadãos, organizações comunitárias e empresas privadas locais para elaborar uma Agenda 21 Local (A21L). Diversas organizações incentivaram a elaboração dessas agendas, com destaque para o Conselho Internacional para Iniciativas Ambientais Locais (ICLEI[116]), ONG criada em 1990, hoje denominado Governos Locais pela Sustentabilidade. O ICLEI ajudou a elaborar o capítulo 28.

Na Europa, a A21L recebeu um grande impulso com as conferências sobre cidades e aldeias sustentáveis, cuja primeira foi realizada em 1994, em Aalborg, Dinamarca. Nessa ocasião foi aprovada a Carta de Aalborg que, entre outras disposições, recomenda os seguintes passos para elaborar uma A21L:

> 1) conhecer os métodos de planejamento, os instrumentos financeiros existentes, bem como outros planos e programas;
> 2) identificar sistematicamente os problemas e as suas causas mediante consulta pública;
> 3) definir as prioridades dos problemas e das ações;
> 4) definir o conceito de coletividade sustentável, com a participação de todos os seus membros;
> 5) examinar e avaliar as estratégias alternativas de desenvolvimento;
> 6) estabelecer um plano de ação local em longo prazo com objetivos cujos cumprimentos sejam verificáveis; e
> 7) planejar a implementação preparando um calendário e distribuindo as responsabilidades pelas ações entre os membros[117].

No Brasil o MMA elaborou uma cartilha com seis passos para auxiliar a criação e implementação de uma A21L. São eles: (1) mobilizar para sensibilizar governo e

---

[116] ICLEI, do inglês, *International Council for Local Environmental Initiatives*. Com a mesma sigla, hoje é denominada *Local Governments for Sustainability*.

[117] *Aalborg Charter* [Disponível em http://www.sustainablecities.eu/fileadmin/repository/Aalborg_Charter/ – Acesso em 25/08/2018].

sociedade; (2) criar o Fórum da A21L; (3) elaborar o diagnóstico participativo; (4) elaborar Plano Local de Desenvolvimento Sustentável; (5) implementar o Plano; e (6) monitorar e avaliar o Plano. Esse Plano deverá conter minimamente:
- a visão estratégica da comunidade, incluindo o cenário futuro desejado construído ao longo do processo;
- objetivos, oportunidades, problemas e prioridades levantadas no diagnóstico participativo;
- metas específicas a serem alcançadas;
- ações concretas e específicas para atingir as metas;
- estratégias e meios de implementação das ações, que incluam os vínculos existentes com o processo de planejamento governamental do município ou região;
- recomendações, estratégias de revisão do Plano e dos pactos firmados, de forma periódica;
- indicadores de desenvolvimento sustentável e outros instrumentos de controle social como pesquisas, consultas e campanhas[118].

O IBGE considera a A21L como um indicador da dimensão institucional do desenvolvimento sustentável, como mostra o Quadro 2.2 (indicador 61). A sua institucionalização se dá por meio do Fórum da Agenda 21 Local criado pelo poder Executivo ou Legislativo municipal. Por ser um processo de planejamento estratégico participativo, este indicador revela a mobilização da sociedade, das empresas e dos governos para implementação da Agenda nos municípios brasileiros nos anos seguintes à Rio-92.

Enquanto indicador de desenvolvimento sustentável, a A21L se relaciona com os seguintes indicadores: desmatamento, abastecimento de água, esgotamento sanitário e serviço de coleta de lixo doméstico, tratamento de esgoto, adequação da moradia, legislação ambiental, conselhos municipais de meio ambiente, comitês de bacias hidrográficas, organizações da sociedade civil e fundo municipal de meio ambiente[119].

Questões polêmicas e esquecidas

Como produto de um consenso entre países muito desiguais, a Agenda 21 acabou adotando muitas vezes uma postura dúbia, cautelosa ou saiu pela tangente em relação aos temas polêmicos como, por exemplo, a questão da dívida externa dos países em

---

118 Passo a passo da A21L [Disponível em http://www.mma.gov.br/informma/item/723-passo-a-passo-da-agenda-21-local – Acesso em 25/08/2018].
119 IBGE, 2015, indicador 61.

desenvolvimento e a proteção intelectual nas áreas da moderna biotecnologia. Em relação à dívida, a Agenda, de um lado, recomenda condições mais generosas para os países mais endividados e, de outro, louva os países pobres que estão honrando seus compromissos, apesar de todas as dificuldades e dos altos encargos da dívida. Não há nenhuma condenação aos pesados encargos que essa dívida provoca nos países menos desenvolvidos que, além de gerar graves problemas nesses países, reduz a sua capacidade de obter novos recursos de fontes internacionais[120].

Faltou à Agenda uma posição clara sobre a questão da propriedade intelectual nas áreas da biotecnologia, outro problema polêmico que tende a colocar em campos opostos os países desenvolvidos e os países não desenvolvidos que possuem uma grande diversidade biológica, conforme já comentado. A Agenda apenas menciona que nos países em desenvolvimento a proteção inadequada dos direitos de propriedade intelectual impede o desenvolvimento e a aplicação acelerada da moderna biotecnologia nesses países[121]. Essa afirmação não foi confirmada pela prática. A adoção generalizada de proteção patentária pelos países em desenvolvimento ainda não gerou tais benefícios, a moderna biotecnologia continua sendo desenvolvida de forma concentrada em uns poucos países desenvolvidos.

As mais graves restrições às atividades recomendadas pela Agenda 21 e pelas convenções aprovadas na CNUMAD referem-se aos recursos financeiros. São recursos vultosos que não teriam como ser providos pelos países com déficits de desenvolvimento. Em 1991, um ano antes da CNUMAD e como parte das atividades preparatórias, foi criado o Fundo Global para o Meio Ambiente (GEF, do inglês: *Global Environmental Facility*), inicialmente como um programa piloto instalado no Banco Mundial, tornando-se depois no principal mecanismo de financiamento das convenções aprovadas no Rio de Janeiro e de outras que seriam aprovadas nos anos seguintes[122]. Em dezembro de 2018 o GEF era formado por 183 países, dos quais 39 são doadores, entre esses o Brasil, que participa desde 1994. O Brasil é doador e tomador de recursos financeiros, tendo doado cerca de US$ 40 milhões e tomado cerca de US$ 800 milhões para financiar projetos ambientais. Os países

---

120 Agenda 21, capítulo 2; item 2.28.
121 Ibid., capítulo 16, item 16.37.
122 Ex.: Convenção das Nações Unidas para o Combate à Desertificação e Mitigação dos Efeitos das Secas, de 1994; Convenção de Estocolmo sobre Poluentes Orgânicos Persistentes, de 2004; Convenção de Minamata sobre o Banimento do Mercúrio, de 2017.

desenvolvidos são apenas doadores. As atividades do GEF são geridas pelo PNUD, PNUMA e Banco Mundial, sendo este último o depositário dos seus recursos[123].

A Assistência Oficial ao Desenvolvimento (ODA) é uma fonte de recursos provida pelos países desenvolvidos na forma de concessão ou doação aos não desenvolvidos. Durante a CNUMAD, os países desenvolvidos reafirmaram o compromisso de destinar 0,7% do PNB para a ODA. Mesmo que essa ajuda tivesse ocorrido integralmente, o que não foi, ainda assim seria insuficiente. De fato, pelas estimativas do Secretariado da CNUMAD seriam necessários US$ 607 bilhões por ano durante o período de 1993 a 2000 para implementar as atividades recomendadas pela Agenda 21, sendo que cerca de US$ 125 bilhões deveriam ser providos anualmente pela comunidade internacional, basicamente países desenvolvidos. Considerando que o PNB agregado desses países somava na época US$ 16 trilhões, uma ajuda restrita a 0,7% do PIB alcançaria US$ 112 bilhões.

Os problemas relativos ao financiamento do desenvolvimento nunca foram suficientemente resolvidos. O início da década de 1990, quando ocorriam os preparativos para a CNUMAD, foi um período marcado pelo otimismo nas soluções multilaterais que acompanhavam a crescente globalização econômica impulsionada pelo fim da Guerra Fria. O crescimento econômico verificado naquela época, somado à incorporação dos países que transitavam para uma economia capitalista nos mercados globais, fez aflorar a generosidade dos países ricos, pelo menos na intenção, daí a ideia de destinar 0,7% do PNB para a ODA ter sido amplamente aceita.

Esse otimismo foi se perdendo ao longo do tempo à medida que diversas crises se sucediam, que mesmo quando restritas a certo país, acabavam contaminando o conjunto todo dada à intensa interdependência entre eles em decorrência dos processos de globalização. Além disso, as guerras, o narcotráfico, o terrorismo, as epidemias e outras mazelas mostravam o lado sombrio da globalização e punham em xeque o multilateralismo que amparava as iniciativas da ONU e suas agências. Nesses tempos de vacas magras, a generosidade de antes deu lugar ao salve-se quem puder e, com isso, os recursos externos ao desenvolvimento minguaram.

As questões sobre financiamento do desenvolvimento estiveram sempre em pauta e fazem parte das providências pós-Rio-92, como é caso do Consenso de Monterrey alcançado em 2002 nesta cidade do México. O Consenso reitera que cada país é o principal responsável por seu próprio desenvolvimento econômico e social. No entanto, reconhece que as economias nacionais estão agora inter-relacionadas

---

[123] Mais sobre o GEF cf. https://www.thegef.org/about/funding – Acesso em 22/11/2018.

com o sistema econômico mundial. Em relação à ODA, o Consenso enfatiza o seu papel essencial em países cuja capacidade de atrair investimento direto privado é mínima. Para muitos países da África, países menos desenvolvidos, pequenos países insulares, países em desenvolvimento sem litoral, a ODA continua a representar a maior parte do financiamento externo. Neste contexto foi feito um apelo aos países desenvolvidos para que adotem medidas concretas para dedicar 0,7% do seu PNB como ODA aos países em desenvolvimento, e entre 0,15 e 0,20% aos países menos adiantados, os mais pobres[124].

Apesar dos compromissos assumidos, os países com maior capacidade de ajuda externa estão longe do compromisso acordado no Consenso de Monterrey, como mostra a Figura 3.1. Somente seis países em 2015 alcançaram a meta e suplantaram-na, entre eles apenas um dos sete mais ricos, o Reino Unido. Países ricos como Japão, Alemanha, Canadá, França, Itália e Estados Unidos estiveram bem abaixo da média dos países considerados nessa figura, menos da metade do percentual acordado na Agenda 21 e no Consenso de Monterrey. Como se vê, há uma grande lacuna entre as intenções acordadas coletivamente em reuniões diplomáticas de alto nível, como são as realizadas sob o auspício da ONU, e sua efetivação.

Figura 3.1 ODA como % do PNB de países selecionados – ano de 2015

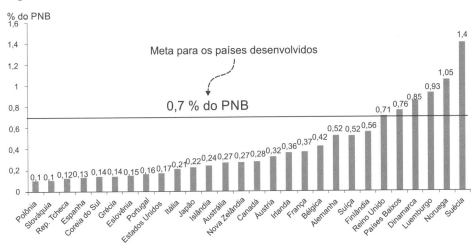

Fonte: adaptado de *Inter-Agency Task Force on Financing for Development* (IATF, 2016) [Disponível em http://www.un.org/esa/ffd/ffd-follow-up/intrer-agency-task-force.htmal – Acesso em 09/09/2018].

---

124 Consenso de Monterrey, 2002 [Disponível em www.un.org/es/conf/ffd/2002/pdf/ACONF1983.pdf – Acesso em 10/09/2018].

Além de estar aquém da meta acordada em termos globais, há diversas críticas envolvendo a ajuda financeira ao desenvolvimento. Uma delas refere-se ao direcionamento dos recursos doados ou concedidos para beneficiar a contratação de bens e serviços do país doador. Outra crítica refere-se ao uso da ajuda para pagamento das dívidas do país. Corrupção, favorecimentos, ineficiência do setor público do país recebedor fazem com que os valores doados, além de insuficientes, nem sempre beneficiam a quem deveriam. Porém, mais do que todos esses problemas que podem ser considerados disfunções localizadas, há um problema de ordem geral relacionado com a dependência dos recursos da ODA por parte dos países não desenvolvidos devido à deterioração dos preços das *commodities* que são seus principais produtos de exportação.

As questões problemáticas sobre a ajuda ao desenvolvimento estiveram presentes desde o início dos debates sobre desenvolvimento no âmbito da ONU. A UNCTAD, criada em 1964 para tratar de questões de comércio internacional e desenvolvimento sob a perspectiva dos países menos desenvolvidos, em sua fase inicial teve como lema "comércio, não ajuda" (*trade, not aid*). Esta expressão sintetizava as queixas dos países não desenvolvidos diante das dificuldades de ampliar o valor das suas exportações e das trocas em condições desiguais e injustas com os países desenvolvidos que não eram compensadas pelas ajudas que recebiam. Comércio melhor do que ajuda (*trade better than aid*) e comércio como ajuda (*trade as aid*) também expressavam as queixas dos países não desenvolvidos com o comércio internacional, ou seja, se esse comércio fosse justo não haveria necessidade de ajuda. Vai ao encontro desse argumento o que ocorreu no Brasil na primeira década deste século, quando se realizou o maior programa de inclusão social, com mais de 30 milhões de pessoas retiradas da miséria, período em que se observou uma alta significativa dos preços das *commodities* devido à presença da China como grande importador no mercado mundial.

A Agenda 21 reitera a ideia de que o comércio multilateral aberto, equitativo, seguro e não discriminatório é compatível com o desenvolvimento sustentável, faz menção ao Sistema Geral de Preferências (SGP) como um instrumento útil para esse fim e continua a propor o aperfeiçoamento do acesso aos mercados externos pelos países não desenvolvidos. O SGP, criado por influência da UNCTAD, permite que os países desenvolvidos possam dar preferências comerciais aos não desenvolvidos sem exigir reciprocidade, como estabelece as regras do GATT, um dos acordos que passou a ser administrado pela OMC a partir de 1995, quando foi criada. No âmbito da OMC essa questão foi tratada a partir dos anos de 2000 como ajuda para o comércio (*aid for trade*), um programa para ajudar os países em desenvolvimento, particularmente os menos desenvolvidos, a construir capacidade de oferta e infraestrutura relacionada ao comércio exterior para que possam implementar os ocordos da OMC e deles se beneficiar para expandir seu comércio[125]. Essa questão voltaria a ser considerada nas agendas futuras, como a Agenda 2030.

Avançando no século XXI, a Agenda 21 teria que se atualizar, pois havia sido fruto de diagnósticos e propostas feitas até o início da década de 1990. Diante disso foram feitos vários planos para que suas recomendações fossem implementadas, enfatizando alguns aspectos mais prioritários, como será comentado no próximo capítulo. Mesmo depois de mais de 20 anos, a Agenda 21 continua sendo uma fonte importante de propostas para alcançar padrões de desenvolvimento sustentável, até porque muitas das suas recomendações não foram cumpridas a contento, ou foram colocadas apenas em termos de intenção sem estabelecer metas de cumprimento. Porém, outras agendas globais foram criadas pela comunidade internacional com base em iniciativas da ONU, como o Plano Estratégico para a Biodiversidade, já comentado, os Objetivos de Desenvolvimento do Milênio (ODMs) e a Agenda 2030 com seus Objetivos de Desenvolvimento Sustentável (ODSs).

---

125 WTO, 2005.

4
Entrando no século XXI

O movimento do desenvolvimento sustentável experimentou um crescimento vigoroso logo após a Conferência do Rio de Janeiro de 1992 (CNUMAD). Contribuiu para isso não só a grandiosidade da Conferência em termos de representação governamental, mas também a participação de muitas organizações da sociedade civil, talvez nunca tantas estivessem reunidas em outras épocas. O otimismo reinante nos ambientes econômicos e políticos internacionais, comentado anteriormente, contribuiu para propagar as ideias desse movimento. A onda de democratização verificada na época, outro fator de otimismo, favoreceu a ampla divulgação do que ocorria nos auditórios e salas de reuniões do evento, levando ao engajamento de milhões de pessoas em todo mundo. Só para comparar, na Conferência de 1972, muitos países da América Latina, África e Ásia eram governados por regimes ditatoriais, outros ainda eram colônias e lutavam por sua independência.

Também contribui para esse crescimento a participação expressiva de empresas, principalmente multinacionais, e organizações empresariais influentes como a Câmara de Comércio Internacional (ICC). Uma situação muito diferente do que ocorrera em Estocolmo em 1972, quando as empresas se viram acuadas diante das propostas do ecodesenvolvimento. A partir da CNUMAD, o número de empresas que afirmam sua adesão ao desenvolvimento sustentável cresceu vertiginosamente, principalmente entre as maiores e as multinacionais, o que permite considerar um expressivo sucesso em termos de popularidade. Uma das razões para tantas adesões foi considerar o crescimento econômico como um dos objetivos do desenvolvimento sustentável, como mostrado no capítulo anterior.

Com a Conferência do Rio teve início um novo ciclo de conferências sobre desenvolvimento e meio ambiente no âmbito da ONU, com o objetivo de implementar as diversas recomendações da Agenda 21 e das convenções aprovadas, além de adicionar novos temas relacionados com os processos de desenvolvimento em bases sustentáveis. Merecem destaques as seguintes: Conferência sobre Direitos Humanos realizada em Viena em 1993; Conferência sobre População e Desenvolvimento no Cairo em 1994; Cúpula Mundial sobre Desenvolvimento Social em Copenhague em 1995; Conferência sobre a Mulher em Beijing em 1995; Conferência sobre Assentamentos Humanos (Habitat II), Istambul, 1996; Conferência Mundial sobre Alimentação, Roma, 1996, entre outras, cada qual gerando declarações e planos de ação.

O otimismo quanto à implementação das recomendações da Agenda 21 e dos acordos firmados em 1992 começou a minguar nos anos seguintes. Por exemplo, a fixação de metas quantificadas de redução de GEEs para estabilizar a sua concentração avançava lentamente devido à resistência de países como os Estados Unidos, Japão Arábia Saudita e outros, cuja economia depende de combustíveis fósseis. O Protocolo de Quioto, aprovado em 1997, entrou em vigor somente em 2005, 13 anos após a apresentação da Convenção da Mudança do Clima durante a CNUMAD. Todas as áreas-programas da Agenda 21 apresentavam problemas de implementação, como falta de cooperação dos países desenvolvidos com relação à ODA, conforme comentado anteriormente. Em suma, em termos globais o meio ambiente continuava sendo degradado e a situação social da maioria da população não mostrava melhora significativa.

Com esse ambiente de queixas e decepções, a Assembleia Geral das Nações Unidas realizou em 1997, em Nova York, uma sessão especial para avaliar o progresso da implementação dos acordos e recomendações aprovados na CNUMAD, especialmente a Agenda 21, e propor medidas para reforçá-la[126]. Conhecida por Rio+5, por ter sido feita cinco anos depois da CNUMAD, essa sessão especial aprovou o documento denominado "Programa para Impulsionar a Agenda 21", indicando as áreas da Agenda 21 que requeriam ações urgentes. Uma das áreas trata da erradicação da pobreza, tema do capítulo 3 da Agenda 21 e um dos compromissos da Conferência sobre Desenvolvimento Social em Copenhague em 1995[127]. Outra área prioritária, mudança dos padrões de produção e consumo, já havia sido identificada

---

126 *General Assembly, 19th special session* [Disponível em http://www.un.org/documents/ga/res/spec/aress19- 2.htm – Acesso em 01/10/2018].

127 General Assembly. *World Summit for Social Development*, 1995 [Disponível em http://www.un.org/documents/ga/ – Acesso em 01/10/2018].

na Agenda 21 (capítulo 4) como uma das maiores causas da contínua degradação ambiental mundial e estreitamente ligada à pobreza.

O Programa para Impulsionar a Agenda 21 estabeleceu um calendário para revisão de temas da Agenda 21 endereçados à CSD, como mostra o Quadro 4.1. Note que o capítulo 40 da Agenda 21, que trata das "Informações para a Tomada de Decisões", está citado em praticamente todas as células desse quadro. As atividades propostas nesse capítulo visavam a elaboração de indicadores de desenvolvimento sustentável, o aperfeiçoamento da coleta e utilização de dados, aperfeiçoamento dos métodos de avaliação e análise dos dados, e o fortalecimento de programas e entidades do sistema de Observação da Terra (*Earthwatch*) como o Sistema Global de Monitoramento Ambiental (GEMS) e o Banco de Dados de Informações sobre Recursos Globais (GRID), ambos vinculados ao PNUMA[128].

Quadro 4.1 Programa Plurianual para Impulsionar a Agenda 21 – temas para revisão

Tema/setor Ano	Tema setorial	Tema intersetorial	Setor econômico/ grupo principal
1998	Abordagem estratégica para gestão de água doce	Transferência de tecnologia/capacitação/ educação/ciência/ conscientização	Setor econômico/ Indústria
	Capítulos da Agenda 21: 2-8, 10-15, 18-21, 23-34, 36 e 37-40	Capítulos da Agenda 21: 2-4, 6, 16, 23-37 e 40	Capítulos da Agenda 21: 4, 6, 9, 16, 17, 19-21, 23-35 e 40
1999	Oceanos e mares	Padrões de produção e consumo	Setor econômico/ Turismo
	Capítulos da Agenda 21: 5-7, 9, 15, 17, 19-32, 34-36, 39 e 40	Capítulos da Agenda 21: 2-10, 14, 18-32, 34-36 e 40	Capítulos da Agenda 21: 2-7, 13, 15, 17, 23-33 e 36

---

128 Do inglês: *Global Environment Monitoring System* (GEMS) e *Global Resource Information Database* (GRID).

2000	Planejamento integrado e gestão de recursos terrestres	Recursos financeiros/comércio e investimento/crescimento econômico	Agricultura/povos indígenas
	Capítulos da Agenda 21: 2-8, 10-37 e 40	Capítulos da Agenda 21: 2-4, 23-33, 36-38 e 40	Capítulos da Agenda 21: 2-7, 10-16, 18-21, 3-34, 37 e 40
2001	Atmosfera/energia	Informação para tomada de decisão e cooperação internacional para melhorar o meio ambiente	Energia/transporte
	Capítulos da Agenda 21: 4, 6-9, 11-14, 17, 23-37, 39 e 40	Capítulos da Agenda 21: 2, 2-5, 8, 9, 20, 38-40	Capítulos da Agenda 21: 23-27 e 40

Fonte: General Assembly, 1997, Apêndice [Disponível em http://www.un.org/documents/ga/res/spec/aress19-2.htm – Acesso em 01/10/2018].
Obs.: cf. os títulos dos capítulos da Agenda 21 no Quadro 3.3.

O Programa para Impulsionar a Agenda 21 sofreu críticas de muitas representações nacionais, principalmente quanto aos meios de implementação, pois as questões da ajuda e da cooperação pouco mudaram. No entanto, foi considerada uma sessão inovadora pelo fato de ter dado voz pela primeira vez aos representantes dos grupos de parceiros principais, como autoridades locais, mulheres, indústria e comércio e outros incluídos na seção III da Agenda 21 (cf. Quadro 3.3). Outra iniciativa para revisar e impulsionar a Agenda 21 iria ocorrer em 2002 na Cúpula de Johanesburgo, como será mostrado mais adiante.

Objetivos de desenvolvimento do milênio

Antecipando a chegada do novo milênio, a Assembleia Geral da ONU considerou que o ano 2000 seria um momento singular e simbólico para que os estados-membros da ONU formulassem um projeto comum para a nova era que se esperava ter início com a chegada do novo século e novo milênio. Considerou também que uma Assembleia do Milênio seria uma oportunidade para fortalecer as funções das

Nações Unidas frente aos desafios do século XXI[129]. Assim, em 2000, na sede da ONU em Nova York, foi realizada a Cúpula do Milênio (*Millennium Summit*), na qual foi aprovada a Declaração do Milênio.

Esse início de milênio foi marcado no âmbito das Nações Unidas pelo intenso protagonismo de Kofi Annan (1938-2018), diplomata da República de Gana que se tornou secretário-geral das Nações Unidas em 1997, cargo que exerceu até 2007. Em 2001 recebeu o Prêmio Nobel da Paz pelo seu compromisso pessoal com o combate à AIDS/HIV e à pobreza, principalmente na África, onde essas questões adquiriram proporções catastróficas. Em 2000, sob sua orientação direta, foi criado o Pacto Global (*Global Compact*), um programa endereçado às empresas para se engajar com o desenvolvimento sustentável de modo concreto, como mostra o Quadro 4.2.

Quadro 4.2 Pacto Global: princípios e obrigações

O Pacto Global busca implementar princípios de direitos humanos e de responsabilidade ambiental nas práticas das organizações de qualquer tipo, tais como empresas, instituições de ensino e pesquisa e associações da sociedade civil. O Pacto tem por base a adesão das organizações aos seguintes 10 princípios:
1) Respeitar e proteger os direitos humanos.
2) Impedir violações de direitos humanos.
3) Apoiar a liberdade de associação no trabalho.
4) Abolir o trabalho forçado.
5) Abolir o trabalho infantil.
6) Eliminar a discriminação no ambiente de trabalho.
7) Apoiar uma abordagem preventiva aos desafios ambientais.
8) Promover a responsabilidade ambiental.
9) Encorajar tecnologias que não agridem o meio ambiente.
10) Combater a corrupção em todas as suas formas, inclusive extorsão e propina.

Ao aderir aos princípios, a organização deve realizar práticas coerentes com eles, por exemplo: incorporá-los na declaração da missão; informar a adesão aos funcionários, acionistas, consumidores, fornecedores e demais partes interessadas; incorporar os princípios nos programas de desenvolvimento e treinamento dos funcionários; elaborar relatórios anuais sobre a atuação da empresa em seus esforços para incorporar os princípios. A organização que deixar de enviar o relatório por dois anos seguidos fica excluída do Pacto.

---

[129] UN General Assembly, 1999 [Disponível em http://www.un.org/en/ga/search/view_doc.asp?symbol=A/RES/53/202 – Acesso em 21/09/2018].

> Qualquer organização de qualquer setor constituída sob as leis do país em que se encontra pode aderir ao Pacto, exceto as que produzem ou recebem receitas de tabaco, minas terrestres ou bombas de fragmentação, ou as que estejam sujeitas às sanções da ONU. Para aderir é preciso enviar uma carta ao secretário-geral das Nações Unidas, assinada pelo executivo do mais alto nível da organização, comprometendo-se com os 10 princípios na prática, incluindo o envio anual de um relatório. Mais de 13 mil organizações haviam aderido ao Pacto e estavam em dia com o envio do relatório anual em janeiro de 2020.

Fonte: https://www.unglobalcompact.org/

A Declaração do Milênio afirma que uma tarefa fundamental que os países enfrentavam naquele início de milênio era conseguir que a globalização se convertesse em uma força positiva para todos os habitantes da Terra, uma vez que seus benefícios e custos se distribuem de forma muito desigual. Os seguintes valores foram considerados essenciais para as relações internacionais no século XXI:

- **Liberdade.** Todos têm o direito de viver sua vida e criar seus filhos com dignidade e livres da fome, do temor, da violência, da opressão e da injustiça. A melhor forma de garantir esses direitos são governos democráticos e participativos baseados na vontade popular.
- **Igualdade.** Não se deve negar a nenhuma pessoa ou nação a possibilidade de se beneficiar do desenvolvimento. Deve-se garantir a igualdade de direitos e oportunidades para homens e mulheres.
- **Solidariedade.** Os problemas mundiais devem ser enfrentados para que os custos e as atribuições sejam distribuídos com justiça de acordo com os princípios fundamentais da equidade e justiça social. Os que sofrem ou se beneficiam menos merecem a ajuda dos mais beneficiados.
- **Tolerância.** Os humanos devem se respeitar mutuamente, em toda sua diversidade de crenças, culturas e idiomas. Não se deve temer nem reprimir as diferenças dentro das sociedades nem entre elas. Deve-se promover ativamente uma cultura de paz e diálogo entre todas as civilizações.
- **Respeito à natureza.** É necessário agir com prudência na gestão e organização de todas as espécies vivas e todos os recursos da natureza, conforme os preceitos do desenvolvimento sustentável. Somente assim será possível conservar e transmitir aos nossos descendentes as incomensuráveis riquezas que a natureza

oferece. É preciso modificar as pautas insustentáveis de produção e consumo no interesse do nosso bem-estar futuro e de nossos descendentes.

• **Responsabilidade comum**. A responsabilidade pela gestão do desenvolvimento econômico e social no mundo deve ser compartilhada pelas nações do mundo todo e exercida multilateralmente. Sob este aspecto, as Nações Unidas, por ser a organização mais universal e mais representativa de todo o mundo, devem desempenhar um papel central[130].

A Declaração do Milênio considera as seguintes questões fundamentais para a promoção do desenvolvimento: (1) paz, segurança e desarmamento; (2) desenvolvimento e erradicação da pobreza; (3) proteção ao meio ambiente comum; (4) direitos humanos, democracia e bom governo; e (5) necessidades especiais para a África e fortalecimento das Nações Unidas. Dessas cinco questões foram derivados oito Objetivos de Desenvolvimento do Milênio (ODMs) a serem alcançados até 2015 por meio de ações de governos e da sociedade civil, incluindo as empresas. A Figura 4.1 apresenta os ODMs por meio dos ícones com os quais eles foram divulgados e se tornaram conhecidos.

Cada objetivo contém uma ou mais metas, nem todas quantificadas, como mostra o Quadro 4.3. O prazo final para alcançar os ODMs é o ano de 2015, exceto uma das metas do ODM-7; portanto, foi estabelecido um período de 15 anos para cumprir as metas, considerando os dados do ano de 1990 como a base de referência para medir o progresso em direção ao alcance das metas.

Algumas metas foram alcançadas em termos globais, outras ficaram a desejar. Exemplos: em 1990, cerca de metade da população das regiões em desenvolvimento sobrevivia com menos de US$ 1.25 por dia; esta porcentagem caiu para 14% em 2015, ou seja, a meta 1-A foi alcançada plenamente. Vale mencionar que essa meta é um meio de operacionalizar o princípio 5 da Declaração do Rio de Janeiro de 1992, a saber: todos os estados e todos os indivíduos, como requisito indispensável para o desenvolvimento sustentável, irão cooperar na tarefa essencial de erradicar a pobreza, a fim de reduzir as disparidades de padrões de vida e melhor atender às necessidades da maioria da população mundial[131].

---

130 Declaração do Milênio [Disponível em http://www.un.org/millennium/declaration/ares552e.pdf – Acesso em 21/09/2018].

131 *The Millennium Development Goals*: Report 2015 [Disponível em http://www.un.org/millennium goals/2015_MDG_Report/pdf – Acesso em 21/09/2018].

Figura 4.1 Objetivos de Desenvolvimento do Milênio – 2000

Fonte: http://www.odmbrasil.gov.br/os-objetivos-de-desenvolvimento-do-milenio – Acesso em 21/09/2018.

Quadro 4.3 Objetivos de Desenvolvimento do Milênio

	Objetivo	Meta
1	Erradicar a extrema pobreza e a fome	1-A – Até 2015, reduzir pela metade a proporção de pessoas com renda menor que US$ 1,25 por dia.
		1-B – Até 2015, reduzir pela metade a proporção de pessoas que sofrem de fome.
		1-C – Alcançar emprego pleno e produtivo e trabalho decente para todos, incluindo mulheres e jovens.
2	Atingir o ensino básico universal	2-A – Até 2015, garantir que os meninos e as meninas de todos os lugares possam terminar um curso completo de ensino primário.
3	Promover a igualdade de gênero e a autonomia das mulheres	3-A – Eliminar a disparidade de gênero no ensino primário e secundário em todos os níveis de ensino o mais tardar até 2015.

	Objetivo	Meta
4	Reduzir a mortalidade infantil	4-A – Até 2015, reduzir em dois terços a mortalidade de crianças menores de cinco anos.
5	Melhorar a saúde materna	5-A – Até 2015, reduzir em três quartos a taxa de mortalidade materna. 5-B – Até 2015, universalizar o acesso à saúde reprodutiva.
6	Combate a AIDS/HIV, Malária e outras doenças	6-A – Até 2015, parar e começar a reverter a propagação do HIV/AIDS. 6-B – Alcançar o acesso universal ao tratamento para HIV/AIDS para todos que precisam. 6-C – Até 2015, parar e começar a reverter a incidência da malária, tuberculose e outras doenças.
7	Garantir a sustentabilidade ambiental	7-A – Integrar os princípios do desenvolvimento sustentável nas políticas e programas nacionais e reverter a perda de recursos ambientais. 7-B – Reduzir a perda de biodiversidade, alcançando, até 2010, uma redução significativa da taxa de perda. 7-C – Até 2015, reduzir pela metade a proporção da população sem acesso a água potável. 7-D – Até 2020, alcançar uma melhora significativa na vida de pelo menos 100 milhões de pessoas que vivem em habitações precárias.
8	Estabelecer uma parceria mundial para o desenvolvimento	8-A – Desenvolver sistema comercial e financeiro ainda mais aberto, baseado em regras, previsível e não discriminatório. 8-B – Atender às necessidades especiais dos países menos desenvolvidos, países sem litoral e pequenos países insulares em desenvolvimento. 8-C – Tratar de forma abrangente a dívida dos países em desenvolvimento. 8-D – Em cooperação com empresas farmacêuticas, fornecer medicamentos essenciais a preços acessíveis nos países em desenvolvimento. 8-E – Em cooperação com o setor privado, disponibilizar benefícios de novas tecnologias, em particular as de informação e de comunicação.

Fonte: http://www.un.org/millenniumgoals/bkgd.shtml – Acesso em 21/09/2018.

Já com a meta 1-C ocorreu o contrário: o desemprego e a precarização do trabalho aumentaram com a recessão global iniciada com a crise do *subprime* nos Estados Unidos em 2007. A meta 4-A foi alcançada parcialmente: a taxa mundial de mortalidade de crianças menores de 5 anos passou de 90 mortes a cada 1.000 crianças nascidas em 1990 para 43 em 2015, uma redução significativa, porém inferior a dois terços. O combate à HIV/AIDS (metas 6-A e 6-B) apresentou resultados positivos considerando a magnitude do problema em 1990, mas ficou abaixo das metas, inclusive na África, onde este problema atingia proporções catastróficas. O número de novas contaminações passou de 5,5 milhões de casos estimados em 2000 para 2,1 milhões em 2013. Em 2014, em torno de 14 milhões de pessoas contaminadas recebiam terapia antirretroviral, contra 800.000 em 2003[132].

A redução da perda de biodiversidade (meta 7B) não ocorreu a contento, apesar do aumento das áreas protegidas desde 1990, uma das medidas mais importantes para proteger a fauna e a flora e evitar a extinção de espécies. As listas vermelhas da IUCN publicadas ano a ano mostram números crescentes de espécies ameaçadas de extinção, a de 2015 incluía 22,5 mil espécies causadas principalmente pela eliminação ou degradação de *habitats*, pelo comércio ilícito e pelas espécies invasoras, contra 880 espécies em 2000[133]. As metas do ODM-8 sofreram as consequências da crise econômica mencionada. Por exemplo, devido à crise econômica do período, os recursos para a ODA diminuíram (cf. Figura 3.1) prejudicando o alcance das metas 8-B e 8-C e as práticas protecionistas e discriminatórias aumentaram contrariamente ao que previa a meta 8-A[134]. Vale mencionar que as metas do ODM-8 se referem aos meios ou recursos para facilitar o cumprimento das metas dos outros ODMs, de modo que um desempenho fraco daquelas compromete o alcance destas últimas.

A Declaração do Milênio vai além dos oito ODMs. Ela enfatiza a necessidade de promover a democracia e os direitos humanos, incluindo o direito ao desenvolvimento; de proteger as pessoas e grupos vulneráveis, como os refugiados e as pessoas removidas involuntariamente de seus lares, assim como as crianças usadas em conflitos armados ou submetidas às condições degradantes como prostituição e pornografia. Uma atenção especial foi dada à África a fim de apoiar a consolidação da democracia, conseguir uma paz duradoura, erradicar a pobreza e alcançar

---

132 Ibid.
133 Cf. mais no site da IUCN: https://www.iucnredlist.org/
134 *The Millennium Development Goals*: Report 2015 [Disponível em http://www.un.org/millennium goals/2015_MDG_Report/pdf – Acesso em 21/09/2018].

o desenvolvimento sustentável e se integrar a economia mundial. Para isso, propõe adotar medidas especiais, tais como cancelamento das dívidas, acesso aos mercados, aumento da ODA, dos investimentos diretos estrangeiros e da transferência de tecnologia[135].

Ao longo do tempo diversas iniciativas foram tomadas para impulsionar o cumprimento dos ODMs. Por exemplo, o documento denominado "Mantendo a Promessa: Unidos para Alcançar os Objetivos do Milênio", aprovado pela Assembleia Geral da ONU em 2010, apresenta para cada ODM diversas recomendações para acelerar o seu cumprimento considerando que restavam apenas cinco anos para terminar o prazo para cumprir as metas. Por exemplo, para o ODM-1 foram feitas 23 recomendações, envolvendo uma diversidade de assuntos, tais como fortalecimento de pequenos produtores, gestão sustentável da pesca, empoderamento das mulheres na zona rural, eliminação do trabalho infantil[136].

A concentração de esforços em questões específicas, como erradicar a pobreza absoluta, deter o avanço da AIDS, reduzir a mortalidade materna, mostrou ser uma estratégia correta, apesar de nem todas as metas terem sido alcançadas, o que já era previsível quando foram estabelecidas em 2000. As metas precisavam ser ambiciosas a fim de estimular um esforço concentrado dos países e suas subdivisões, das organizações intergovernamentais, ONGs e empresas. Como disse um especialista nesse assunto, os ODMs constituem um método eficaz de mobilização global para alcançar um conjunto de prioridades sociais em todo o mundo. Eles expressam preocupações públicas muito difundidas sobre pobreza, fome, doenças, escolaridade interrompida, desigualdade de gênero e degradação ambiental. Ao agrupar essas prioridades em um conjunto facilmente compreensível de oito objetivos, e estabelecer metas mensuráveis com prazos determinados, os ODMs ajudaram a promover a conscientização global, a responsabilização política, o aperfeiçoamento das métricas, o *feedback* social e as pressões públicas[137]. Como a experiência dos ODMs foi considerada positiva pelas avaliações realizadas anualmente pela CSD, ela seria repetida ao final do período de sua vigência com outro nome e outra abrangência.

---

135 *UN Millennium Declaration* [Disponível em http://www.un.org/millennium/declaration/ares552e.htm – Acesso em 21/09/2018].

136 *General Assembly*, 2010 [Disponível em http://www.un.org/en/mdg/summit2010/pdf/outcome_documentN1051260.pdf – Acesso em 24/09/2018].

137 Sachs, J. 2012, p. 2.206.

No Brasil, os ODMs foram objetos de políticas públicas da União, dos estados e de muitos municípios, incluindo contribuições da sociedade civil organizada. São exemplos de iniciativas no plano federal os programas Bolsa Família, Brasil sem Miséria e Programa de Aquisição de Alimentos da Agricultura Familiar em relação ao ODM-1; e o Programa de Autonomia Econômica das Mulheres e Igualdade no Mundo do Trabalho em relação ao ODM-3. Outros objetivos se valeram de programas já consolidados, mas repaginados para aumentar sua eficiência, como o caso do Programa Nacional de Imunização em relação ao ODM-4. Também no âmbito federal, e com o apoio do PNUD, foi criado o Prêmio ODM Brasil para incentivar e valorizar as práticas que contribuam para o alcance desses objetivos por parte de governos municipais e organizações públicas e privadas, com ou sem fins lucrativos[138].

Conferência Rio+10

Em 2002, 10 anos depois da CNUMAD, foi realizada a Cúpula Mundial para o Desenvolvimento Sustentável (CMDS), em Johanesburgo, África do Sul, com representantes de 192 países e milhares de representantes dos grupos principais relacionados na Agenda 21 na seção III (cf. Quadro 3.3). Conhecida como Rio+10, seu objetivo era dar impulso às medidas para alcançar o desenvolvimento sustentável colocando em marcha acelerada as propostas da Agenda 21. Como as cúpulas anteriores, nesta também foram realizadas reuniões preparatórias (PrepCom), três realizadas na sede das Nações Unidas em Nova York e uma em Bali, Indonésia. A PrepCom é uma reunião com representantes de governos, entidades da ONU e grupos principais e ONGs, com uma pauta definida.

Na terceira PrepCom foram realizadas seções específicas para analisar propostas da sociedade civil denominadas iniciativas de parcerias do Tipo II, uma novidade da CMDS. Sua admissão provocou protestos de certos representantes de governos sob o argumento de que a CMDS havia optado por uma solução neoliberal, qual seja, reduzir a importância das propostas governamentais e valorizar as das organizações da sociedade civil, inclusive empresas e associações de empresas. Para vencer a desconfiança em relação a essas inciativas, ficou estabelecido que elas deveriam apresentar as seguintes características:

---

138 BRASIL. Decreto 6.202, de 2007.

1) ser voluntárias;
2) complementar as iniciativas de responsabilidade dos estados e seus governos (iniciativas do tipo I);
3) incluir as dimensões econômicas, sociais e ambientais do desenvolvimento sustentável;
4) conter objetivos, metas e prazos definidos; e
5) ter alcance regional ou global.

Os temas centrais tratados pela CMDS foram água e saneamento, energia, saúde e meio ambiente, agricultura, biodiversidade e gestão de recursos naturais, conhecidos pela sigla WEHAB, iniciais em inglês de cada tema[139]. Esses temas foram propostos pela sua importância para a erradicação da pobreza, além de complementar os ODMs mencionados na seção anterior[140]. Por exemplo, o ODM-7, cujo objetivo é garantir a sustentabilidade do planeta, compreende uma meta para reduzir pela metade a porcentagem da população sem acesso permanente a água potável até 2015 (meta 7-C). O tema saúde está contemplado em três ODMs, como mostra o Quadro 4.3. Os temas energia e agricultura, embora não foram incluídos explicitamente em nenhum ODM, contribuem para o alcance de todos.

Cada tema WEHAB foi debatido em reunião específica com base em documentos preparados por especialistas no tema. Como os temas se inter-relacionam, também foram realizadas reuniões para tratar da interação entre eles. Além dos temas WEHAB, a CMDS debateu os seguintes: globalização, produção e consumo sustentável e temas específicos da África, continente onde estariam os países com percentual mais elevado de pessoas vivendo uma situação de pobreza absoluta.

Durante a CMDS foram aprovados a Declaração de Johanesburgo sobre Desenvolvimento Sustentável e um Plano de Implementação das Decisões da CMDS. A Declaração considera que a erradicação da pobreza, as mudanças nos padrões de produção e consumo e a gestão dos recursos naturais para o desenvolvimento econômico e social são requisitos fundamentais para o desenvolvimento sustentável. Reconhece que a globalização acrescentou novos desafios aos processos de desenvolvimento e que os países em desenvolvimento e os menos desenvolvidos não conseguem responder a contento esses desafios. Reforça a necessidade de tornar as instituições internacionais e multilaterais mais eficazes, democráticas e transparentes a fim de alcançar o desenvolvimento sustentável. E reafirma o compromisso de

---

139 WEHAB = *Water, Energy, Health, Agriculture and Biodiversity*.

140 General Assembly, 2002. *Report of the World Summit on Sustainable Development* [Disponível em http://www.un-documents.net/aconf199-20.pdf – Acesso em 24/09/2018].

fortalecer a governança em todos os planos para lograr uma aplicação efetiva da Agenda 21, dos ODMs e do Plano de Implementação de Johanesburgo[141].

Plano de Implementação de Johanesburgo

O Plano de Implementação é um documento do Tipo I que objetiva complementar os resultados obtidos desde a Conferência do Rio e acelerar o cumprimento das metas restantes por meio de atividades e medidas concretas em todos os níveis para intensificar a cooperação internacional, levando em conta o princípio da responsabilidade comum, mas diferenciada. As questões tratadas pelo Plano são as seguintes, cada qual em uma seção específica:

1) erradicação da pobreza;

2) mudança nos padrões de produção e consumo;

3) proteção e gestão dos recursos naturais;

4) desenvolvimento sustentável em um mundo globalizado;

5) saúde e desenvolvimento;

6) desenvolvimento sustentável dos pequenos estados insulares em desenvolvimento;

7) desenvolvimento sustentável da África;

8) iniciativas para a América Latina e Caribe, Ásia e Pacífico e outras regiões; e

9) meios de implementação.

O Plano de Johanesburgo não possui uma sistematização ao estilo da Agenda 21 que, mesmo sendo um documento longo com dezenas de centenas de recomendações, permite acessar os temas e subtemas com facilidade. As recomendações dos temas mencionados acima são apresentadas na forma de lista, sem indicar a ordem de prioridade e estimar os recursos necessários. Ou seja, não é propriamente um plano, mas uma longa lista de boas intenções. Ficou abaixo da própria Agenda 21 que ao menos incluiu uma estimativa do custo anual médio para o período de 1993-2000 a fim de levar adiante as recomendações propostas em cada um dos seus capítulos. Mesmo sendo precárias como são as estimativas, os valores informados davam uma ideia do tamanho do problema. As metas quantitativas são poucas e muitas repetem as dos ODMs que haviam sido aprovados em 2000, conforme já mencionado.

---

141 Ibid.

As recomendações e metas referentes aos temas WEHAB estão espalhadas nas diversas seções do Plano, o que faz sentido por serem temas transversais aos das seções. Um resumo das metas pode ser visto no Quadro 4.4; note que elas repetem as dos ODMs ou as reforçam. Já as iniciativas do Tipo II sobre os temas WEHAB foram abundantes, por exemplo, sobre o tema água e saneamento foram 21 propostas; sobre energia; mais de 30. Esse fato mostra que a vitalidade da CMDS esteve mais associada aos parceiros da sociedade civil do que representantes dos governos e das entidades da ONU. Pois se a CMDS ficasse restrita aos documentos oficiais, a Declaração e o Plano, a montanha teria parido um rato.

Quadro 4.4 Metas sobre os temas WEHAB no Plano de Implementação

	Objetivos e metas
Água (*Water*) e saneamento	• Até 2015, reduzir pela metade a proporção de pessoas sem acesso a água potável, ou que não possam pagar por ela.
	• Até 2015, reduzir pela metade a proporção de pessoas sem acesso ao saneamento básico.
Energia	• Melhorar o acesso às fontes de energia renováveis.
	• Eliminar progressivamente os subsídios sobre energia de origem fóssil.
	• Aumentar o acesso à energia para reduzir a pobreza.
	• Completar a ratificação dos estados-membros do Protocolo de Quioto.
Saúde e meio ambiente (*Health and environment*)	• Até 2015, reduzir em dois terços a taxa de mortalidade das crianças menores de 5 anos, tendo como base a taxa de 2000.
	• Até 2015, reduzir em três quartos a taxa de mortalidade de mulheres grávidas, com base na taxa de 2000.
	• Até 2010, reduzir em 25% da incidência do vírus HIV entre os jovens de ambos os sexos, entre 15 e 24 anos, nos países mais afetados até 2005.
Agricultura	• Aumentar a produtividade da agricultura sustentável e da segurança alimentar, a fim de contribuir para a reduzir pela metade o número de pessoas que passa fome, conforme o ODM 1, meta 1-B.
	• Até 2005, auxiliar os países africanos a desenvolver estratégias de segurança alimentar.

Biodiversidade e gestão de recursos naturais	• Até 2010, conseguir uma redução significativa no ritmo de extinção de espécies. • Até 2015, recuperar reservas pesqueiras esgotadas onde for possível. • Até 2012, criar uma rede de áreas marítimas protegidas.

A Cúpula de Johanesburgo representa um ponto de inflexão no movimento do desenvolvimento sustentável. Os documentos aprovados, como os dois citados, vão pouco além de exortações e conclamações típicas dos documentos das Nações Unidas visando atender a expectativa de nunca encerrar uma Cúpula sem aprovar documentos, ainda que inócuos, para não admitir o seu fracasso. Embora os anos de 1990 registrassem crescimento econômico expressivo, não foi suficiente para reduzir as desigualdades sociais e regionais, mais uma prova de que pode haver crescimento sem desenvolvimento. A Cúpula foi realizada nesse clima de pessimismo e de desconfiança com as promessas da globalização e, consequentemente, com um dos seus instrumentos mais importantes, o multilateralismo. Esse clima não poderia dar melhores resultados.

Os 10 anos que separam a cúpula do Rio de Janeiro da de Johanesburgo viram o crescimento de dois movimentos antagônicos: o do desenvolvimento sustentável e o neoliberal. O primeiro baseia-se no fortalecimento do Estado de Direito e dos governos nacionais, subnacionais e locais como agentes centrais do processo de desenvolvimento. Esse fato pode ser visto nas longas listas de atividades atribuídas aos governos nos documentos oficiais aprovados no âmbito das Nações Unidas, alguns aqui comentados. Estas atividades são realizadas por meio de políticas, programas e planos governamentais que visam alcançar efeitos sobre o meio econômico, ambiental e social. A presença dos entes estatais continua sendo decisiva mesmo quando estes instrumentos de gestão pública são elaborados com a participação da população em atenção ao direito humano ao desenvolvimento, como mencionado anteriormente.

O movimento neoliberal baseia-se numa doutrina de política econômica que é uma repaginação do liberalismo clássico e, como tal, considera os mercados como os mecanismos mais eficazes de alocação de recursos produtivos de uma sociedade, desde que não sejam distorcidos pelas intervenções estatais que os impedem de operarem com liberdade, uma condição para ampliar o bem-estar das populações. Porém, diferentemente da versão clássica, o neoliberalismo aceita certas intervenções estatais no plano macroeconômico para evitar crises cíclicas e no plano institucional, para evitar a concorrência predatória e a formação de trustes e cartéis por parte de grandes empresas a fim de controlar mercados. O neoliberalismo que ganhou projeção a partir de meados da década de 1980 propõe o enxugamento do Estado no plano interno por meio da desregulamentação, privatização de empresas estatais, transferência de serviços públicos para a iniciativa privada, eliminação de subsídios, disciplina fiscal, entre outras; no plano externo, um comércio livre de tarifas, cotas, proibições, reservas de mercado, entraves burocráticos. Essas propostas foram condensadas no documento denominado Consenso de Washington, uma espécie de bíblia do movimento neoliberal[142].

Há quem entenda que no confronto entre esses dois movimentos, o desenvolvimento sustentável levou a pior. Por exemplo, Ignacy Sachs fala em uma contrarreforma neoliberal que agia em sentido contrário à Cúpula do Rio de Janeiro, o que fez com que os 10 anos seguintes fossem, "em muitos aspectos, uma Rio-10"[143]. De fato, os programas de ajustes macroeconômicos orientados pelo FMI e o Banco Mundial nas décadas de 1980 e 1990 basearam-se nas propostas neoliberais. Os empréstimos do FMI exigiram que os países tomadores adotassem medidas neoliberais, como as citadas acima, que em geral reduziam a capacidade dos estados de agir em prol do desenvolvimento sustentável. O paradoxal desse fato é que o FMI e o Banco Mundial também são parceiros prioritários do desenvolvimento sustentável, como se vê de modo insistente em seus documentos. Por exemplo, foi desse Banco a iniciativa de criar o GEF, um dos principais mecanismos de financiamento das convenções relacionadas ao desenvolvimento sustentável, como já comentado anteriormente.

É razoável supor, no entanto, que esses dois movimentos se acomodaram mutuamente. Certas propostas neoliberais vieram ao encontro do desenvolvimento sustentável, por exemplo: estados inchados e pesados consomem em suas burocracias e empresas ineficientes os recursos que poderiam ser destinados ao atendimento da população mais pobre, tais como moradias, escolas, creche, ambulatórios, hospitais, água tratada, medicamentos. Uma regulamentação excessiva inibe a criação de empresas e a geração de empregos. O mercado interno blindado de qualquer competição externa reduz o ímpeto inovador dos produtores locais, tornando os seus produtos mais caros e defasados em termos de desempenho e qualidade.

Embora as propostas neoliberais tivessem como apoiadores os grandes empresários e seus dirigentes, principalmente os das áreas financeiras, muitos deles também aderiram ao desenvolvimento sustentável, sendo que centenas de organizações empresariais foram criadas para promovê-lo, das quais a WBCSD talvez seja uma

---

142 Cf. Quadro 3.1.
143 Sachs, I, 2009, p. 254.

das mais influentes. Seu fundador, o empresário suíço Stephan Schmidheiny, atuou como assessor principal do secretário-geral da CNUMA para assuntos de interesse das empresas, tendo contribuído para a redação do capítulo 30 da Agenda 21 que trata do fortalecimento do papel da indústria e do comércio como parceiro do desenvolvimento sustentável. Para esse empresário, a pedra angular deste desenvolvimento é um sistema de mercados abertos e competitivos nos quais os preços refletem os custos dos recursos, incluindo necessariamente os custos da degradação ambiental e outros provocados pelo setor empresarial. Para que isso ocorra a contento seria necessária uma combinação ótima de regulamentações governamentais, autorregulamentações e instrumentos econômicos[144]. Percebe-se na obra desse empresário uma tentativa de acomodar as propostas de ambos os movimentos.

A promoção do desenvolvimento sustentável é uma questão de interesse público tão relevante que transcende a dicotomia *mercado versus intervenção estatal*. Como afirma um documento do Banco Mundial, o mercado funcionando em regime de livre-concorrência é "o melhor método já descoberto pela civilização para produzir e distribuir bens e serviços com eficiência. Entretanto, ele necessita de um marco jurídico e normativo que somente o Estado pode instituir"[145]. Os aspectos convergentes desses dois movimentos, além de aumentarem o número de instrumentos de ação, tanto para as empresas quanto para os governantes, favorecem o engajamento das empresas ao desenvolvimento sustentável, que de outra forma não o fariam, como atesta o fracasso do ecodesenvolvimento, comentado anteriormente.

Conferência Rio+20

Uma nova conferência mundial era esperada depois de decorridos 20 anos da Conferência do Rio de Janeiro de 1992. Em 2009, a Assembleia Geral da ONU decidiu realizar a Conferência das Nações Unidas sobre Desenvolvimento Sustentável (CNUDS) em 2012 no Rio de Janeiro, que ficaria conhecida por Rio+20. O retorno ao Rio de Janeiro deu-se menos pela "generosa oferta do governo do Brasil em hospedá-la" e mais pela ausência de temas novos, como já indicava a ementa da Resolução da Assembleia Geral que a convocara ao mencionar a implementação da Agenda 21, do Programa para Impulsionar a Agenda 21 e de outros resultados da Cúpula de Johanesburgo[146].

---

144 Schmidheiny, S., 1992, p. 14.
145 World Bank, 1991.
146 General Assembly, A/RES/64/236, dezembro de 2009.

Mais especificamente, a CNUDS teve por objetivo assegurar o compromisso político renovado para o desenvolvimento sustentável, avaliando o progresso até o momento e as lacunas remanescentes na implementação das medidas aprovadas nas principais cúpulas sobre desenvolvimento sustentável, abordando desafios novos e emergentes. Deve assegurar a integração equilibrada do desenvolvimento econômico, do desenvolvimento social e da proteção ambiental, pois são componentes interdependentes do desenvolvimento sustentável que se reforçam mutuamente. O foco da CNUDS deveria incluir os seguintes temas: (1) uma economia verde no contexto do desenvolvimento sustentável e da erradicação da pobreza; e (2) o marco institucional para o desenvolvimento sustentável[147]. Como se verá, nenhum desses temas é novo, rigorosamente falando.

No documento que convocou a CNUDS constava que dela deveria resultar um documento político focado[148]. Provavelmente essa exigência foi incluída devido à falta de foco do Plano de Implementação de Johanesburgo, conforme comentado. A CNUDS terminou com um documento denominado "O Futuro Que Queremos", posteriormente endossado pela Assembleia Geral, contendo 283 parágrafos distribuídos em capítulos e seções cujos títulos constam do Quadro 4.5. Em sua essência é um documento com recomendações aos governos, às organizações das Nações Unidas, à sociedade civil, sobre diversos temas de interesse para o desenvolvimento sustentável que já haviam sido discutidos antes em diversas conferências como as comentadas anteriormente.

A visão de futuro comum em "O Futuro Que Queremos" começa renovando os compromissos com o desenvolvimento sustentável e com a promoção de um futuro econômico, social e ambientalmente sustentável para o planeta e para as gerações presentes e futuras. Reconhece que a erradicação da pobreza é o maior desafio global da atualidade e uma condição indispensável para o desenvolvimento sustentável e que é necessário integrar ainda mais as dimensões econômicas, sociais e ambientais do desenvolvimento. Reafirma a necessidade de promover um crescimento sustentável, inclusivo e equitativo, a fim de criar mais oportunidades para todos, reduzir as desigualdades, melhorar os padrões básicos de vida e promover a gestão integrada e sustentável dos recursos naturais e dos ecossistemas que apoiam, entre outros, o desenvolvimento econômico, social e humano. Reafirma que, para isso, as instituições de todos os níveis precisam ser eficazes, transparentes, responsáveis e democráticas.

Recomendar que as instituições sejam transparentes, responsáveis e democráticas é uma forma de condenar a corrupção sem usar essa palavra, para não criar constrangi-

---

147 Ibid., cláusula 20, letra a.
148 Ibid., letra b.

mentos com governantes corruptos presentes na Conferência ou com suas delegações. Por isso, corrupção é uma palavra escassa nos documentos oficiais produzidos nas conferências da ONU. Na Agenda 21 é citada apenas uma vez. O "Futuro Que Queremos" enfatiza que o combate à corrupção e aos fluxos financeiros ilícitos em níveis nacional e internacional é uma prioridade, pois são obstáculos à mobilização e alocação efetiva de recursos e desviam recursos vitais para a erradicação da pobreza, a luta contra a fome e o desenvolvimento sustentável. E convoca os estados-membros que ainda não adotaram a Convenção das Nações Unidas Contra a Corrupção de 2003 que o façam e iniciem sua implementação. No Brasil essa Convenção foi aprovada em 2005.

Quadro 4.5 O Futuro Que Queremos – títulos dos capítulos e seções

Capítulo	Seção	Título
I		*Nossa visão comum*
II		*Renovação do compromisso político*
	A	Reafirmação dos princípios do Rio de Janeiro e dos planos de ação passados
	B	Promover a integração, a implementação e a coerência: avaliação dos resultados alcançados até o momento e das lacunas remanescentes na implementação das medidas das principais cúpulas sobre desenvolvimento sustentável e abordando desafios novos e emergentes
	C	Engajamento dos grupos principais e de outras partes interessados
III		*A economia verde no contexto do desenvolvimento sustentável e a erradicação da pobreza*
IV		*Marco institucional para o desenvolvimento sustentável*
	A	Fortalecimento das três dimensões do desenvolvimento sustentável
	B	Fortalecimento dos arranjos intergovernamentais de desenvolvimento sustentável: • Assembleia Geral • Conselho Econômico e Social • Fórum Político de Alto Nível
	C	A dimensão ambiental no contexto do desenvolvimento sustentável
	D	Instituições financeiras internacionais e atividades operacionais das Nações Unidas
	E	Níveis regional, nacional, subnacional e local

Capítulo	Seção	Título
V		*Estrutura para ação e acompanhamento*
	A	Áreas temáticas e questões intersetoriais: • Erradicação da pobreza • Segurança alimentar e nutrição e agricultura sustentável • Água e saneamento • Energia • Turismo sustentável • Transporte sustentável • Cidades e assentamentos humanos sustentáveis • Saúde e população • Promoção do emprego pleno e produtivo, trabalho decente para todos e proteção social • Oceanos e mares • Pequenos estados insulares em desenvolvimento • Países menos adiantados • Países em desenvolvimento sem litoral • África • Esforços regionais • Redução do risco de desastres • Mudança climática • Florestas • Biodiversidade • Desertificação, degradação da terra e seca • Montanhas • Produtos químicos e resíduos • Consumo e produção sustentáveis • Mineração • Educação • Igualdade de gêneros e empoderamento das mulheres
	B	Objetivos de desenvolvimento sustentável
VI		*Meios de execução*
	A	Financiamento
	B	Tecnologia
	C	Capacitação
	D	Comércio
	E	Registro dos compromissos

Fonte: General Assembly, A/RES/66/288, jul./2012.

Esses compromissos e reconhecimentos já foram feitos em outras conferências das Nações Unidas, o que se pretendeu na CNUDS foi reafirmá-los. Os principais documentos aprovados nessas conferências foram citados no capítulo II que trata da "renovação do compromisso político". A lista de documentos citados é longa, mais de 20, alguns deles já foram comentados anteriormente, tais como, as declarações de Estocolmo e do Rio de Janeiro, a Agenda 21, a Declaração e o Plano de Implementação de Johanesburgo, o Consenso de Monterrey, as convenções do clima e da biodiversidade.

O marco institucional

O tema, "Marco institucional para o desenvolvimento sustentável", foi tratado em diversas conferências das Nações Unidas, por exemplo, no capítulo 38 da Agenda 21 aprovada na CNUMAD e no documento final da Cúpula Mundial das Nações Unidas, realizada em Nova York em 2005, que dedica uma seção inteira para o fortalecimento da ONU[149]. É um tema *intena corporis* ao sistema das Nações Unidas e, portanto, restrito às representações diplomáticas e dos governantes dos países-membros. É um tema que não sai da pauta das Nações Unidas.

Conforme "O Futuro Que Queremos", o marco institucional deveria integrar as três dimensões do desenvolvimento sustentável de modo equilibrado e reforçar a sua implementação por meio do fortalecimento da coerência e coordenação para evitar a duplicação de esforços e da revisão dos processos de implementação. Além de transparente, inclusivo e eficaz, ele deveria encontrar soluções comuns relacionadas aos desafios globais do desenvolvimento sustentável[150].

"O Futuro Que Queremos" reafirma a necessidade de fortalecer a coerência e a coordenação de todo o sistema das Nações Unidas, garantindo, ao mesmo tempo, a prestação de contas apropriadas aos estados-membros, aumentando a coerência da prestação de informações e a intensificando dos esforços de cooperação para avançar na integração das três dimensões do desenvolvimento sustentável, incluindo as instituições financeiras internacionais, a OMC, entre outras. Essa reafirmação tem um endereço certo, as queixas dos estados-membros com relação tanto à ONU quanto a seus orçamentos anuais que alcançam cifras estratosféricas, e à falta de coordenação entre suas organizações que muitas vezes parecem atuar sem levar

---

149 General Assembly, A/RES/60/1, set./2005.
150 General Assembly, A/RES/66/288, 2012.

em conta que os temas que tratam são interdependentes. Por outro lado, muitos estados-membros atrasam suas contribuições anuais criando problemas para a continuidade das suas atividades.

Ainda sobre o marco institucional, "O Futuro Que Queremos" reafirma a importância do ECOSOC e decide pela criação de um fórum político de alto nível, intergovernamental e universal, baseado nos pontos fortes, nas experiências, nos recursos e nas modalidades de participação da Comissão de Desenvolvimento Sustentável (CDS). Essa decisão foi implementada em 2013, quando foi criado o *High-level Political Forum on Sustainable Development* (HLPF) em substituição do CDS, conforme já comentado anteriormente.

A dimensão ambiental no contexto do desenvolvimento sustentável refere-se à necessidade de fortalecer a governança ambiental internacional e o papel do PNUMA como a principal autoridade ambiental mundial que define a agenda ambiental global, promove a implementação coerente da dimensão ambiental do desenvolvimento sustentável no âmbito do sistema das Nações Unidas e atua como um defensor autorizado do meio ambiente mundial. Esses dizeres encontram-se no site do PNUMA (https://www.unenvironment.org/about-un-environment), agora denominado ONU Meio Ambiente.

Economia verde

Sem medo de errar muito, pode-se afirmar que a economia e o meio ambiente só começaram a ser tratados juntos de modo sistemático no século XX. Um marco nesse sentido é a obra de Arthur C. Pigou (1877-1959), de 1932, sobre externalidade, um componente importante da Economia do Meio Ambiente. Sob outras perspectivas teóricas, uma obra de Alfred Lotka (1880-1949), da década de 1920, que integrou com sucesso os sistemas ecológicos e econômicos usando as leis da termodinâmica, influencia até hoje diversos economistas e ecologistas. O número de obras acadêmicas sobre economia verde ou ambiental cresceu vigorosamente a partir da Primeira Década do Desenvolvimento das Nações Unidas (1960-1970). A denominação "economia verde" iria surgir mais tarde, certamente uma das obras que mais contribuiu para popularizar essa denominação tenha sido *Blueprint for a Green Economy*[151] de 1989, no qual, entre outras questões, analisa o relatório Brundtand e o *World Conservation Strategy*, ambos comentados no segundo capítulo deste livro.

---

[151] Pearce, D.; Markandya, A. & Barbier, E.B., 1989.

As contribuições empresariais para esverdear as atividades econômicas também têm história. Exemplos:

1) *Pollution Prevention Pays* (3Ps), um programa de gestão ambiental implementado pela 3M em 1975 baseado na ideia de que prevenir a poluição na fonte é mais vantajoso do que controlar a poluição gerada pela empresa do ponto de vista econômico.

2) *Responsible Care*, um programa de gestão ambiental criado pela *Canadian Chemical Producers Association* na década de 1980, adotado em 2018 em 67 países, inclusive no Brasil, onde é denominado Atuação Responsável e gerida pela Associação Brasileira da Indústria Química.

3) O WBCSD (na época *Business Council for Sustainable Development*) criou em 1992 um modelo de gestão ambiental baseado no conceito de ecoeficiência, entendido como a entrega de produtos e serviços com preços competitivos que satisfaçam as necessidades humanas e melhorem a qualidade de vida, ao mesmo tempo que reduzem os impactos ambientais e a intensidade dos recursos a fim de manter a capacidade de carga estimada da Terra.

4) *International Factor 10 Club*, uma organização virtual criada em 1994 que estimula a pesquisa e a prática da ecoinovação a fim de reduzir o uso de materiais e energia por unidade produzida. Fator 10 significa uma estratégia econômica para aumentar em dez vezes a produtividade total dos recursos na média dos países industrializados[152].

Diversas organizações das Nações Unidas contribuíram para o desenvolvimento do tema *economia verde*, do ponto de vista prático, criando modelos e instrumentos de gestão ambiental sob a perspectiva do desenvolvimento sustentável, o que significa ir além das questões exclusivamente ambientais. Por exemplo, o modelo de gestão ambiental denominado Produção Mais Limpa (*Cleaner Production*), que começou a ser desenvolvido pelo PNUMA e UNIDO ainda na década de 1980, baseia-se na aplicação contínua de uma estratégia preventiva integrada envolvendo processos e produtos (bens e serviços) para alcançar benefícios econômicos e sociais para a saúde humana e o meio ambiente. Em termos operacionais, esse modo de gestão promove a eliminação de resíduos antes de ser criado a fim de reduzir sistematicamente a geração global de poluição e melhorar a eficiência do uso de recursos[153].

O PNUD e a *Society of Environmental Toxicology and Chemistry* (SETAC), uma sociedade científica internacional, criaram em 2006 um modelo de gestão baseado no

---

[152] Disponíveis em: (1) https://news.3m.com/press-release/company/3m-marks-35-years-pollution-prevention-pays; (2) https://canadianchemistry.ca/responsible-care/about-responsible-care/; (3) https://www.wbcsd.org/; (4) www.factor10-institute.org

[153] *International Declaration on Cleaner Production* [Disponível em http://wedocs.unep.org/handle/20.500.11822/8143].

conceito de ciclo de vida do produto (*life cycle management*), com o objetivo de minimizar os impactos ambientais, sociais e econômicos associados aos bens e serviços em todas as fases do ciclo, ou seja, da extração de recursos naturais à destinação final em local seguro, depois de esgotadas as possibilidades de reaproveitamento por meio de reuso, reciclagem, recuperação energética[154]. O PNUD criou em 2008 a Iniciativa para a Economia Verde para dar apoio político aos setores verdes e tornar verdes os demais, principalmente os de maior impacto ambiental. O PNUD e a UNIDO lançaram em 2011 a Plataforma da Indústria Verde reunindo líderes de governos, empresas e organizações da sociedade civil para compartilhar as melhores práticas em pesquisa, inovação e tecnologias limpas[155].

A literatura especializada em gestão ambiental empresarial cresceu vigorosamente em praticamente todas as suas áreas a partir da CNUMAD, tendo recebido inicialmente denominações como *marketing* verde, finanças verde, compras verdes, produção e operações verdes, cadeia de suprimento verde, desenvolvimento de produtos verdes etc. Com a inclusão de questões sociais, a palavra *verde* passou a ser substituída por *sustentável*, por exemplo, *marketing* sustentável, cadeia de suprimento sustentável, compras sustentáveis. Essa troca de palavras indica uma gestão que passou a incluir preocupações com as três dimensões do desenvolvimento sustentável, como apresentado no segundo capítulo deste livro. Porém, nem sempre estas dimensões estão balanceadas, o que mais se vê são práticas de ecoeficiência, ou seja, práticas ambientais combinadas com econômicas (Quadro 4.6). Portanto, a busca por mais equilíbrio entre as dimensões, um dos objetivos da CNUDS, faz todo sentido.

Quadro 4.6 Eficiência e ecoeficiência

> Eficiência é a capacidade de um ente de produzir certo efeito com determinado esforço ou recurso dispendido. Refere-se ao grau de aproveitamento desse recurso para a obtenção do efeito e, desse modo, é uma medida do seu aproveitamento. Enquanto medida, eficiência é a relação entre o resultado alcançado e os recursos utilizados. Exemplo: a eficiência energética de uma lâmpada é a relação entre o fluxo de luz emitido pela lâmpada (efeito) e a energia consumida (recurso). Embora seja uma relação entre grandezas físicas, eficiência também é uma medida econômica, pois reflete uma relação benefício-custo: o efeito equivale ao benefício esperado (o fluxo de luz); e o custo, ao recurso empregado (a potência elétrica consumida).

---

154 UNEP & SETAC, 2007. Sobre a SETAC, cf. https://www.setac.org/page/AboutSETAC
155 Sobre a Plataforma, cf. http://www.greenindustryplatform.org/

Ecoeficiência (eco + eficiência) foi definida pela OECD como "a eficiência com que os recursos ecológicos são usados para atender as necessidades humanas"[156]. Para a WBCSD ecoeficiência é um modelo de gestão que integra preocupações econômicas e ambientais para criar valor econômico com menor impacto ambiental. Seu lema é *produzir mais com menos*. A WBCSD identificou sete critérios ecoeficientes: (1) minimizar a intensidade de materiais em bens e serviços; (2) minimizar a intensidade de energia em bens e serviços; (3) minimizar a dispersão de substâncias tóxicas; (4) aumentar a reciclabilidade dos materiais; (5) maximizar o uso de recursos renováveis; (6) aumentar a durabilidade dos bens; e (7) aumentar a intensidade dos serviços em bens e serviços[157].

Ecoeficiência também indica as práticas que considerem simultaneamente questões econômicas e ambientais. Essas práticas ocorrem na interseção das dimensões ambientais e econômicas, a área D da Figura 2.4.B. Há mais de um modo para expressar a ecoeficiência. Um dos mais usados é o quociente obtido pela divisão de uma medida de resultado econômico pelo impacto ambiental ou influência ambiental associado à obtenção desse resultado (*ecoeficiência = resultado econômico /impacto ambiental*). Por exemplo, receita de venda mensal (em R$) dividido pela energia consumida no mês em quilowatt/hora (kWh). Também se usa o quociente obtido pela divisão do impacto ambiental pelo resultado econômico (*ecoeficiência = impacto ambiental/ resultado econômico*). Exemplo: quantidade de gasolina consumida por um automóvel em litros por quilômetros rodados.

Assim, já havia um bom caminho andado quando o PNUD publicou em 2011 o *Green Economy Report* (GER), um documento com mais de 600 páginas para subsidiar os debates da CNUDS sobre economia verde, um dos dois temas expressamente solicitado na resolução que a convocou. Economia verde foi definida no GER como "aquela que resulta em melhoria do bem-estar humano e da equidade social, enquanto reduz significativamente os riscos ambientais e escassez ecológica"[158].

Para evitar mal-entendidos entre os conceitos de economia verde e desenvolvimento sustentável, o GER afirma que a economia verde reconhece que o objetivo do desenvolvimento é melhorar a qualidade da vida humana dentro dos limites do meio ambiente. Porém, ela não deve focar exclusivamente na eliminação de problemas ambientais, mas incluir também preocupações do desenvolvimento sustentável com a equidade intergeracional e a erradicação da pobreza[159]. Em outras palavras,

---

[156] OCDE, 1998.

[157] WBCSD, 2000.

[158] UNEP, 2011, p. 16 [Disponível em https://vdocuments.mx/green-economy-unep-report-final-dec2011.html].

[159] Ibid., p. 19.

a economia verde é vista com um componente do desenvolvimento sustentável e como um meio para alcançá-lo.

O seu contrário é a economia marrom baseada em combustíveis fósseis, intensiva em recursos naturais, perdulária, poluída e, ainda por cima, socialmente iníqua. Conforme o GER, a transição para uma economia verde pode contribuir para erradicar a pobreza. Vários setores com potencial econômico verde são particularmente importantes para os pobres, como a agricultura e o manejo florestal, pesqueiro e hídrico, pelas suas qualidades de bens públicos. Investir no esverdeamento destes setores provavelmente beneficia os pobres não apenas em termos de empregos, mas também assegura meios de subsistência baseados predominantemente nos serviços ecossistêmicos[160]. O GER elenca 11 setores para esverdeamento divididos em dois blocos:

i) investindo em capital natural, constituído por (1) agricultura, (2) pesca, (3) água e (4) florestas; e

ii) investindo em energia e eficiência dos recursos, por (5) energia renovável, (6) manufatura, (7) construção, (8) resíduos, (9) transporte, (10) turismo e (11) cidades.

Além do GER, outros documentos de diversas origens contribuíram para os debates nas reuniões preparatórias da CNUDS e para a elaboração do documento "O Futuro Que Queremos". O Brasil contribuiu com um documento contendo uma longa lista de questões que surgiram em consultas a órgãos de governos e organizações da sociedade. Um aspecto da contribuição brasileira foi a preferência pela expressão "economia verde inclusiva", pois colocaria a questão social na linha de frente da discussão e dos objetivos da CNUDS[161]. Importante lembrar que o Brasil vinha em uma rota de sucesso em diversas metas dos ODMs, principalmente quanto à erradicação da pobreza, o que lhe conferia uma posição de destaque para além de hospedar a CNUDS.

"O Futuro Que Queremos" considera a economia verde no contexto do desenvolvimento sustentável e a erradicação da pobreza um dos instrumentos importantes disponíveis para o alcance deste desenvolvimento e que pode oferecer opções para a elaboração de políticas, desde que não se transforme em um conjunto de regras

---

160 Ibid., p. 20.

161 Documento de contribuição brasileira à Conferência Rio+20 [Disponível em http://www.rio20.gov.br/documentos/contribuicao-brasileira-a-conferencia-rio-20/at_download/contribuicao-brasileira-a-conferencia-rio-20.pdf – Acesso em 20/12/2018].

rígidas. A Declaração do Rio de 1992, a Agenda 21 e o Plano de Implementação de Johanesburgo são expressamente citados como documentos orientadores dessas políticas, que devem ainda:

    a) ser compatíveis com o direito internacional;

    b) respeitar a soberania de cada país sobre seus recursos naturais, considerando suas circunstâncias, objetivos, responsabilidades e prioridades nacionais, e margem de manobra das suas políticas em relação às três dimensões de desenvolvimento sustentável;

    c) ser apoiado por um ambiente propício e instituições que funcionem adequadamente em todos os níveis, com papel de liderança dos governos e participação de todas as partes interessadas relevantes, incluindo a sociedade civil;

    d) promover o crescimento econômico sustentado e inclusivo, fomentar a inovação, prover oportunidades, benefícios e empoderamento para todos e respeitar todos os direitos humanos;

    e) considerar as necessidades dos países em desenvolvimento, especialmente aqueles em situações especiais;

    f) fortalecer a cooperação internacional, incluindo o provimento de recursos financeiros, capacitação e transferência de tecnologia aos países em desenvolvimento;

    g) evitar condições injustificadas na assistência oficial ao desenvolvimento (ODA) e ao conceder financiamento;

    h) não criar medida de discriminação arbitrária ou injustificável, ou uma restrição disfarçada, no comércio internacional, evitar ações unilaterais para lidar com desafios ambientais fora da jurisdição do país importador e assegurar que as medidas ambientais para resolver problemas ambientais transfronteiriços ou globais sejam, tanto quanto possível, baseadas em consenso internacional;

    i) contribuir para preencher as lacunas tecnológicas entre os países desenvolvidos e os em desenvolvimento, e reduzir a dependência tecnológica desses últimos, usando todas as medidas apropriadas;

    j) melhorar o bem-estar dos povos indígenas e suas comunidades, das comunidades locais e tradicionais, das minorias étnicas, reconhecendo e apoiando sua identidade, cultura e interesses, evitando colocar em perigo seu patrimônio cultural, suas práticas e seus conhecimentos tradicionais, preservando e respeitando as abordagens não comerciais que contribuam para a erradicação da pobreza;

    k) melhorar o bem-estar das mulheres, crianças, jovens, pessoas com deficiência, pequenos agricultores, agricultores de subsistência, pescadores, trabalhadores de pequenas e médias empresas e melhorar os meios de vida e o empoderamento dos pobres e dos grupos vulneráveis, em particular nos países em desenvolvimento;

l) mobilizar todo o potencial das mulheres e dos homens e assegurar igual contribuição de ambos;

m) promover atividades produtivas nos países em desenvolvimento que contribuam para a erradicação da pobreza;

n) considerar as preocupações com as desigualdades e promover a inclusão social, incluindo padrões mínimos de proteção social;

o) promover padrões sustentáveis de consumo e produção; e

p) continuar com os esforços para superar a pobreza e a desigualdade mediante abordagens inclusivas e equitativas de desenvolvimento[162].

Essa longa lista de requisitos deixa claro que a economia verde no contexto do desenvolvimento e a erradicação da pobreza não se restringe apenas às questões econômicas e ambientais. O documento que apresentou a contribuição brasileira deixa isso bem claro ao dizer que "a Rio+20 é uma conferência sobre desenvolvimento sustentável e não apenas sobre meio ambiente". Este longo documento com contribuição brasileira lembra a todo o momento a necessidade de considerar sempre as três dimensões do desenvolvimento sustentável[163]. Essa preocupação também está presente em "O Futuro Que Queremos", tanto em uma seção específica (cf. Quadro 4.5, capítulo 4, seção A) quanto em muitos dos seus 283 parágrafos.

Produção e consumo sustentável

A promoção de modalidades de produção e consumo sustentáveis (letra o da lista acima) está presente desde o início do movimento do desenvolvimento sustentável. Segundo um dos princípios da Declaração do Rio de 1992, a fim de alcançar o desenvolvimento sustentável e uma qualidade de vida mais elevada para todos, os estados devem reduzir e eliminar os padrões insustentáveis de produção e consumo e promover políticas demográficas adequadas.

Mudar os padrões de consumo é o assunto do capítulo 4 da Agenda 21, que começa reconhecendo que a "pobreza e a degradação do meio ambiente estão estreitamente relacionadas" e que "as principais causas da deterioração ininterrupta do meio ambiente mundial são os padrões insustentáveis de consumo e produção, especialmente nos países industrializados"[164]. Esse duplo reconhecimento passou a ser adotado nos documentos posteriores, ou seja, o consumo insustentável de

---

162 General Assembly, 2012. The future we want [Disponível em vários idiomas em https://sustainabledevelopment.un.org/futurewewant.html]. Em português, cf. http://www2.mma.gov.br/port/conama/processos/61AA3835/O-Futuro-que-queremos1.pdf

163 Cf. nota 168.

164 Agenda 21, capítulo 4, seção 4.3.

uns, além de causar degradação ambiental, agrava a pobreza de outros. Conforme suas palavras:

> embora em determinadas partes do mundo os padrões de consumo sejam muito altos, as necessidades básicas de um amplo segmento da humanidade não estão sendo atendidas. Isso se traduz em demanda excessiva e estilos de vida insustentáveis nos segmentos mais ricos, que exercem imensas pressões sobre o meio ambiente[165].

Diante disso, a Agenda 21 estabeleceu duas áreas programas: (1) exame dos padrões insustentáveis de produção e consumo, e (2) desenvolvimento de políticas e estratégias nacionais de estímulo a mudanças desses padrões. Algumas medidas recomendadas referem-se à minimização de resíduos, maior eficiência no uso de energia e materiais e estímulo ao uso de recursos renováveis. Além dessas, a Agenda recomenda diversas atividades endereçadas a diversos segmentos da sociedade.

Modificar as modalidades de produção e consumo insustentáveis é o assunto do capítulo 3 do Plano de Implementação de Johanesburgo, aprovado durante a Rio+10. O Plano reconhece as diferenças entre os países em termos de padrões de consumo e produção e faz uma chamada especial aos desenvolvidos com base no princípio das responsabilidades comuns, porém diferenciadas. E recomenda a criação de um programa de 10 anos de auxílio às iniciativas nacionais e regionais para acelerar as modificações dos padrões de produção e consumo insustentáveis, com o objetivo de promover o desenvolvimento sustentável levando em conta a capacidade dos ecossistemas e o desacoplamento entre crescimento econômico e degradação ambiental e o uso de recursos, assunto comentado no segundo capítulo.

Essa recomendação foi efetivamente atendida. Em 2003 foi realizada uma reunião em Marrakesh, Marrocos, da qual foi criado o Processo de Marrakesh, uma plataforma informal global, coordenada pelo PNUMA e Departamento de Assuntos Econômicos e Sociais da ONU (UNDESA), e constituída por governos, empresas, ONGs, associações de consumidores, instituições de ensino e pesquisa e outras partes interessadas. Produção e consumo sustentáveis (PCS) foi definido pelo Processo de Marrakesh como uma abordagem holística para minimizar os impactos ambientais negativos dos sistemas de produção e consumo ao mesmo tempo em que promovem qualidade de vida para todos. O seu principal objetivo é desacoplar o crescimento econômico da degradação ambiental, ou seja, fazer mais e melhor com menos recursos. Essa abordagem se vale da perspectiva do ciclo de vida do produto para aumentar a eficiência dos recursos em todos os estágios da

---

165 Ibid., seção 4.5.

sua cadeia de suprimento. O Projeto também visava apoiar a implantação de projetos e estratégias de produção e consumo sustentáveis em níveis nacionais e locais e ajudar a desenvolver o Programa-quadro de 10 anos sobre Consumo e Produção Sustentáveis, conhecido pela sigla 10YFP[166], que seria adotado em 2012 como um dos resultados da Conferência Rio+20, assunto do próximo capítulo.

O Brasil aderiu formalmente ao Processo de Marrakesh em 2007, em 2008 foi criado o Comitê Gestor de Produção e Consumo Sustentável, tendo, entre outros objetivos, o de elaborar um Plano de Ação para a Produção e Consumo Sustentáveis (PPCS), o qual foi efetivamente instituído em 2011 para funcionar em ciclos de quatro anos. O primeiro ciclo vigorou para o período 2011-2014 e focou nas seguintes áreas: (1) educação para o consumo sustentável, (2) varejo e consumo sustentável, (3) aumento da reciclagem, (4) compras públicas sustentáveis, (5) construções sustentáveis e (6) agenda ambiental na administração pública (A3P)[167].

"O Futuro Que Queremos" menciona os Objetivos de Desenvolvimento Sustentável (ODSs) a serem criados após 2015, pois o período para o cumprimento dos ODMs estava se esgotando, só havia mais três anos. A CNUDS agiu bem em antecipar o debate sobre um novo ciclo de atividades focadas em objetivos e metas sobre questões prioritárias para o desenvolvimento sustentável, uma vez que as avaliações feitas sobre o andamento dos ODMs mostravam que a medida fora acertada, apesar dos percalços e da crise econômica iniciada em 2007. Como se verá no próximo capítulo, os ODSs foram criados em 2015 para serem alcançados entre 2016 e 2030.

Em termos gerais, a CNUDS não teve o brilhantismo da Conferência do Rio de Janeiro em 1992, nem a mesma repercussão. Até o Papa Francisco, sempre cauteloso em suas críticas, não deixou por menos, para ele a CNUDS resultou em uma declaração tão extensa quanto ineficiente[168]. Nesse período, o ambiente social e econômico internacional continuava turbulento devido aos rescaldos da crise econômica mundial iniciada em 2007 e aos problemas decorrentes dos programas de ajustes macroeconômicos baseados em austeridade fiscal. A escalada do terrorismo, principalmente o ataque da Al-Qaeda em Nova York em 11 de setembro de 2001, tornou ainda pior o que já estava ruim. Pode-se dizer que a CNUDS foi uma conferência realizada no lugar certo (Brasil, com sua história de sucesso no combate à pobreza), sobre os temas certos,

---

[166] UNEP, 2013. 10YFP, do inglês: *10-Year Framework Programmes on Sustainable Consumption and Production Patterns.*

[167] Disponível em http://www.mma.gov.br/responsabilidade-socioambiental/producao-e-consumo-sustentavel/plano-nacional

[168] Francesco, 2015, p. 141.

mas no momento errado (2012). Mas não havia como deixar passar em branco o 20º aniversário da CNUMAD, a mais bem-sucedida conferência das Nações Unidas até então. Mesmo assim houve progresso, a CNUDS repassou praticamente todas as questões discutidas até então sobre desenvolvimento sustentável e desencadeou muitos processos em diferentes níveis, do global aos locais. E se não houve temas rigorosamente novos, deu novas perspectivas aos que vinham sendo discutidos há anos, como é o caso da economia verde, ou melhor, verde e inclusiva.

5
A Agenda 2030 e os objetivos de desenvolvimento sustentável

A Agenda 2030 contendo os Objetivos de Desenvolvimento Sustentável (ODSs) começou a ser construída a partir da preparação da CNUDS (Rio+20) e das avaliações sobre o cumprimento dos ODMs à medida que aproximava o fim do seu período. Em 2010, uma seção plenária de alto nível da Assembleia Geral das Nações Unidas sobre os ODMs solicitou ao seu Secretário Geral recomendações sobre os passos a serem dados para avançar em direção a uma agenda sobre desenvolvimento sustentável para além de 2015[169]. Essa reunião, a linha de largada das atividades para criar os ODSs, teve como resultado imediato a criação em 2011 de uma equipe de tarefa (*task team*) com 60 organizações do sistema ONU, sob a coordenação conjunta do PNUD e DESA, para gerar uma agenda pós-2015[170].

Essa equipe analisou os ODMs sob diversas perspectivas, inclusive para identificar suas forças e fraquezas. Por exemplo, a estrutura simples, transparente e fácil de comunicar foi identificada como um ponto forte; focar em resultados (redução da pobreza, matrículas escolares etc.) e não nos meios para alcançá-los, um ponto fraco. Outro ponto fraco identificado foi a falta de consultas amplas e aprofundadas com diversos segmentos da sociedade. Diante disso, a equipe consultou governos e organizações de diversos segmentos da sociedade.

---

[169] General Assembly, 2010. A/RES/64/299. Cf. www.un.org/en/ga/search/view_doc.asp?symbol=A/RES/64/299

[170] Do inglês, United Nations System Task Team on United Nations Post-2015 Development Agenda. Cf. mais em https://sustainabledevelopment.un.org/post2015/index.php?page=view&type=400&nr=843&menu=35

Em 2012, o documento resultante da Conferência Rio+20, "O Futuro Que Queremos", reconheceu que a fixação de objetivos seria útil para desencadear ações focadas e coerentes sobre desenvolvimento sustentável. Reconheceu também a importância e a utilidade de um conjunto de objetivos baseados na Agenda 21, no Plano de Aplicação de Johanesburgo e na declaração do Rio de Janeiro, e que leve em conta as diferenças de circunstâncias, capacidades e prioridades nacionais, que esteja em conformidade com o direito internacional, que reafirme os compromissos assumidos e contribua para implementar os resultados das cúpulas das Nações Unidas nas áreas econômica, social e ambiental. Esses objetivos deveriam considerar as dimensões econômica, social e ambiental do desenvolvimento sustentável e suas inter-relações de forma equilibrada, bem como estar em consonância com a agenda das Nações Unidas para o desenvolvimento sustentável no período pós-2015.

"O Futuro Que Queremos" recomendou que os ODSs fossem orientados para a ação, concisos, fáceis de comunicar, limitados em número e inspiradores, de natureza global e aplicável universalmente em todos os países, levando em conta as diferentes realidades nacionais, capacidades e níveis de desenvolvimento e respeitando suas políticas e prioridades. Recomendou também que eles estejam concentrados nas áreas prioritárias do desenvolvimento sustentável. Com efeito, essas áreas são as citadas no documento supracitado, como a erradicação da pobreza, segurança alimentar, água e saneamento, energia, saúde e outras expressamente incluídas em seu capítulo V, como mostra o Quadro 4.5.

Conforme "O Futuro Que Queremos", os ODSs deveriam ser elaborados mediante um processo intergovernamental inclusivo, transparente e aberto às partes interessadas. Para isso, seria constituído um grupo de trabalho aberto com trinta representantes designados pelos estados-membros das cinco regiões das Nações Unidas, de modo a alcançar uma representação justa, equitativa e geograficamente equilibrada. Em 2013 foi criado um Grupo de Trabalho Aberto (OWG, do inglês: *Open Working Group*) pela Assembleia Geral das Nações Unidas com representantes de mais de trinta países, pois alguns países compartilhavam o mesmo assento com outros nesse grupo[171].

Diferentemente dos ODMs que foram aprovados sem uma ampla discussão em nível mundial, os ODSs resultaram de um intenso debate em todos os níveis,

---

171 General Assembly, A/67/L.48/Rev.1. Cf. www.un.org/ga/search/view_doc.asp?symbol=A/67/L.48/Rev.1&Lang=E – Acesso em 10/01/2019.

do internacional ao local[172]. Nenhum outro plano de ação ou agenda recebeu tantas sugestões como a agenda de desenvolvimento pós-2015. Entre 2012 e 2013 foi realizada uma ampla consulta em três frentes: uma envolvendo mais de 80 países para detectar as perspectivas nacionais; outra envolvendo as comissões econômicas regionais como a Comissão Econômica para a África, para a América Latina e Caribe e outras ligadas à ECOSOC; e uma terceira frente de consultas setoriais ou temáticas, tais como sobre educação, saúde, governança global, desastres naturais, energia, água[173]. Também foram realizadas consultas online pela internet e redes sociais como Facebook, o que constituiu uma inovação no processo de construção de consenso no âmbito das Nações Unidas.

Merece destaque a rede independente de consulta denominada *Sustainable Development Solutions Network* (SDSN) constituída por instituições de universidades, institutos de pesquisa, associações de profissionais, empresas, empresários e outros segmentos da sociedade. Um relatório da SDSN de 2014 para o secretário-geral das Nações Unidas, Ban Ki-moon, sob a direção do economista Jeffrey Sachs, elencou os seguintes desafios prioritários para o desenvolvimento sustentável:

    1) eliminar a estrema pobreza, inclusive a fome;
    2) promover o crescimento econômico e o emprego decente dentro dos limites do planeta;
    3) assegurar o ensino para todas as crianças e jovens por toda vida;
    4) alcançar a igualdade de gênero, inclusão social e direitos humanos para todos;
    5) alcançar saúde e bem-estar para todas as idades;
    6) melhorar os sistemas agrícolas e aumentar a prosperidade rural;
    7) empoderar as cidades inclusivas, produtivas e resilientes;
    8) deter a mudança do clima induzido pelos humanos e garantir energia limpa para todos;
    9) assegurar segurança à biodiversidade e boa gestão da água, dos oceanos, das florestas e dos recursos naturais; e
    10) transformar a governança e as tecnologias para o desenvolvimento sustentável[174].

Também merece destaque a pesquisa *My World*, que ouviu cerca de 1,2 milhão de pessoas de mais de 190 países. Sua importância foi dar voz aos não especialistas, pessoas comuns e que veem o mundo a partir dos desafios que encontram em seu cotidiano. As áreas de ações prioritárias eleitas por esse público não diferem muito

---

172 United Nations General Assembly, 2014.
173 UN Development Group. 2013.
174 Sustainable Development Solutions Network (SDSN), 2014.

das obtidas em pesquisas de opinião em períodos de eleição, nas quais questões sobre saúde, educação, emprego, segurança e combate à corrupção são em geral as principais demandas dos eleitores. Como se verá, essas questões foram consideradas na Agenda 2030. Na pesquisa *My World*, as ações relativas à mudança do clima foram as menos votadas entre 16 áreas consideradas, talvez por não afetar direta e imediatamente a vida dos respondentes da pesquisa, ou seja, as consequências da mudança do clima ainda não faziam parte do dia a dia deles. As 10 áreas que receberam mais votos foram em ordem decrescente as seguintes:

       1) educação de qualidade;
       2) melhor atendimento em saúde;
       3) melhor oportunidade de empregos;
       4) governo honesto e responsável;
       5) acesso à água potável e saneamento;
       6) alimentos acessíveis e nutritivos;
       7) proteção contra o crime e a violência;
       8) proteção das florestas, rios e oceanos;
       9) liberdade de discriminação e perseguições; e
       10) igualdade entre homens e mulheres[175].

Em 2014, o OWG apresentou seu relatório final à Assembleia Geral das Nações Unidas propondo 17 ODSs, cada qual com diversas metas que no total somavam 169, a maioria a ser alcançada até 2030. Esses ODSs se fundamentaram nos ODMs visando concluí-los e responder a novos desafios. Porém, enquanto estes foram pensados para os países em desenvolvimentos e menos desenvolvidos, os ODSs foram pensados para todos os países, independentemente do seu grau de desenvolvimento, o que é mais acertado, pois nesses países também há muita pobreza, desigualdade social, de gênero, analfabetismo, degradação ambiental[176].

Ainda em 2014, um relatório síntese do secretário-geral das Nações Unidas, Ban Ki-moon, denominado "O caminho para a dignidade até 2030", defendeu a necessidade de uma agenda para o período 2016-2030 que incluísse os ODSs propostos pelo OWG e atendesse as muitas vozes que pediam uma agenda **centrada nas pessoas e sensível ao planeta**, a fim de assegurar dignidade humana, igualdade, proteção ambiental, economias saudáveis e liberdade de escolhas para todas as pessoas[177].

---

175 MY WORLD, 2015.
176 OWG, 2014.
177 United Nations General Assembly. 2014. Grifo do documento original.

Em 2015, durante a Cúpula das Nações Unidas sobre o Desenvolvimento Sustentável, realizada em Nova York, foi aprovado o documento "Transformando Nosso Mundo: a Agenda 2030 para o Desenvolvimento Sustentável". Essa Agenda contém os ODSs, uma declaração com visão de futuro, princípios e compromissos, e indicação sobre os meios de implementação, acompanhamento e avaliação. A Agenda 2030 é um plano de ação para o período de 2016 a 2030 que se apoia em cinco elementos essenciais e inter-relacionados listados abaixo e ilustrados na Figura 5.1. São eles:

1) **Pessoas:** erradicar a pobreza e a fome em todas as suas formas e dimensões, e garantir que todos possam realizar o seu potencial em dignidade e igualdade em um ambiente saudável;

2) **planeta:** proteger o planeta da degradação, principalmente por modalidades de produção e consumo sustentáveis, gestão sustentável dos recursos naturais e medidas urgentes sobre a mudança climática, para que o planeta possa suportar as necessidades das gerações presentes e futuras;

3) **prosperidade:** assegurar que todos desfrutem de uma vida próspera e plena, e que o progresso econômico, social e tecnológico ocorra em harmonia com a natureza;

4) **paz:** promover sociedades pacíficas, justas e inclusivas, livres do medo e da violência. Não pode haver desenvolvimento sustentável sem paz e não há paz sem desenvolvimento sustentável; e

5) **parceria:** mobilizar recursos necessários para implementar a agenda 2030 por meio de uma parceria global para o desenvolvimento sustentável revitalizada, com base em um espírito de solidariedade global reforçada, concentrada especialmente nas necessidades dos mais pobres e mais vulneráveis e com a participação de todos os países, todas as partes interessadas e todas as pessoas[178].

Os cinco elementos da Figura 5.1 também são conhecidos por 5 Ps da Agenda 2030 devido as iniciais de cada um, tanto em português quanto em inglês (*People, Planet, Prosperity, Partnership, Peace*). Os três primeiros elementos referem-se, respectivamente, às dimensões social, ambiental e econômica do desenvolvimento sustentável; os dois últimos, às dimensões política e institucional que orientam a governança da Agenda 2030.

---

178 United Nations General Assembly, 2015. Texto em português disponível em https://www.undp.org/content/dam/brazil/docs/agenda2030/undp-br-Agenda2030-completo-pt-br-2016.pdf

Figura 5.1 Elementos essenciais para o desenvolvimento sustentável

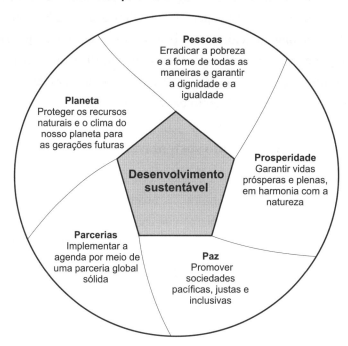

Fonte: PNUD Brasil. Os 5 Ps da Agenda 2030 [Disponível em www.br.undp.org/content/brazil/pt/home/post-2015.html – Acesso em 08/01/2019].

A Agenda 2030 reafirma os propósitos e princípios da Carta das Nações Unidas, no pleno respeito ao Direito Internacional, na Declaração Universal dos Direitos Humanos, nos tratados internacionais de direitos humanos, na Declaração do Milênio, no documento final da Cúpula Mundial de 2005 e em outros documentos resultantes de conferência e cúpulas das Nações Unidas, alguns comentados anteriormente. Reafirma o princípio pelo qual os estados, de acordo com a Carta das Nações Unidas e com os princípios do direito internacional, têm o direito soberano de explorar seus próprios recursos segundo suas próprias políticas de meio ambiente e de desenvolvimento, bem como o princípio da responsabilidade comum, porém diferenciada, ambos constantes da Declaração do Rio. Com isso, a Agenda 2030 deixa claro que cabe a cada país decidir com autonomia sobre sua contribuição para o alcance das metas estabelecidas[179].

Como os documentos citados sempre reafirmam os que vieram antes, que por sua vez reafirmam os que os antecederam, pode-se dizer que a Agenda 2030 é uma

---

179 Ibid.

síntese de todos esses documentos em relação às áreas prioritárias do desenvolvimento sustentável e sob o ponto de vista operacional. Ou seja, a Agenda 2030 acumula os resultados de uma longa trajetória de debates sobre desenvolvimento sustentável, cujo começo pode ser a Conferência de Estocolmo em 1972, ou outro evento ainda mais recuado no tempo, como o Programa Homem e Biosfera da UNESCO ou a Primeira Década do Desenvolvimento das Nações Unidas.

Objetivos de desenvolvimento sustentável

Os 17 ODSs da Agenda 2030 aprovados por 193 países, inclusive o Brasil, estão apresentados logo abaixo. A Figura 5.2 mostra os ícones que os representam e servem para facilitar a comunicação. São os seguintes:

1) Acabar com a pobreza em todas as suas formas e em todos os lugares.
2) Acabar com a fome, alcançar segurança alimentar e melhoria da nutrição e promover a agricultura sustentável.
3) Assegurar uma vida saudável e promover o bem-estar para todos, em todas as idades.
4) Assegurar a educação inclusiva, equitativa e de qualidade, e promover oportunidades de aprendizagem durante toda a vida para todos.
5) Alcançar a igualdade entre gêneros e empoderar todas as mulheres e meninas.
6) Assegurar a disponibilidade e gestão sustentável da água e saneamento para todos.
7) Assegurar o acesso confiável, sustentável, moderno e preço acessível à energia para todos.
8) Promover o crescimento econômico sustentado, inclusivo e sustentável, emprego pleno e produtivo e trabalho decente para todos.
9) Construir infraestruturas resilientes, promover a industrialização inclusiva e sustentável e fomentar a inovação.
10) Reduzir a desigualdade dentro dos países e entre eles.
11) Tornar as cidades e os assentamentos humanos inclusivos, seguros, resilientes e sustentáveis.
12) Assegurar padrões de produção e de consumo sustentáveis.
13) Tomar medidas urgentes para combater a mudança climática e seus impactos (reconhecendo que a Convenção Quadro das Nações Unidas sobre Mudança do Clima é o fórum intergovernamental internacional primário para negociar respostas globais à mudança do clima).
14) Conservar e utilizar de forma sustentável os oceanos, mares e recursos marinhos para o desenvolvimento sustentável.
15) Proteger, recuperar e promover o uso sustentável dos ecossistemas terrestres, gerir de forma sustentável as florestas, combater a

desertificação, deter e reverter a degradação da terra e deter a perda da biodiversidade.

16) Promover sociedades pacíficas e inclusivas para o desenvolvimento sustentável, proporcionar o acesso à justiça para todos e criar instituições eficazes, responsáveis e inclusivas em todos os níveis.

17) Fortalecer os meios de implementação e revitalizar a parceria global para o desenvolvimento sustentável[180].

Os ODSs formam um conjunto integrado e indivisível de prioridades globais para o desenvolvimento sustentável, porém cabe a cada governo estabelecer suas próprias metas conforme seu nível de ambição e as circunstâncias nacionais. Eles integram os aspectos econômicos, sociais e ambientais e reconhecem as interações entre eles para alcançar o desenvolvimento sustentável em todas as suas dimensões[181]. Como disseram certos autores estudiosos desse assunto, os ODSs cobrem os três elementos usualmente considerados como componentes do desenvolvimento sustentável: o econômico (uma qualidade de vida elevada ou bem-estar), a sociedade (compartilhamento equitativo) e o meio ambiente (sustentável, respeito aos limites planetários). Ainda segundo esses autores, há muitas maneiras de expressá-los, mas em essência é "uma vida próspera e da alta qualidade equitativamente compartilhada e sustentável"[182].

Figura 5.2 Objetivos de Desenvolvimento Sustentáveis

Fonte: Nações Unidas no Brasil [Disponível em https://nacoesunidas.org/pos2015/agenda2030/].

---

180 *Transformando Nosso Mundo*. Cf. nota 182.
181 General Assembly. *Report of the Open Working Group of the General Assembly on Sustainable Development Goals*. Cf. http://www.un.org/ga/search/view_doc.asp?symbol=A/68/970&Lang=E
182 Costanza et al., 2014.

O Anexo 3 apresenta as metas de cada ODSs. Há dois tipos de metas: metas finalísticas e metas de implementação: as primeiras são metas relacionadas diretamente com o cumprimento dos ODSs; as segundas, com os recursos (humanos, financeiros, tecnológicos, legais, políticos, organizacionais etc.) necessários ao cumprimento das finalísticas. Estas são identificadas apenas por números (exemplo, meta 6.1: "até 2030 alcançar o acesso universal e equitativo à água potável e segura para todos"). As metas de implementação são identificadas com um número e uma letra (exemplo, meta 6.b: "apoiar e fortalecer a participação das comunidades locais, para melhorar a gestão da água e do saneamento")[183]. Há exceções, as metas do ODS-17 são de implementação, apesar de serem identificadas apenas com números. É fácil reconhecê-las, os seus enunciados começam com termos, tais como: apoiar, fortalecer, melhorar, ajudar, reforçar, mobilizar, concretizar. Por exemplo, "mobilizar recursos financeiros adicionais para os países em desenvolvimento a partir de múltiplas fontes" (meta 17.3).

Embora tenham sido concebidos para formar um conjunto, de modo a se reforçarem mutuamente, os ODSs podem ser associados aos cinco elementos mencionados na seção anterior e às dimensões do desenvolvimento sustentável discutidos no segundo capítulo, como mostra o Quadro 5.1. Essa associação tem como critério a quantidade de metas de cada ODS endereçada a uma das cinco dimensões consideradas. Por exemplo, os seis primeiros ODS contêm metas predominantemente sociais. Embora o ODS-6 trate de um tema ambiental, gestão sustentável da água e saneamento, as questões predominantes referem-se ao acesso universal e equitativo à água potável e ao saneamento. E assim acontece com outros ODSs, além do fato de que em certos casos as metas atendem a duas dimensões, ou seja, encontram-se na interseção de duas dimensões como ilustrado na Figura 2.4-B. É caso das metas do ODS-12 que combinam questões econômicas e ambientais.

Como se pode ver no Anexo 3, todas as metas dos ODMs foram incluídas e ampliadas, assim como os temas WEHAB tratados na Cúpula de Johanesburgo de 2002 (Rio+10). Note que o ODS-17 trata praticamente dos mesmos meios de implementação constantes em "O Futuro Que Queremos", documento resultante da Conferência Rio+20 (cf. Quadro 4.5, capítulo VI), porém transformados em metas. Por exemplo, enquanto este documento faz um longo arrazoado para exortar os países desenvolvidos a se comprometer com a ODA, inclusive fornecendo 0,7% da

---

[183] IPEA, 2018.

sua Renda Nacional Bruta aos países em desenvolvimento e 015 a 0,20% aos menos desenvolvidos, a Agenda 21 transforma esse chamado na meta 17.2.

Quadro 5.1 Os ODSs e as suas dimensões predominantes

Elemento	Dimensão	ODS
Pessoas	Social	1) Acabar com a pobreza em todas as suas formas e em todos os lugares.
		2) Acabar com a fome, alcançar segurança alimentar e melhoria da nutrição e promover a agricultura sustentável.
		3) Assegurar uma vida saudável e promover o bem-estar para todos, em todas as idades.
		4) Assegurar a educação inclusiva, equitativa e de qualidade, e promover oportunidades de aprendizagem durante toda a vida para todos.
		5) Alcançar a igualdade entre gêneros e empoderar todas as mulheres e meninas.
		6) Assegurar a disponibilidade e gestão sustentável da água e saneamento para todos.
		7) Assegurar o acesso confiável, sustentável, moderno e preço acessível à energia para todos.
		11. Tornar as cidades e os assentamentos humanos inclusivos, seguros, resilientes e sustentáveis.
Planeta	Ambiental	12. Assegurar padrões de produção e de consumo sustentáveis.
		13. Tomar medidas urgentes para combater a mudança climática e seus impactos.
		14. Conservar e utilizar de forma sustentável os oceanos, mares e recursos marinhos para o desenvolvimento sustentável.
		15. Proteger, recuperar e promover o uso sustentável dos ecossistemas terrestres, gerir de forma sustentável as florestas, combater a desertificação, deter e reverter a degradação da terra e deter a perda da biodiversidade.

Elemento	Dimensão	ODS
Prosperidade	Econômica	8. Promover o crescimento econômico sustentado, inclusivo e sustentável, emprego pleno e produtivo e trabalho decente para todos.
		9. Construir infraestruturas resilientes, promover a industrialização inclusiva e sustentável e fomentar a inovação.
		10. Reduzir a desigualdade dentro dos países e entre eles.
Paz	Política e Institucional	16. Promover sociedades pacíficas e inclusivas para o desenvolvimento sustentável, proporcionar o acesso à justiça para todos e criar instituições eficazes, responsáveis e inclusivas em todos os níveis.
Parceria		17. Fortalecer os meios de implementação e revitalizar a parceria global para o desenvolvimento sustentável.

Erradicação da pobreza

As metas dos ODSs são mais ambiciosas do que as do ODMs. Por exemplo, o ODM-1 se propunha a reduzir pela metade a proporção de pessoas com renda menor que US$ 1.25 por dia até 2015, bem de pessoas que sofrem de fome (cf. Quadro 4.3). Na Agenda 2013 a pobreza e a fome foram consideradas separadamente (ODS-1 e ODS-2), além disso, foi feita uma distinção entre pobreza e pobreza extrema, pessoa que vive com menos de US$ 1.90 por dia, em termos de poder de paridade de compra (PPP). Até 2015 esse valor era US$ 1.25, em PPP. Esse valor é definido pelo Banco Mundial como a linha internacional de pobreza e é válido universalmente corrigido pela paridade de poder de compra do país (PPC). A meta 1.1 do ODS-1 se propõe a erradicar a pobreza extrema de todas as pessoas em todos os lugares até 2030; a meta 1.2, a reduzir pelo menos à metade a proporção de pessoas de todas as idades que vivem na pobreza, em todas as suas dimensões, de acordo com a definição de pobreza de cada país.

No caso do Brasil, para a meta 1.1, foi sugerido que o valor-limite da pobreza extrema seja de PPC, R$ 3,20 por dia, e para a meta 1.2, R$ 226,00 por mês, com aumento anual de 2,55%[184]. Esse valor é inferior ao do Bolsa Família, um programa criado em 2004 para combater a extrema pobreza e a pobreza. O valor da bolsa pode chegar

---

184 Ibid., 2018, p. 26.

a R$ 372,00 por mês considerando a acumulação das três formas de benefícios: (1) benefício básico, no valor mensal de R$ 89,00 por pessoa, para as unidades familiares que se encontrem em situação de extrema pobreza; (2) benefício variável, no valor mensal de R$ 41,00 por beneficiário, até o limite de R$ 205,00 por família, para as famílias em situação de pobreza ou de extrema pobreza e que tenham em sua composição gestantes, nutrizes, crianças entre zero e 12 anos, ou adolescentes até quinze anos; e (3) benefício variável vinculado ao adolescente, no valor de R$ 48,00 por beneficiário, até o limite de R$ 96,00 por família em situação de pobreza, ou de extrema pobreza, e que tenha em suas composições adolescentes de 16 a 17 anos matriculados em estabelecimentos de ensino[185].

Nem todos os países adotam o salário-mínimo, mas os que o adotam, como o Brasil, esse poderia ser o valor-limite para caracterizar a pobreza. Como estabelece a Constituição Federal de 1988, esse salário, fixado em lei e unificado nacionalmente, destina-se a atender as necessidades vitais do trabalhador e sua família, com moradia, alimentação, educação, saúde, lazer, vestuário, higiene, transporte e previdência social[186]. O conceito de necessidades vitais corresponde ao de necessidades básicas, comentado no segundo capítulo. O salário-mínimo também é o valor do Benefício de Prestação Continuada (BPC) concedido à pessoa com deficiência e ao idoso, com idade de 65 anos ou mais, que comprove não possuir meios próprios ou da família para se manter[187]. O cálculo do salário-mínimo deveria levar em conta os bens e serviços que atendem às necessidades básicas, porém na prática outras questões falam mais alto, como o impacto do salário-mínimo sobre os gastos públicos por ser ele uma espécie de indexador da economia. Por exemplo, o valor do fixado em lei em janeiro de 2019 é R$ 998,00, enquanto que para o DIEESE deveria ser de R$ 3.928,00[188], o que atenderia melhor às necessidades vitais supracitadas.

Note a expressão "em todas as suas dimensões" no enunciado da meta 1.2. Ela indica que a pobreza possui múltiplas dimensões; a fixação de valores, como os citados acima, refere-se apenas a uma delas, a pobreza medida em valor monetário. Ninguém deixa a pobreza com a Bolsa Família ou o BPC, embora tenha sua sobrevivência assegurada. Por isso é necessário ampliar o acesso à educação básica,

---

[185] BRASIL. Lei 10.836 de 17/09/2004. • BRASIL. Decreto 5.209, de 17/09/2004.
[186] BRASIL. *Constituição da República Federativa do Brasil*, de 1988, artigo 7° inciso IV.
[187] BRASIL. Lei 10.741, de 01/10/ 2003, artigo 34. • BRASIL. Decreto 6.214, de 26/09/2007, artigo 1°.
[188] Departamento Intersindical de Estatística e Estudos Socioeconômicos (DIEESE). Salário nominal e salário necessário [Disponível em https://www.dieese.org.br/analisecestabasica/salarioMinimo.html – Acesso em 25/02/2019].

à água potável, à energia, aos serviços de saúde, à habitação segura, à capacitação profissional, entre outras metas dos cinco primeiros ODSs. A educação, conforme estabelece o ODS-5 enfatiza seus aspectos instrumentais, ou seja, como meio para outros objetivos, como obtenção de trabalho decente, melhorar as habilidades profissionais, ampliar o empreendedorismo, promover estilos de vida sustentável. Porém, fica subentendido o seu valor em si mesmo, seja como um componente importante da cultura dos países, seja como um direito fundamental de todos, mulheres e homens, de todas as idades, no mundo inteiro, como reconhece a Declaração de Jomtien de 1990[189].

O combate à pobreza em todas as suas dimensões não se limita ao provimento de capacidade de sobrevivência por meio do atendimento das necessidades básicas primárias (saúde, alimentação, água potável, vestuários, moradias etc.). Embora o ODS-3 pretenda assegurar vida saudável e promover o bem-estar a todos, indistintamente, sua ênfase está na erradicação da pobreza. As quatro primeiras metas tratam de problemas de saúde que afetam com maior intensidade a população mais pobre, pois as altas taxas de mortalidade materna, neonatal e de crianças de 5 anos, em grande parte, decorrem da pobreza.

A meta de implementação 3.b também está voltada para a erradicação da pobreza, no caso proporcionar o acesso a vacinas e medicamentos a preços acessíveis, conforme a Declaração de Doha de 2011 sobre saúde e o Acordo sobre Aspectos dos Direitos de Propriedade Intelectual Relacionados ao Comércio (TRIPS)[190]. O TRIPS foi aprovado em 1994, ao final de um longo processo de negociação multilateral sobre comércio internacional denominado Rodada do Uruguai. É um acordo administrado pela OMC, cuja criação também se deu ao final dessa rodada. Esse acordo estabeleceu regras mínimas para a proteção dos direitos relativos à propriedade intelectual (patentes, marcas, desenho industrial, circuitos integrados etc.) com o objetivo de promover a livre-circulação de produtos (bens e serviços) relacionados a esses direitos. Para isso, aumentou significativamente os direitos dos titulares desses direitos, o que tornou mais difícil, quando não impossível, o uso desses produtos em políticas públicas, principalmente no caso de medicamentos protegidos por direitos de patentes.

De acordo com o TRIPS, os titulares de direitos de patentes podem explorá-los com exclusividade, produzindo os produtos patenteados no país que concedeu

---

189 Jomtien Declaration. Cf. https://unesdoc.unesco.org/ark:/48223/pf0000127583
190 TRIPs, do inglês: *Trade Related Aspects of Intellectual Property Rights*.

a patente ou importando-os. Assim, a patente deixou de ser um instrumento de política pública para estimular a produção interna de produtos patenteados. Isso vale para qualquer produto patenteado, inclusive medicamentos, vacinas, próteses, órteses, instrumentos médicos, equipamentos hospitalares. De um lado, o regime de monopólio e, de outro, a ligação com a vida e a saúde das pessoas, faz com que a demanda desses produtos seja praticamente invariável à elevação dos seus preços, o que permite à empresa aumentar a receita sem necessariamente aumentar a oferta. Isso impacta as políticas de saúde dos países em desenvolvimento e menos desenvolvidos que dependem desses produtos. O resultado é o encarecimento dessas políticas, comprometendo a qualidade do atendimento ou até mesmo a sua continuidade. Muitos países tiveram suas políticas públicas de saúde prejudicadas, inclusive o Brasil, que havia criado diversas políticas nesse sentido em atendimento à Constituição Federal de 1988, que estabelecera a saúde como um direito de todos e um dever do Estado (artigo 196). Entre essas políticas merece destaque a distribuição gratuita de medicamentos aos portadores do HIV e doentes de AIDS[191].

Diante das reclamações dos países afetados, em 2001, a Comissão dos Direitos Humanos das Nações Unidas reconheceu a importância fundamental do acesso aos medicamentos no contexto de pandemias como a AIDS e conclamou os países a criar políticas públicas para promover a disponibilidade de medicamentos em quantidade suficiente[192]. Nesse mesmo ano, e contando com a ajuda da OMS, essa questão foi amenizada com a Declaração de Doha sobre o TRIPS e a Saúde Pública adotada pela reunião ministerial da OMC realizada em Doha, Qatar. A Declaração reconheceu a gravidade dos problemas de saúde desses países e que o TRIPS não deveria impedir que eles adotassem medidas para proteger a saúde pública e, em particular, promover o acesso aos medicamentos para todos. Reconheceu que cada país-membro do TRIPS tem o direito de determinar o que caracteriza uma emergência nacional ou qualquer outra circunstância de extrema gravidade em saúde pública. Reconheceu que os países-membros do TRIPS têm o direito de conceder licenças compulsórias e a liberdade de determinar as bases sobre as quais essas licenças são concedidas.

A Declaração de Doha também reconheceu o direito de determinar o que constitui uma emergência nacional ou outras circunstâncias de extrema urgência,

---

[191] BRASIL. Lei 9.313, de 13/11/1996.
[192] United Nations Commission on Human Rights, 2001 [Disponível em https://www.who.int/hhr/information/WHO_Written_Submission_to_58th_Session_of_Commission.pdf].

entendendo que as crises de saúde pública, incluindo as relacionadas com HIV, AIDS, tuberculose, malária e outras epidemias, podem representar uma emergência nacional ou outras circunstâncias de extrema urgência[193]. Em 2007, o Conselho de Direitos Humanos da ONU reconheceu que o acesso aos medicamentos nessas circunstâncias ou emergências é uma extensão do direito humano à saúde previsto na Declaração Universal dos Direitos Humanos (artigo 25) e no Pacto Internacional dos Direitos Econômicos, Sociais e Culturais (artigo 12), pelos quais os países signatários reconhecem o direito de toda pessoa de desfrutar o mais elevado nível de saúde física e mental[194].

Em 2018, talvez já em decorrência da meta 3.b, entrou em vigor uma emenda ao TRIPS que permite a concessão de licença compulsória para produção e importação de medicamentos genéricos de baixo custo, o que certamente irá beneficiar os países em desenvolvimento e menos desenvolvidos[195]. Vale assinalar que a proposta dessa emenda havia sido feita em 2005, ou seja, levou mais de 12 anos para ser aprovada dada a resistência dos países sedes de grandes empresas farmacêuticas. O instituto da licença compulsória não elimina os direitos do titular da patente, não é uma desapropriação, mas permite ao poder público conceder uma licença a outros interessados em produzir o medicamento, caso o titular da patente ou o seu licenciado não consiga atender a situação de emergência nacional ou de interesse público. A licença compulsória é de caráter não exclusivo, ou seja, o poder público pode conceder mais de uma licença referente a uma mesma patente. Ao conceder a licença obrigatória, o poder público estabelece condições para ambos, titular e licenciado, tais como prazo de vigência da licença, possibilidade ou não de prorrogação, remuneração do titular da patente.

A erradicação da pobreza vai além do acesso à alimentação, medicamentos, educação, moradia e outros bens e serviços. É necessário que a renda da população mais pobre aumente a uma taxa maior do que a média da nacional a fim de reduzir a desigualdade social dentro do país e entre os países, como estabelece a meta 10.1 do ODS-10. A meta 10.2 refere-se à inclusão social de todos sem discriminação de idade, gênero, raça, etnia, origem, religião (meta ODS-2), e a 10.3, à garantia de oportunidades a todos (ODS-3). O atendimento dessas metas amplia a participação

---

193 WTO, 2001.

194 United Nations Human Rights Council, 2007.

195 Cf. a emenda no anexo do Decreto 9.289, de 21/02/18.

das pessoas nos processos de desenvolvimento econômico, social, cultural e político, como estabelece o direito ao desenvolvimento comentado no segundo capítulo.

O ODS-10 é particularmente importante para o Brasil, cuja Constituição Federal de 1988 estabeleceu entre os objetivos da República Federativa do Brasil o de "erradicar a pobreza, a marginalização e reduzir as desigualdades sociais e regionais"[196]. Assim, alcançar as metas do ODS-10 significa atender o dispositivo constitucional, instituído com muita razão, pois, como se sabe, o Brasil é um dos países com maior desigualdade de renda entre pessoas, etnias, gênero e regiões.

Igualdade de gênero e empoderamento das mulheres

O ODS-5 busca efetivar direitos humanos firmados em diversos documentos, como na Declaração Universal dos Direitos Humanos, nos pactos sobre direitos humanos de 1966[197] que asseguram a homens e mulheres igualdade no gozo de todos os direitos econômicos, sociais e culturais e na Convenção Sobre a Eliminação de todas as Formas de Discriminação contra a Mulher, de 1979. A preocupação com a efetivação desses direitos tem como marco fundamental a primeira Conferência Mundial sobre a Mulher realizada na cidade do México em 1975.

O primeiro parágrafo da Declaração do México de 1975 resume a questão quase que por inteiro ao considerar os problemas das mulheres, metade da população mundial, como problemas da sociedade como um todo, e que as mudanças na situação econômica, social e política das mulheres integram os esforços para transformar as estruturas e atitudes que impedem à satisfação de suas necessidades genuínas. Pelo primeiro princípio da Declaração, igualdade entre homens e mulheres significa igualdade na sua dignidade e valor como seres humanos, assim como igualdade em direitos, oportunidades e responsabilidades[198].

As três primeiras metas do ODS-5 referem-se às disposições tratadas na Convenção de 1979 supracitada, pela qual os signatários passam a ter a obrigação de estabelecer proteção jurídica contra toda forma de discriminação contra a mulher, definida como "toda distinção, exclusão ou restrição baseada no sexo e que tenha por objeto ou resultado prejudicar ou anular o reconhecimento, gozo ou exercício pela mulher, independentemente de seu estado civil, com base na igualdade do

---
196 BRASIL. Constituição Federal de 1988, artigo 3°, inciso III.
197 Pacto Internacional sobre os Direitos Civis e Políticos e Pacto Internacional dos Direitos Econômicos, Sociais e Culturais, ambos de 1966.
198 United Nations, 1976.

homem e da mulher, dos direitos humanos e liberdades fundamentais nos campos político, econômico, social, cultural e civil ou em qualquer outro campo"[199].

A violência contra mulheres e meninas, uma forma de discriminação, muitas vezes é tolerada pela sociedade por fazer parte da cultura local. Os países que aderiram à Convenção sobre a Eliminação de todas as Formas de Discriminação contra a Mulher, de 1979, como o Brasil, devem estabelecer medidas, inclusive legislativas, a fim de "modificar os padrões socioculturais de conduta de homens e mulheres, com vistas a alcançar a eliminação dos preconceitos e práticas consuetudinárias e de qualquer outra índole que estejam baseados na ideia da inferioridade ou superioridade de qualquer dos sexos ou em funções estereotipadas de homens e mulheres"[200]. Um exemplo de medidas desse tipo é a lei do feminicídio, pela qual a pena fica agravada quando for contra a mulher pela condição de ser mulher ou quando envolve violência doméstica e familiar ou menosprezo e discriminação[201].

Uma parte significativa do trabalho não remunerado no mundo todo é realizada por mulheres e meninas. A meta 5.4 reconhece e valoriza o trabalho doméstico e assistencial não remunerado, aquele realizado em benefício da família, de conhecidos, vizinhos, necessitados, tais como afazeres de casa e cuidados pessoais de crianças, idosos, deficientes, acidentados, doentes. A valorização desse tipo de trabalho se daria por meio da disponibilização de serviços públicos, infraestrutura e políticas de proteção social, bem como a promoção da responsabilidade compartilhada dentro do lar e da família, conforme os contextos nacionais. No Brasil, como em muitos países, senão a maioria, a participação das mulheres em trabalhos domésticos não remunerados é claramente superior à dos homens. Dados do IBGE mostram que as mulheres dedicaram cerca de 73% a mais de horas de trabalho doméstico não remunerado do que os homens[202]. Essa discrepância não se explica apenas por questões econômicas, há fortes componentes culturais que se firmaram ao longo da história dos países, por isso o cuidado de mencionar "conforme os contextos nacionais" na redação da meta 5.4, para não ferir suscetibilidades nos países onde essas questões fazem parte de suas identidades nacionais.

O trabalho remunerado de qualquer tipo, inclusive o doméstico, é contemplado no ODS-8. A Convenção 189 da OIT define trabalho doméstico como aquele rea-

---

199 Cf. o texto da Convenção em: BRASIL. Decreto 4.377, de 13/09/2002.
200 Ibid.
201 BRASIL. lei 13.104, de 09/03/2015.
202 IBGE, 2018.

lizado em um ou para um domicílio ou domicílios, e trabalhador doméstico como toda pessoa, de qualquer sexo, que realiza trabalho doméstico no marco de uma relação de trabalho, excluído os de natureza eventual. A Convenção 189 estipula que os países-membros da OIT devem, em relação aos trabalhadores domésticos, adotar medidas para respeitar, promover e tornar realidade os princípios e direitos fundamentais no trabalho, a saber: (a) a liberdade de associação e a liberdade sindical e o reconhecimento efetivo do direito à negociação coletiva; (b) a eliminação de todas as formas de trabalho forçado ou obrigatório; (c) a erradicação efetiva do trabalho infantil; e (d) a eliminação da discriminação em matéria de emprego e ocupação[203]. No Brasil, a equiparação dos direitos trabalhistas dos trabalhadores domésticos aos das demais categorias de trabalhadores urbanos e rurais foi estabelecida pela Emenda Constitucional 72 de 2013, uma das formas mais importantes de valorização do trabalho doméstico remunerado na medida em que lhe atribui um *status* constitucional[204].

A palavra empoderamento no ODS-5 remete à participação efetiva das mulheres na vida política, econômica e pública (meta 5.5). Um tipo de medida adotado em muitos países é exigir uma porcentagem crescente de mulheres em cargos de decisão em empresas, órgãos públicos, cortes de justiça, parlamentos até alcançar uma participação paritária. Essa é uma área em que o Brasil vai de mal a pior, sempre ocupando os últimos lugares dos *rankings* mundiais. Por exemplo, em um *ranking* elaborado pela União Interparlamentar sobre a participação de mulheres no poder executivo, o Brasil ficou na 167ª posição entre 174 países; e na 154ª posição quanto à participação no Congresso[205]. No setor privado, 61% dos cargos gerenciais eram ocupados por homens e 39% por mulheres em 2016[206].

A ambição do ODS-5 é alcançar uma situação de equilíbrio na participação de homens e mulheres em todos os setores da sociedade, um ideal que emerge dos pactos sobre direitos humanos de 1966 e da Convenção sobre a Eliminação de todas as Formas de Discriminação contra a Mulher, de 1979, entre outros documentos sobre o tema. Os ODSs transformam as disposições desses documentos, que são

---

[203] OIT. Convenção 189 [Disponível em https://www.ilo.org/wcmsp5/groups/public/—ed_protect/—protrav/—travail/documents/publication/wcms_169517.pdf].

[204] Brasil. EMENDA CONSTITUCIONAL 72, de 2013. Sobre os direitos dos trabalhadores urbanos e rurais, cf. *Constituição Federal* de 1988, artigo 7º.

[205] Cf. em ONU Mulher: https://nacoesunidas.org/brasil-fica-em-1670-lugar-em-ranking-de-participacao-de-mulheres-no-executivo-alerta-onu/

[206] IBGE, 2018.

declarações de intenção, em metas com datas para alcançá-las e as divulga em âmbito mundial.

Crescimento econômico sustentado, inclusivo e sustentável

O ODS-8 estabelece metas para promover o crescimento econômico sustentado, inclusivo e sustentável, emprego pleno e trabalho decente para todos. **Crescimento sustentado** de um país ou uma região significa crescimento da produção de bens e serviços ao longo do tempo, o que requer investimentos contínuos que acrescentem capacidade produtiva para além da reposição dos meios de produção usados nos sucessivos períodos. Para isso é necessária certa taxa de investimento financiada em boa medida pela poupança interna. Porém, os países com menor grau de desenvolvimento têm dificuldades para aumentar sua poupança interna dada a baixa renda da maioria dos seus habitantes. Além disso, a economia desses países costuma apresentar taxas de inflação elevadas, o que não incentiva a poupança dos indivíduos. Crescimento baseado predominantemente em poupança externa leva ao problema do endividamento externo, que conforme o seu tamanho pode inibir a captação de novos recursos para investimento, gerando crises econômicas graves. Por isso, o endividamento externo mereceu a meta 17.2.

Crescimento includente, segundo Ignacy Sachs, fica melhor entendido quando posto em oposição ao crescimento excludente que, além de concentrador de renda e excludente do mercado de consumo, apresenta ainda as seguintes duas características: (1) mercados de trabalho fortemente segmentados que mantêm grande parte dos trabalhadores em atividades informais ou de subsistência de pequena escala sem proteção social; e (2) fraca participação na vida política, quando não completa exclusão. Assim, para ser includente, o crescimento necessita acima de tudo garantir os direitos civis, cívicos e políticos a todos, além de acesso em igualdade de condições aos serviços públicos de educação, saúde, moradia, assistência às pessoas vulneráveis, como idosos, mães, deficientes[207]. **Crescimento sustentável** refere-se ao respeito ao meio ambiente, seus limites físicos e uso prudente e eficiente dos recursos naturais. Em suma, os três termos associados ao crescimento considerados ao mesmo tempo é o próprio entendimento acerca do desenvolvimento sustentável, pois este, como foi dito anteriormente, deve ser economicamente eficiente (sustentado), socialmente equitativo e ecologicamente prudente.

---

207 Sachs, I, 2004, p. 38-40.

A expressão "crescimento econômico" suscita polêmicas infindáveis, como mencionado no segundo capítulo. Entre as propostas extremadas do crescimento zero do Clube de Roma e a do crescimento a qualquer custo há várias propostas de interesse do desenvolvimento sustentável. Os termos "sustentado, inclusivo e sustentável" usados para qualificar o crescimento econômico buscam equacionar um dos grandes problemas do desenvolvimento sustentável, o tipo de crescimento coerente com seus propósitos. Mas ainda continua a pergunta: quanto crescer?

Os países mais pobres necessitam de crescimento para erradicar a pobreza. As propostas de decrescimento ou de condição estável fazem sentido para os países que já se desenvolveram, pois o crescimento da renda *per capita* pouco contribuirá para aumentar a satisfação com a vida, um componente essencial da qualidade de vida. Para Tim Jackson, professor de Desenvolvimento Sustentável da Universidade de Surrey, Reino Unido, prosperidade não é sinônimo de riqueza material, pois possui dimensões sociais e psicológicas essenciais como satisfação com a vida, participação social, entre outras de natureza subjetiva. Ele cita um estudo que revelou que nos países com renda *per capita* igual ou superior a US$ 15,000.00, o nível de satisfação responde muito pouco aos aumentos da renda, enquanto nos países com renda muito baixa um pequeno aumento da renda gera um aumento substancial no nível de satisfação[208]. Embora esse resultado fosse esperado, R$ 1.000,00 a mais para uma pessoa rica não faz diferença, mas faz muito para uma pobre, essa pesquisa sugere que a taxa de crescimento não deve ser a mesma para todos os países.

Decrescer crescendo é a proposta de José Eli da Veiga, conceituado economista brasileiro e um dos mais atuantes estudiosos do desenvolvimento sustentável. Sua proposta reconhece a necessidade de transitar para a condição estável antes do decrescimento. Assim, seria "muito melhor que o produto mundial aumente a uma taxa média de 2% – dobrando em 35 anos – do que de 7%, quintuplicando em 24 anos", porém com a condição de que essa taxa média resulte de taxas elevadas em mais de uma centena de países periféricos, leia-se pobres, subdesenvolvidos, e de taxas mais baixas em duas ou três dezenas de países centrais, leia-se ricos, desenvolvidos. Segundo suas palavras, "só isso poderá permitir compatibilidade entre a qualidade do crescimento econômico e a necessidade de conservação ecossistêmica, gerando algo mais parecido com a tão almejada sustentabilidade"[209]. A propósito, a meta 8.1 do ODS-8 vai ao encontro dessa proposta publicada em 2012, antes mesmo da

---

[208] Jackson, 2013, p. 49-56.
[209] Veiga, J.E., 2012, p. 10.

criação do OWG, a saber: "sustentar o crescimento econômico *per capita* de acordo com as circunstâncias nacionais e, em particular, um crescimento anual de pelo menos 7% do PIB nos países menos desenvolvidos"[210].

O ODS-8 estabelece metas para a promoção do trabalho decente, um conceito que a OIT vem trabalhando há muito tempo. Em 1999 ela decidiu que seu objetivo principal a partir de então seria promover oportunidades para que homens e mulheres obtenham trabalho decente e produtivo em condições de liberdade, equidade, segurança e dignidade humana. Trabalho decente é uma ideia que resume as aspirações das pessoas sobre suas vidas profissionais. Envolve questões como oportunidades de trabalho produtivo que proporcionem renda justa, segurança no local de trabalho, proteção para a família, perspectivas de desenvolvimento pessoal, integração social, liberdade para expressar preocupações e poder participar das decisões que afetem suas vidas, e igualdade de tratamento para homens e mulheres[211].

A expressão trabalho produtivo merece comentários pela variedade de interpretações, o que dificulta o entendimento do ODS-8. Para os economistas fisiocratas por viveram na Europa numa época predominantemente agrícola (séculos XXII e XVIII), trabalho produtivo era o trabalho agrícola e a terra a criadora de riqueza por excelência. Trabalho no comércio ou na indústria só fazia sentido em relação ao agrícola. Os economistas clássicos, já vivendo sob a influência da Revolução Industrial, cada um a seu modo, trouxeram novos entendimentos. Adam Smith (1723-1790), por exemplo, considerava dois tipos de trabalhos: o produtivo e o improdutivo, dependendo se acrescenta valor ou não, respectivamente, naquilo em que é aplicado. Exemplo do primeiro seria o trabalho realizado por um agricultor ou manufaturador; e do segundo, por um burocrata ou um empregado doméstico[212]. Para Karl Marx (1812-1883) trabalho produtivo é aquele que cria mais-valia, que é o valor do trabalho não pago pelo empregador ao trabalhador[213]. Esse debate incluiu outras categorias como trabalho manual e intelectual, para produzir bens necessários, supérfluos, de luxo, entre outras.

Do ponto de vista do desenvolvimento sustentável esse debate perdeu sentido diante do conceito de necessidade básica. Desse modo, trabalho produtivo é aquele que propicia ao trabalhador o atendimento das suas necessidades básicas e da sua

---

210 Agenda 2030, ODS-8, meta 8.1.
211 ILO, 1999.
212 Smith, volume I, 1988, p. 252.
213 Marx,.volume I, tomo II, p. 105.

família. Uma condição necessária é ser trabalho lícito, o que depende da legislação do país. Outra condição é que seja suficiente para o sustento do trabalhador e da sua família. Tendo como preocupação central as relações entre empregado e empregador, a OIT usa o conceito de emprego produtivo e o define como aquele que permite ao trabalhador e seus dependentes um nível de consumo acima da linha da pobreza[214]. Isso remete à questão da linha de pobreza comentada anteriormente. Apesar de existir uma linha de pobreza considerada globalmente, como a do Banco Mundial, cada país pode determinar a sua com base na composição dos bens e serviços que atendem às necessidades básicas.

Cidades e assentamentos humanos

Tornar as cidades e os assentamentos humanos inclusivos, seguros, resilientes e sustentáveis (ODS-11) vem sendo recomendado desde o início das conferências das Nações Unidas sobre desenvolvimento. Não seria possível falar sobre meio ambiente humano sem considerar o lugar dos humanos, os espaços construídos para sua morada e provimento da sua subsistência, notadamente as cidades. O Plano de Ação de Estocolmo aprovado na CNUMAH em 1972 fez várias recomendações sobre assentamentos humanos aos governantes e às entidades das Nações Unidas, inclusive ao secretário-geral. Em vista disso, em 1976, em Vancouver, Canadá, a Conferência das Nações Unidas sobre Assentamentos Humanos, denominada Habitat I, discutiu a urbanização incontrolada, o atraso rural e a imigração involuntária do campo para as cidades, o uso do solo e a escassez de moradias, entre outras questões.

Em 1976 a população mundial vivendo em cidades representavam 38% da população mundial, atualmente ultrapassa a metade, e para 2050 se prevê que seja em torno de 2/3. O crescimento urbano acelerado verificado naquela época, principalmente nos países não desenvolvidos tornara-se um dos principais problemas de política pública e um dos fatores mais importantes a influir na qualidade de vida dos humanos. As cidades apresentam dados impressionantes, ocupam apenas 2% do tamanho total da Terra, mas representam 70% do PNB, 60% de toda energia consumida e 70% da emissão de GEEs e dos resíduos globais[215].

Um resultado imediato da Conferência Habitat I foi a Declaração de Vancouver sobre Assentamentos Humanos, na qual coloca como primeiro e principal objetivo

---

[214] OIT [Disponível em https://www.ilo.org/wcmsp5/groups/public/—ed emp/documents/publication/wcms_565180.pdf].

[215] Cf. http://habitat3.org/the-new-urban-agenda – Acesso em 08/03/2019.

de qualquer política de assentamento a promoção da melhoria da qualidade de vida do ser humano e do atendimento às necessidades das populações carentes. A Declaração contém princípios gerais sobre os assentamentos humanos, um guia para as ações e um plano de ação com 64 recomendações sobre políticas nacionais sobre assentamentos, planejamento urbano, infraestrutura e serviços, uso do solo, participação popular, instituições, gestão, acordos financeiros[216]. A maioria dessas recomendações foi dirigida aos governantes para que exerçam uma atuação forte e decisiva nos processos de ordenamento dos assentamentos humanos sob suas jurisdições. Em atendimento a uma delas foi criado o Programa das Nações Unidas Para a Habitação, atualmente ONU Habitat (UN *Habitat*), sediado em Nairóbi, Quênia, junto com o PNUD, atual ONU Meio Ambiental (UN *Environment*).

As conferências sobre esse tema seriam repetidas a cada 20 anos, a segunda (Habitat II) teve lugar em Istambul, Turquia, em 1996 e a terceira (Habitat III) em Quito, Equador, em 2016. Na década de 1970 havia certa ideia de que era preciso deter o crescimento urbano, palavras de ordem do tipo "é preciso fixar o homem no campo" eram comuns e apoiadas por amplos setores da sociedade civil. Contribuía para isso o fato de as cidades dependerem de grandes áreas externas para obter energia, alimentos, água, materiais de construção e outros, sendo inclusive consideradas parasitas das áreas rurais, como afirmava, entre outros, Eugene Odum, renomado cientista que influenciou gerações de ecólogos e ambientalistas em todo o mundo[217]. Esse apelo perdeu força ao longo do tempo e as cidades passaram a ser vistas como o lugar dos seres humanos, o seu *habitat*, o que fez com que as propostas evoluíssem para o conceito de cidades sustentáveis.

A Conferência de Istambul tratou de dois temas considerados de igual importância global: (1) moradias adequadas para todos e (2) desenvolvimento de assentamentos humanos sustentáveis em um mundo em urbanização. O primeiro tema concerne à enorme quantidade de pessoas sem abrigo adequado, principalmente nos países não desenvolvidos, o que levou a estabelecer o objetivo de alcançar abrigo adequado a todos, especialmente aos pobres urbanos e rurais. O segundo tema combina desenvolvimento social, econômico, proteção ambiental e respeito aos direitos humanos, inclusive o direito ao desenvolvimento. O Plano de Ação do Habitat II reconhece que os problemas dos assentamentos humanos são multidimensionais e

---

216 Habitat I, 1976.
217 Odum, E; 1988, p. 50.

globais, ou seja, de toda comunidade internacional e que a erradicação da pobreza é essencial para que eles sejam sustentáveis[218].

A Conferência de Quito, por ter sido realizada um ano depois do lançamento dos ODSs, colocou-se como um instrumento para alcançar o ODS-11, citado várias vezes na Nova Agenda Urbana (NAU), aprovada nessa Conferência para vigorar até 2036. Não há uma definição do que seria cidade sustentável na NAU, o que parece sensato, pela dificuldade de obter um enunciado breve diante de muitas questões envolvidas. As definições existentes em geral usam a mesma estrutura da definição da CMMAD, citada no segundo capítulo, trocando "desenvolvimento" por "cidade", tudo mais permanecendo igual, o que não melhora o seu entendimento. A NAU "imagina" que uma cidade sustentável é a que:

> a) Cumpre suas funções sociais, entre elas a função social e ecológica da terra, a fim de alcançar progressivamente a realização plena do direito à moradia adequada como elemento integrante do direito a um nível de vida adequado, sem discriminação, com acesso universal e acessível à água potável e ao saneamento, assim como de todos os bens públicos e serviços de qualidade em áreas como segurança alimentar, nutrição, saúde, educação, infraestrutura, mobilidade, transporte, energia, qualidade do ar e outros meios de subsistência.
> b) Promove a participação e a colaboração cívica, gera um sentimento de pertencimento entre os seu habitantes, prioriza a criação de espaços públicos seguros, inclusivos, acessíveis, verdes e de qualidade para que as famílias possam ampliar a interação social e intergeracional, as expressões culturais e a participação política e reconhece as necessidades das pessoas em situação de vulnerabilidade.
> c) Alcança a igualdade de gênero e o empoderamento de todas as mulheres e meninas, assegurando às mulheres a participação plena e efetiva e a igualdade de direito em todas as instâncias e posições de liderança em todos os níveis de decisão, garantindo-lhes acesso a trabalho decente, o princípio da remuneração igual para trabalho igual e a eliminação de todas as formas de discriminação, violência, assédio em espaços públicos e privados.
> d) Enfrenta os desafios e aproveita as oportunidades presentes e futuras de crescimento econômico sustentável, usa a urbanização para transformação estrutural de alta produtividade, alto valor adicionado e eficiente no uso de recursos, aproveita as economias locais e considera as contribuições da economia informal e a apoia na sua transição para a formalidade.

---

218 Habitat II, 1996.

e) Cumpre funções territoriais para além de seus limites administrativos e atua como centro e impulsionador do desenvolvimento urbano e territorial equilibrado, sustentável e integrado em todos os níveis.

f) Promove o planejamento e investimento sensível às questões de idade e gênero para uma mobilidade urbana sustentável, segura e acessível a todos, bem como sistemas de transporte de passageiro e carga eficiente no uso de recursos e que conecte eficientemente pessoas, locais, serviços e oportunidades econômicas.

g) Adota e implementa a redução e a gestão de riscos de desastres, reduz a vulnerabilidade, aumenta a resiliência e a capacidade de resposta aos perigos, tanto os naturais quanto os produzidos pelos humanos, promove a adaptação e a mitigação à mudança do clima.

h) Protege, conserva, restaura e promove seus ecossistemas, suas águas, seus *habitats* naturais e a diversidade biológica, minimiza seus impactos ambientais e muda para um padrão de produção e consumo sustentável[219].

A cidade imaginada na NAU resulta do alcance de metas de vários ODSs. Exemplos: o acesso universal à água e ao saneamento básico mencionado na letra (a) é uma meta do ODS-6; a igualdade de gênero (ODS-5) está contemplada na letra (c); mudar o padrão de produção e consumo insustentável para outro mais sustentável ou orientado para a sustentabilidade (letra h) é o que visa o ODS-12; adaptação e mitigação à mudança climática (letra g) é assunto do ODS-13. Outras condições idealizadas acima são metas do ODS-11, como acesso universal aos espaços públicos seguros, inclusivos, acessíveis e verdes, particularmente para mulheres, crianças, pessoas idosas e pessoas deficientes (meta 11-7). A NAU contempla mais questões e em maior detalhe do que os ODSs, o que permite dizer que se trata de um aperfeiçoamento realizado pela comunidade de especialistas e interessados nesse tema. A propósito, a Conferência de Quito de 2016 contou com mais de 36 mil participantes de 167 países.

O Brasil participou ativamente desde as reuniões preparatórias. Uma das áreas em que se destacou concerne ao conceito de direito à cidade, tema tratado no documento político 1 (*policy paper* 1) com o título de "direito à cidade e cidade para todos", em inglês. Muitas condições imaginadas pela NAU, acima mencionadas, constam do *policy paper* como componentes do direito à cidade e do conceito de cidadania, como o que estabelece que todos os habitantes de uma cidade, permanentes ou transitórios, sejam considerados cidadãos de direitos iguais, ou de con-

---

[219] Habitat III, 2016a.

siderar a participação dos cidadãos na definição, implementação, monitoramento e orçamentação das políticas urbanas[220].

No Brasil, o direito à cidade tem seu fundamento na Constituição Federal de 1988, artigos 182 e 183 que tratam da política urbana, e no Estatuto da Cidade instituído pela Lei 10.257 de 10/07/2001. Portanto, esse direito já existia muitos anos antes do Habitat III, o que explica o protagonismo do Brasil nesse assunto. Conforme essa lei, a garantia do direito à cidade sustentável é uma das diretrizes da política urbana que tem por objetivo ordenar o pleno desenvolvimento das funções sociais da cidade e da propriedade urbana. Direito à cidade é o direito à terra urbana, à moradia, ao saneamento ambiental, à infraestrutura urbana, ao transporte e aos serviços públicos, ao trabalho e ao lazer, para as gerações presentes e futuras. Esse direito se efetiva pela gestão democrática da cidade mediante a participação da população e de associações representativas dos vários segmentos da comunidade na formulação, execução e acompanhamento de planos, programas e projetos de desenvolvimento urbano, bem como de órgãos consultivos como conselhos da cidade[221].

Economia circular

O ODS 12 visa assegurar padrões de produção e consumo sustentável e sua primeira meta é implantar o Plano Decenal de Programas sobre Produção e Consumo Sustentáveis (10YFP), adotado em 2012 durante a Conferência Rio+20[222]. Esse Plano também é objeto da meta 8.4 do ODS-8. Sua presença nesses dois objetivos se deve ao fato de que as práticas de produção e consumo sustentáveis pertencem tanto à dimensão econômica quanto à ambiental. Esses objetivos buscam aumentar a ecoeficiência e alcançar os dois desacoplamentos comentados anteriormente. Os principais objetivos deste Plano são os seguintes:

> • Apoiar as iniciativas e as políticas nacionais e regionais para acelerar as mudanças em direção à produção e consumo sustentáveis, contribuindo para aumentar a eficiência dos recursos e desacoplar o crescimento econômico da degradação ambiental e do uso de recursos, criar trabalho decente e oportunidades econômicas, bem como contribuir para erradicar a pobreza e compartilhar a prosperidade.

---

220 Habitat III, 2016b
221 BRASIL. Lei 10.257, de 10/07/2001.
222 United Nations, A/CONF.216/5, 2012.

- Incluir a produção e consumo sustentáveis nas políticas, programas e estratégias de desenvolvimento sustentável, quando apropriadas, inclusive nas estratégias para a redução da pobreza.
- Apoiar a capacitação e facilitar o acesso à assistência financeira e técnica para os países em desenvolvimento, apoiando a implementação de atividades de produção e consumo sustentáveis nos níveis regional, sub-regional e nacional.
- Servir como plataforma de informação e conhecimento sobre produção e consumo sustentável para que todas as partes interessadas possam compartilhar instrumentos, iniciativas e melhores práticas, aumentando a conscientização, aprimorando a cooperação e o desenvolvimento de novas parcerias[223].

O 10YFP propôs os seguintes programas: (1) compras públicas sustentáveis; (2) informação ao consumidor; (3) turismo sustentável, inclusive ecoturismo; (4) educação e estilo de vida sustentáveis; (5) edificações e construções sustentáveis; e (6) sistemas alimentares sustentáveis. Esses programas já vinham sendo elaborados e testados desde a fase do Processo de Marrakesh, comentado no quarto capítulo. As metas do ODS-12 decorrem desse Programa-Quadro, por exemplo:

- Alcançar até 2030 a gestão sustentável e o uso eficiente de recursos (meta 12-2).
- Reduzir até 2030 pela metade o desperdício de alimentos *per capita* mundial no varejo e no consumo e ao longo das cadeias de produção e abastecimento, incluindo perdas pós-colheitas (meta 12.3).
- Alcançar até 2020 o manejo sustentável dos produtos químicos e de todos os resíduos, ao longo dos seus ciclos de vida, reduzindo significativamente a liberação desses resíduos no ar, água e solo a fim de minimizar os impactos negativos sobre a saúde e o meio ambiente (meta 12-4).
- Reduzir substancialmente até 2030 a geração de resíduos por meio da prevenção, redução, reciclagem e reúso (meta 12-5).
- Promoção de compras sustentáveis (meta 12-7).
- Garantir que todas as pessoas, em todos os lugares, tenham informação relevante e conscientização sobre o desenvolvimento sustentável e estilos de vida em harmonia com a natureza (meta a 12-8)[224].

Note as menções sobre *ciclo de vida* e *cadeia de produção*, ou cadeia de suprimento, como é mais usado no ambiente empresarial. São duas noções centrais dos processos de produção e consumo sustentáveis. Os sistemas produtivos podem melhorar sua contribuição para o desenvolvimento sustentável adotando o conceito

---

[223] UNEP, 2013.
[224] 10YFP, 14.

de ciclo de vida do produto. Este ciclo é composto pelos estágios sequenciais da produção de um produto (bem ou serviço), desde a aquisição da matéria-prima, ou de sua extração a partir de recursos naturais, até a disposição final, passando pela fabricação, distribuição, transporte, armazenamento, uso, reúso, reciclagem e outras formas de reaproveitamento. Diferentemente dos ciclos naturais que recuperam integralmente os materiais envolvidos, os sistemas produtivos humanos sempre apresentam perdas. O objetivo dos programas de produção e consumo é tentar fechar o ciclo eliminando o máximo possível de perdas, o que significa reduzir ao máximo o uso de recursos, uma ideia que evoluiu para o conceito de economia circular.

De um modo geral, toda economia é circular, os livros-textos sobre introdução à Economia costumam apresentá-la como um modelo de fluxo circular da renda entre as famílias e as empresas: aquelas como proprietárias dos fatores de produção e compradoras de bens e serviços; e estas, como produtoras dos bens e serviços e compradoras dos fatores de produção. No contexto do desenvolvimento sustentável e erradicação da pobreza, a economia circular fundamenta-se nos conceitos de ciclo de vida dos produtos na perspectiva do berço ao túmulo, pela qual todas as possibilidades de recuperação de materiais são experimentadas, o que reduz a quantidade de recursos extraídos do meio ambiente. O seu contraponto é a economia convencional baseada na sequência: obter matérias-primas, produzir, consumir e despejar resíduos no ambiente, o que amplia a insustentabilidade ambiental. Como diz uma diretiva europeia sobre esse tema, a fim de tornar a economia verdadeiramente circular, é necessário tomar medidas adicionais em matéria de produção e consumo sustentáveis centradas em todo o ciclo de vida dos produtos, de modo a preservar os recursos e fechar o ciclo[225].

Há muitas definições de economia circular, uma das mais simples é a seguinte: "uma economia industrial intencionalmente restauradora ou regeneradora"[226]. Uma mais completa diz o seguinte: "um sistema de produção regenerador pelo qual os insumos, resíduos, emissões e perdas de energia são minimizados pela desaceleração, fechamento e estreitamento dos ciclos de material e energia, e que pode ser obtido por meio de projetos duráveis, manutenção, reparo, reúso, remanufatura, recondicionamento e reciclagem"[227]. Em suma, "a economia circular é um "tópico

---

[225] Parlamento europeu e Conselho da União Europeia. Diretiva 2018/851.
[226] Ellen MacArthur Foundation. McKinsey, 2015, p. 7. Tradução nossa.
[227] Geissdoerfer et al., 2017. Tradução nossa.

que evoluiu rapidamente como uma possibilidade de reconciliar preservação e crescimento econômico"[228].

A Figura 5.3 esquematiza a economia circular por meio de atividades associadas às fases do ciclo de vida do produto. O fluxo de recursos materiais é impulsionado por energia renovável de fontes externas para formar um circuito fechado (*closed-loop*) a fim de reduzir a necessidade de extração de materiais do meio ambiente físico e biológico (fase 1). A redução da quantidade de materiais para atender a demanda por bens e serviços ocorre tanto pela minimização dos desperdícios nos processos de manufatura (fase 3), distribuição e vendas (fase 4), consumo e uso (fase 5), quanto pelas entradas de materiais já usados no circuito (fases 7, 8 e 9). A fase 5 oferece oportunidades para reduzir a quantidade de materiais pelo uso cuidadoso dos produtos e, em certos casos, pelo uso compartilhado, uma prática que reduz a quantidade de produtos produzidos sem deixar de atender as necessidades dos consumidores ou usuários. A reciclagem e recuperação (fase 7) e os insumos circulares (fase 9) introduzem no sistema produtivo materiais que serviram a mais de um ciclo de vida porque foram coletados e regenerados (fase 6). Por remanufatura (fase 8) entende-se todo tipo de reparo e reforma que aumente a via útil dos produtos de uso durável e dos ativos produtivos, inclusive realizando atualizações tecnológicas, como a prática do *retrofit* em máquinas e edifícios. A questão central desse esquema está na fase de *design* ou do projeto do produto e de seu processo de produção (fase 2), pois eles precisam ser intencionalmente projetados para fechar o ciclo no que for possível[229].

A circularidade no âmbito da economia não é coisa fácil, pois o modo típico de produção e consumo de produtos implica certa linearidade. A Figura 5.3 refere-se ao ciclo físico do produto sem considerar as pessoas e organizações envolvidas em cada fase e entre elas, como as atividades de transporte, armazenagem, expedição. Ao considerá-los, o ciclo de vida se transforma em uma cadeia de suprimento formada por um conjunto de empreendimentos produtivos que segue o esquema ditado pelo processo de produção, no qual os materiais adquiridos de fornecedores passam por diversas operações até o produto ficar pronto e colocado à disposição dos consumidores e usuários pela rede de distribuição e venda. A gestão da cadeia de

---

228 Silva, F.C. et al., 2018. Tradução nossa.
229 Kalmykova; Sadagopan & Rosado, 2018, p. 191

Figura 5.3 Fluxo de recursos através da economia circular

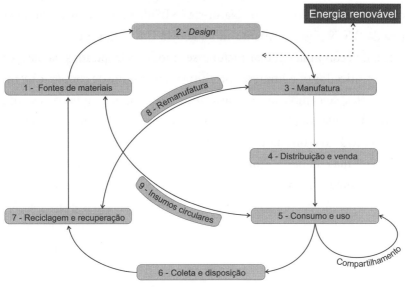

Fonte: Kalmykova; Sadagopan & Rosado, 2018, p. 193.

suprimento convencional privilegia esse fluxo linear por ser o que mais agrega valor ao produto e gera maior receita, considera secundários os fluxos de materiais usados e recuperados nas fases de produção e fora das suas responsabilidades os de materiais pós-consumo. A coleta dos materiais pós-uso e consumo (fase 6) para recuperá-los (fase 7), via de regra, é feita fora das cadeias de suprimento dos produtos, mesmo quando geridas com valores do desenvolvimento sustentável, as denominadas cadeias de suprimento sustentáveis. Sem essas últimas fases, o ciclo físico não fecha, embora o fechamento total (100% de aproveitamento) seja uma impossibilidade física pelo fato de que sempre haverá alguma perda ao longo do caminho.

Ao longo do tempo surgiram muitas cadeias de suprimento que introduziram práticas administrativas e operacionais sustentáveis, tais como: desenvolvimento de produtos ambientalmente amigáveis, redução da massa das embalagens, seleção de fornecedores com certificações em sistemas de gestão ambiental, de saúde e segurança do trabalho, de responsabilidade social, entre outras, uso de energia renovável, logística reversa a partir dos pontos de consumo. Também foram criados vários modelos de gestão ambiental que procuram imitar a natureza no sentido de deixar o mínimo de restos sem serventia, dos quais os mais conhecidos são ecologia industrial, simbiose industrial, metabolismo industrial, todos enfatizando a necessidade de valorizar os resíduos para torná-los insumos de outros processos produtivos. Também surgiram propostas para usar a natureza como fonte de inspiração e modelos para os artefatos humanos como o conceito de Solução Baseada na Natureza (NBS de *nature-based solutions*), uma iniciativa da IUCN posteriormente adotada pela União Europeia.

A ideia de economia circular inclui esses modelos inspirados na natureza que podem ser praticados por empresas produtivas em regime de cooperação, mas não se resume a eles, sua ambição é alcançar toda a economia, o que coloca em destaque o papel do poder público. Em termos mais amplos, economia circular baseada no ciclo do produto é um modelo de desenvolvimento sustentável. Com efeito, o governo da China entende a economia circular como uma estratégia de desenvolvimento sustentável, formulada no nível mais elevado da sua estrutura política, relacionada à exploração e uso eficiente de recursos materiais e energia. A China foi pioneira nesse campo ao iniciar essa estratégia no início dos anos de 2000. A União Europeia já vinha implantando a economia circular desde a década de 1990, sem usar essa denominação, fato que somente ocorreu muitos anos depois quando já havia uma longa lista de diretivas e regulamentos do Parlamento e do Conselho Europeu adotados com êxito, desde a década de 1970, sobre resíduos, embalagens, fim de vida de produtos, redução de toxicidade em materiais, transferências de resíduos, informação aos consumidores, responsabilidade alargada dos produtores e comerciantes, incentivos econômicos (Anexo 5-A). Com a Agenda 2030, as políticas públicas sobre economia circular tenderão a se disseminar. Com efeito, a União Europeia estabeleceu um plano de ação para fechar o ciclo até 2030, no qual consta, por exemplo, a meta de eliminar completamente as embalagens descartáveis até 2030, bem como de reciclar no mínimo 55% de todo plástico usado.

O Brasil dispõe de legislação aplicável a diversos aspectos da gestão de resíduos de acordo com o conceito do ciclo de vida, de modo que a economia circular pode ser implementada por acréscimos e consolidações à moda da União Europeia (Anexo 5-B). A Política Nacional de Resíduos Sólidos (Lei 12.305/2010) instituiu a gestão integrada dos resíduos, envolvendo todos os entes da Federação e os geradores de resíduos, e a responsabilidade compartilhada pelo ciclo de vida; reconhece que o resíduo sólido reutilizável e reciclável é um bem econômico e de valor social, gerador de trabalho e renda e promotor de cidadania; e promove a inclusão dos catadores de materiais recicláveis. Essa lei baseia-se na abordagem preventiva para evitar a geração de resíduos e na gestão do ciclo de vida, a fim de recuperar os materiais usados para reusar, reciclar e, quando não for possível, dispô-los adequadamente.

A economia circular não está presente apenas no ODS 12, há metas de outros ODSs que contemplam questões que lhes são pertinentes, como a já mencionada meta 8.4 que visa melhorar progressivamente a eficiência dos recursos globais até 2030 no consumo e na produção. Essa meta faz menção explícita ao desacoplamento dos recursos, mencionado no segundo capítulo, uma questão central em todos os programas do 10YFP. O uso eficiente de água e energia, dois componentes essenciais dos processos de produção e consumo, são contemplados em metas do ODS-6 (água e saneamento) e do ODS-7 (energia). A meta 7.3 almeja dobrar a taxa global de melhorias da eficiência energética até 2030; a meta 7.a, facilitar o acesso à pesquisa em tecnologias limpas, incluindo energias renováveis; a meta 7.b, expandir a infraestrutura para o fornecimento de serviços de energia modernos e sustentáveis nos países em desenvolvimento. Várias metas do ODS-6 buscam melhorar a qualidade da água reduzindo a poluição hídrica (meta 6.3); aumentar significativamente a eficiência do uso da água (meta 6.4); implantar a gestão integrada dos recursos hídricos em todos os níveis (6.5); proteger e restaurar ecossistemas relacionados à água (meta 6.6).

O ODS 9 que trata da construção de infraestruturas resilientes, da industrialização inclusiva e sustentável e da inovação contempla metas associadas à economia circular. É o caso da meta 9.4 que visa modernizar a infraestrutura e reabilitar as indústrias para torná-las sustentáveis, com aumento da eficiência no uso de recursos e maior adoção de tecnologias e processos industriais limpos e ambientalmente adequados. Essa meta é complementada pela meta 9.5 voltada para fortalecer a pesquisa científica e melhorar a capacidade tecnológica de setores industriais de todos os países, incentivando a inovação e aumentando os gastos públicos e privados em P&D, bem como o número de pessoas engajadas nessas atividades.

O ODS 11 também vai ao encontro da economia circular pela via das consequências, ou seja, a meta 11.6 visa reduzir até 2030 o impacto ambiental negativo *per capita* das cidades, inclusive em termos de qualidade do ar e da gestão de resíduos municipais. O atingimento dessa meta depende em grande parte de inovações voltadas para o fechamento do ciclo ilustrado pela Figura 5.3. Quanto mais produtos projetados para essa finalidade, menor a quantidade de resíduos industriais, como poluentes do ar, da água e do solo, e de resíduos domésticos pós-consumo a serem coletados e dispostos em aterros.

As metas de implementação do ODS-11 contribuem para a economia circular ao agir sobre questões macrossociais, como a busca de sinergia entre as áreas urbanas, periurbanas e rurais, por meio de planejamento nacional e regional de desenvolvimento (meta 11.a), e o apoio aos países menos desenvolvidos, inclusive por meio de assistência técnica e financeira para as construções sustentáveis, utilizando materiais locais (meta 11.c), o que reduz o consumo de energia no transporte de materiais, ao mesmo tempo em que melhora as contas externas pela redução das importações de materiais.

Turismo sustentável

A indústria do turismo é uma das mais importantes em termos mundiais. A Organização Mundial do Turismo (WTO) contabiliza cerca de 1,3 bilhão de turistas em 2017, um número que cresce 4% ao ano. Mas esse crescimento tem tido um preço alto para os países e locais hospedeiros. Como diz um documento da WTO, apesar dos aspectos positivos do crescimento do turismo, existem riscos substanciais de degradação dos ativos socioculturais, econômicos e ambientais dos locais de destinos turísticos no mundo todo. O turismo tem contribuído para a depleção de recursos naturais, escassez de água, perda de biodiversidade, degradação do solo e poluição, entre outros impactos negativos. O turismo gera cerca de 5% do total mundial de emissões de CO_2, uma contribuição significativa ao aquecimento global. Mais ainda, muitos destinos turísticos têm sido afetados negativamente por choques culturais, superexploração, crimes e violações de direitos humanos. O turismo também tem sido responsável pelo aumento dos preços, desequilíbrio econômico e vazamento de divisas nos países de destino[230].

Todos esses problemas decorrem de modos de produção e consumo insustentáveis e como tal foram considerados como um dos programas do 10YPF, comentado anteriormente. A WTO, agência do sistema das Nações Unidas, define turismo sustentável como aquele "que leva em conta plenamente os impactos econômicos, sociais e ambientais atuais e futuros, a fim de atender às necessidades dos visitantes, da indústria, do meio ambiente e das comunidades receptoras"[231]. O turismo sustentável conforme definido acima é aplicável a qualquer modalidade de turismo, tais como turismo de lazer, de negócio, étnico, religioso, de aventura. Segundo a WTO, o turismo sustentável deveria:

        1) Otimizar o uso de recursos ambientais que constituem os elementos-chave no desenvolvimento do turismo, mantendo os processos

---

230 WTO, 2014.

231 WTO [Disponível em: http://sdt.unwto.org/content/about-us-5].

ecológicos essenciais e ajudar a conservar o patrimônio natural e a biodiversidade.
2) Respeitar a autenticidade sociocultural das comunidades receptoras, conservar o patrimônio cultural e os valores tradicionais, e contribuir para a compreensão e tolerância interculturais.
3) Assegurar operações econômicas viáveis de longo prazo, provendo benefícios socioeconômicos para todas as partes interessadas distribuídas de forma justa, incluindo oportunidades estáveis de emprego e renda, bem como serviços sociais para a comunidade receptora, contribuindo dessa forma para reduzir a pobreza[232].

As metas do ODS 12 são aplicáveis ao turismo no sentido de reduzir ou neutralizar o seu potencial de degradação em termos sociocultural, econômico e ambiental. Além dessas, a meta 8.9 trata especificamente do turismo sustentável como política pública alinhada à geração de empregos, renda e promoção da cultura e dos produtos locais.

Turismo sustentável não se confunde com ecoturismo, uma modalidade de turismo voltada para áreas naturais. A IUNC define ecoturismo como "viagem e visitação ambientalmente responsáveis a áreas naturais relativamente preservadas, para desfrutar e apreciar a natureza que promovam a conservação dessas áreas, que sejam de baixo impacto e proporcionem às populações locais um envolvimento socioeconômico benéfico e ativo"[233]. O turismo de massa não é propriamente uma modalidade de turismo, mas um turismo de qualquer modalidade que alcance números expressivos de visitantes em um destino turístico. Os malefícios citados acima são em geral atribuídos ao turismo de massa. Por isso, este tipo de turismo também é considerado nos programas do 10YFP e das metas dos ODS comentados nessa seção.

Mudança do clima

O ODS-13 visa acelerar as medidas para combater a mudança climática e seus impactos, reconhecendo que a UNFCCC é o fórum internacional primário para negociar a responsabilidade global à mudança climática. Apesar de representar um enorme avanço em relação aos ODMs, uma vez que estes não contemplavam metas sobre mudança climática, o ODS-13 é pouco ambicioso, não apresenta metas finalísticas quantitativas para serem alcançadas em 2030, o que destoa das metas

---

232 Ibid.
233 IUCN [Disponível em http://www.ecogo.org/tag/iucn-ecotourism-definition/].

dos demais ODSs. Aliás, as metas que pela numeração seriam finalísticas, apresentam expressões típicas das metas de implementação, a saber: reforçar a resiliência (cf. Quadro 5.2) e a capacidade de adaptação a riscos relacionados ao clima (meta 13-1); integrar medidas da mudança do clima nas políticas, estratégias e planejamento nacionais (meta 13-2); melhorar a educação, aumentar a conscientização e capacidade humana e institucional sobre mitigação, adaptação, redução de impacto e alerta precoce da mudança do clima (meta 13-3).

Quadro 5.2 Resiliência e outros conceitos relacionados

> Resiliência é uma das palavras mais importantes do vocabulário conceitual do desenvolvimento sustentável. A sua origem latina, o verbo *resilio, resilius* (saltar para trás, voltar, recolher)[234], não mais esclarece o seu significado. Um dos usos correntes da palavra está relacionado às propriedades de um material, assim como densidade, dureza, flexibilidade, resistência, ductilidade. Na área de engenharia de material, uma definição simples, mas nem por isso menos precisa, é a seguinte: "capacidade de sofrer deflexão sem danos"[235]. No campo da Ecologia seu entendimento refere-se à estabilidade dos ecossistemas. Odum distingue dois tipos de estabilidade: estabilidade de resistência, que é capacidade do ecossistema de manter-se estável diante de distúrbios ou perturbações, ou seja, de manter suas funções e estruturas intactas diante de perturbações; e estabilidade de elasticidade, a capacidade de se recuperar rapidamente após uma perturbação[236]. Essas duas formas de estabilidade são, respectivamente, resistência e resiliência para outros autores: uma comunidade resistente diante de distúrbios sofre mudanças relativamente pequenas em suas estruturas; uma resiliente, retorna rapidamente à situação anterior após ter sido impactada pelo distúrbio[237].
>
> O'Riordan, um importante especialista em educação ambiental no contexto do desenvolvimento sustentável, define resiliência como a capacidade do ecossistema de resistir a mudanças ou de se restaurar e se recompor após sofrer algum estresse externo. Fragilidade é o grau de mudança associada ao estresse induzido pelos humanos, e vulnerabilidade a medida da exposição forçada a um estresse crítico, combinado com uma capacidade restrita para enfrentá-lo. A chave para o entendimento desses conceitos é a noção conjunta da capacidade do ecossistema de recuperar-se por si mesmo ou pela intervenção humana com base no aprendizado social. A transposição de conceitos das ciências ecológicas para as sociais é controvertida[238]. Mas isso não impediu que

---

234 Torrinha, 1945.
235 Ashby & Johnson, 2011, p 86.
236 Odum, 1988, p 29.
237 Townsend; Begon & Harper, 2010, p. 35.
238 O'Riordan 2000, p. 165.

tal transposição fosse feita com muita propriedade. Contribuíram para isso diversos pesquisadores e diversas organizações como a *Stockholm Resilience Centre* (ERC) e a *Resilienc Alliance*. A ERC define resiliência social como a capacidade das comunidades humanas de resistir e se recuperar de estresses, como mudanças ambientais ou convulsões sociais, econômicas ou políticas[239].

A integração de sistemas sociais e naturais formam sistemas socioecológicos, aqueles em que as sociedades humanas e os sistemas naturais interagem de modo interdependente por meio de retroalimentações recíprocas. Ou como define a *Resilience Alliance*, sistemas nos quais os humanos são partes da natureza[240]. O ERC define resiliência socioecológica como a capacidade desses sistemas de se adaptar ou se transformar diante de mudanças para continuar sustentando o bem-estar humano[241]. A atitude dos humanos diante de mudanças é uma chave para entender o conceito de resiliência no contexto do desenvolvimento sustentável, pois os ambientes sociais e naturais estão constantemente mudando seja por fenômenos naturais, seja por interferência humana, seja por ambas. Com o intuito de popularizar o conceito, o ERC define resiliência de um modo muito simples: "capacidade de lidar com a mudança e continuar a se desenvolver"[242].

A Conferência das Partes da UNFCCC realizada em 2015 (COP 21), poucos meses depois do lançamento dos ODS, aprovou o Acordo de Paris visando reforçar a sua implementação e fortalecer a resposta global à ameaça das mudanças climáticas, no contexto do desenvolvimento sustentável e da erradicação da pobreza. Esse Acordo incluiu os seguintes objetivos:

 a) manter o aumento da temperatura média mundial bem abaixo de 2°C em relação aos níveis pré-industriais e empreender esforços para limitar esse aumento a 1,5°C, reconhecendo que isso reduziria consideravelmente os riscos e os impactos climáticos;

 b) aumentar a capacidade de adaptar-se aos impactos adversos das mudanças climáticas e fomentar a resiliência ao clima e o desenvolvimento de baixas emissões de gases de efeito estufa, de uma forma que não ameace a produção de alimentos; e

 c) promover fluxos financeiros consistentes com um caminho de baixas emissões de gases de efeito estufa e de desenvolvimento resiliente ao clima[243].

---

239 ECR [Disponível em https://www.stockholmresilience.org/research/resilience-dictionary.html].
240 *Resilience Alliance* [Disponível em https://www.resalliance.org/key-concepts].
241 Folke et al., 2016.
242 ECR; cf. nota 238.
243 UNFCCC, 2015, anexo 1, artigo 2°.

No documento "O Futuro Que Queremos", os limites de temperatura estabelecidos no objetivo (a), mencionados acima, foram considerados passíveis de serem atingidos em virtude das promessas de redução de emissões globais anuais de GEEs até 2020 firmadas pelos países-membros das Nações Unidas. Esse documento exorta os países à operacionalização imediata do Fundo do Clima Verde (GCF, de *Green Climate Fund*) para que a reposição de recursos financeiros seja adequada e rápida a fim de cumprir sua missão[244]. As partes da UNFCCC, durante a COP-16 realizada em 2010 em Cancun (México), decidiram pela criação do Fundo como a entidade encarregada dos mecanismos financeiros da UNFCCC que estava previsto em seu texto desde 1992. A demora em criar esse Fundo é mais um exemplo de dificuldade para enfrentar a mudança do clima e seus efeitos em nível global.

O GCF é um fundo global que atua como mecanismo financeiro da UNFCCC para apoiar os países em desenvolvimento a cumprir os objetivos dessa Convenção, do Acordo de Paris e da Agenda 2030 em relação ao ODS 13. É o único mecanismo financeiro da UNFCCC. Foi criado em 2010 como resultado da COP 16, mas seu início efetivo somente ocorreu em 2014 com um montante de cerca de US$ 10 bilhões, uma quantia muito inferior à da meta 13.a. O CCF provê recursos para projetos sobre adaptação e mitigação em países em desenvolvimento, principalmente países menos desenvolvidos, pequenos estados insulares em desenvolvimento e países africanos. Sua sede está localizada em Songdo na Coreia do Sul. O GCF provê auxílio financeiro na forma de doações, empréstimos, participação no capital ou garantias.

A meta 13.a veio a propósito dos recursos financeiros, pois ela visa efetivar o compromisso assumido pelos países desenvolvidos, partes da UNFCCC, para a mobilização conjunta de US$ 100 bilhões por ano até 2020, visando as necessidades dos países em desenvolvimento, no contexto de ações significativas de mitigação e transparência na implementação; e operacionalizar plenamente o GCF, por meio de sua capitalização, o mais cedo possível. A integralização da quantia anual citada, que já havia sido estabelecida na COP 16, certamente será a meta mais difícil de ser alcançada, pois a generosidade dos países a respeito de fundos globais praticamente desaparece nos períodos de crise econômica, e crises é que não faltam no horizonte da Agenda 2030. Acrescente as contestações dos grupos e governos negacionistas, como os governos de Donald Trump nos Estados Unidos que abandonou o Acordo de Paris e de Jair Bolsonaro, que já ameaçou sair várias vezes.

---

[244] Futuro que queremos, parágrafo 191.

Oceanos e mares

O ODS-14 trata dos oceanos, mares, zonas costeiras e recursos marinhos, conjuntamente denominados aqui de áreas marítimas. Essas áreas cobrem cerca de ¾ da superfície da Terra e abrigam em seu entorno a maior parte da população humana e, consequentemente, a maior concentração de ativos produtivos como lojas, fábricas, armazéns, centros de distribuição, terminais portuários, aeroportos, ferrovias, marinas. A maior parte do comércio internacional passa por elas. Essa enorme concentração de pessoas e atividades produtivas espalhadas pelo planeta geram incontáveis impactos ambientais como lançamento de esgotos domésticos e efluentes industriais, efluentes de embarcações, acidentes náuticos, pesca predatória, acidentes em plataformas petrolíferas, turismo de massa em zonas praieiras, destruição de *habitats*. Mesmo as pessoas e atividades fora dessas áreas contribuem com a sua degradação pela poluição transportada pelos rios que nelas deságuam.

Contendo quase 95% de toda água do planeta, os oceanos e mares desempenham um importante papel no sistema climático como reguladores do clima. Produzem mais oxigênio do que as florestas somadas e funcionam como sumidouros de calor produzido no planeta. A absorção de CO_2 gerado pelos humanos desde o início da era industrial vem provocando a sua acidificação. Acidificação é um processo de diminuição do pH de uma solução. O Ph é uma medida da concentração de íons de hidrogênio [H⁺] de uma solução, de acordo com a equação $pH = -\log[H^+]$. O pH varia de 0 a 14 em uma escala logarítmica: pH maior que 7,0 indica meio alcalino; menor que 7, meio ácido. As águas dos mares e oceanos são naturalmente alcalinas, apresentam pH em torno de 7,5 a 8,5, conforme o local.

Os seres vivos marinhos estão adaptados a esse meio, de modo que a redução da alcalinidade, ou aumento da acidez, os coloca em risco. Não só estes, os componentes abióticos naturais que compõem o relevo do entorno e as infraestruturas que se encontram nesse meio também são afetados. Dados do IPCC mostram que o pH das águas superficiais dos oceanos sofreu uma redução de 0,1 desde o início da era industrial. Parece pouco, mas não é, pois esse aumento se dá em escala logarítmica de base 10, de modo que a variação do pH de um ponto a outro subsequente na escala (p. ex.: de 7 para 8) é um múltiplo de 10. Com efeito, essa redução corresponde a um aumento de 26% da acidez medida em concentração de íons de hidrogênio, segundo o IPCC[245].

---

245 IPCC, 2014, p. 41.

A importância das áreas marítimas foi colocada em evidência em todos os documentos das convenções e cúpulas sobre desenvolvimento sustentável no âmbito das Nações Unidas, começando pelo Plano de Estocolmo de 1972. A Agenda 21 conferiu-lhe um capítulo específico, o capítulo 17, um dos mais longos da Agenda. O Plano de Implementação de Johanesburgo tratou do assunto com ligeireza, pois, conforme mencionado no capítulo anterior, a ênfase fora dada aos temas WEHAB. Em "O Futuro Que Queremos" ganhou novamente destaque, tendo sido contemplado com uma longa seção do capítulo V, como mostrado no Quadro 4.5. As questões tratadas nesse documento serviram de base para o ODS 14, que apresenta metas sobre as seguintes questões:

1) prevenir e reduzir parte significativa da poluição marinha até 2025 (meta 14.1);

2) gerir de forma sustentável e proteger os ecossistemas marinhos, até 2020 (meta 14.2);

3) minimizar e enfrentar os impactos da acidificação dos oceanos (meta 14.3);

4) regular efetivamente a pesca e acabar com a sobrepesca ilegal, a pesca destrutiva e restaurar a população de peixes para que possam produzir o rendimento máximo sustentável no menor prazo possível (meta 14.4);

5) conservar pelo menos 10% das zonas costeiras e marinhas até 2020 (meta 14.5);

6) proibir certas formas de subsídios à pesca que contribuem para a sobrepesca e a pesca ilegal até 2020 (meta 14.6);

7) aumentar o benefício econômico para os pequenos estados insulares em desenvolvimento e os países menos desenvolvidos até 2030 (meta 14.7);

8) aumentar o conhecimento científico, desenvolver capacidades de pesquisa e transferir tecnologia marinha para melhorar a saúde dos oceanos e aumentar a contribuição da biodiversidade marinha para o desenvolvimento dos países em desenvolvimento, particularmente os pequenos estados insules e os menos desenvolvidos (meta 14.a);

9) proporcionar acesso aos pescadores artesanais e de pequena escala aos recursos marinhos e mercados (meta 14.b); e

10) assegurar a conservação e uso sustentável dos oceanos e seus recursos pela implementação do direito internacional, como refletido na Convenção das

Nações Unidas sobre o Direito do Mar (UNCLOS)[246], que provê o arcabouço legal para a conservação e utilização sustentável dos oceanos e dos seus recursos, conforme registrado no parágrafo 158 de "O Futuro Que Queremos" (meta 14.c).

O parágrafo 158 de "O Futuro Que Queremos", mencionado acima, é um texto explicativo a respeito da importância da UNCLOS, como mostra o Quadro 5.3. Há razões para a citação do dito parágrafo no documento resultante da Conferência Rio+20. As dificuldades para alcançar as metas do ODS-14 não se devem apenas à amplitude espacial onde esses problemas ocorrem e sua complexidade do ponto de vista técnico e científico. Uma grande fonte de dificuldades são as questões relacionadas com a soberania dos países sobre o mar e os oceanos, motivo de incontáveis conflitos entre países, inclusive guerras, ao longo da história.

Quadro 5.3 Parágrafo 158 de "O Futuro Que Queremos"

Reconhecemos que os oceanos, mares e áreas costeiras constituem um componente integrante e essencial do ecossistema da Terra e são fundamentais para sua sobrevivência e que o direito internacional, como o refletido na Convenção das Nações Unidas sobre o Direito do Mar (UNCLOS), estabelece o quadro jurídico para a conservação e o uso sustentável dos oceanos e seus recursos. Ressaltamos a importância da conservação e utilização sustentável dos oceanos, dos mares e dos seus recursos para o desenvolvimento sustentável, nomeadamente através das contribuições para a erradicação da pobreza, crescimento econômico sustentável, segurança alimentar, criação de meios de subsistência sustentáveis e trabalho decente, protegendo, ao mesmo tempo, a biodiversidade e o ambiente marinho e remediando os impactos da mudança climática. Nós, portanto, comprometemo-nos a proteger e restaurar a saúde, a produtividade e a resiliência dos oceanos e dos ecossistemas marinhos, e a manter sua biodiversidade, permitindo sua conservação e uso sustentável para as gerações presentes e futuras. Nós nos engajamos também a aplicar eficazmente uma abordagem ecossistêmica e de precaução na gestão, em conformidade com o direito internacional de atividades impactantes sobre o ambiente marinho, para manter o compromisso das três dimensões do desenvolvimento sustentável.

Fonte: http://www2.mma.gov.br/port/conama/processos/61AA3835/O-Futuro-que-queremos1.pdf

A UNCLOS, aprovada em 1982, em Montego Bay, Jamaica, trata de questões relativas à soberania, direitos e obrigações dos estados em relação aos mares, oceanos e recursos marinhos, formando uma espécie de norma geral para orientação sobre

---

246 UNCLOS, do inglês: *United Nations Convention on the Law of the Sea*. Obs.: o Brasil adotou a UNCLOS em 1990 (cf. Decreto 99.165, de 12/03/1990).

a aplicação das demais convenções sobre mares e oceanos que atualmente somam centenas, contando as internacionais e as regionais. Ela estabelece definições precisas sobre diversas questões potencialmente geradoras de conflitos entre países, como mar territorial, zona contígua, zona econômica exclusiva, plataforma continental, bem como normas aplicáveis aos navios mercantes e de guerra, às rotas marítimas, aos direitos dos países costeiros, entre outras disposições.

Por envolver questões de soberania e jurisdição, as ações sobre os mares e oceanos são demoradas, pois envolvem convenções e tratados internacionais que, por sua vez, dependem do empenho de cada país. Por exemplo, ações contra a poluição marinha por resíduos de plástico e microplástico, um dos problemas globais de maior urgência foi incluída na Convenção da Basileia sobre o Controle de Movimentos Transfronteiriços de Resíduos Perigosos e seu Depósito somente em 2019 em atenção às metas 12.5 e 14.1 da Agenda 2030. A primeira busca reduzir, até 2020, substancialmente a geração de resíduos por meio da prevenção, redução, reciclagem e reúso; a segunda, prevenir e reduzir significativamente a poluição marinha de todos os tipos, especialmente a advinda de atividades terrestres, incluindo detritos marinhos e a poluição por nutrientes.

Ecossistemas terrestres

O ODS-15 busca proteger, recuperar e promover o uso sustentável dos ecossistemas terrestres. As suas metas ecoam diversos acordos ambientais intergovernamentais, tais como: Convenção Sobre Zonas Úmidas de Importância Internacional de 1971, Convenção Sobre o Comércio Internacional de Espécies de Flora e Fauna Selvagens Ameaçadas de Extinção (1973), Convenção das Nações Unidas para o Combate à Desertificação (1994), Convenção sobre Biodiversidade (1992). As três primeiras metas tratam dos seguintes aspectos:

• os ecossistemas terrestres e de água doce interiores e seus serviços, em especial, florestas, zonas úmidas, montanhas e terras áridas (meta 15.1);

• gestão sustentável de todos os tipos de florestas, detendo o desmatamento, restaurando florestas degradadas e aumentando substancialmente o florestamento e o reflorestamento globalmente (meta 15.2); e

• combater a desertificação e restaurar a terra e o solo degradado, incluindo terrenos afetados pela desertificação, secas e inundações, e lutar para alcançar um mundo neutro em termos de degradação do solo (meta 15.3).

A meta 15.4 refere-se aos ecossistemas montanhosos. A Agenda 21 havia dedicado um capítulo sobre esses ecossistemas considerados frágeis e que incluíam as bacias hidrográficas, pois, além de serem áreas de manancial, as encostas e os vales de montanhas apresentavam na época sérios problemas de degradação ecológica, além de serem muito vulneráveis aos desastres naturais. De lá para cá, pouco mudou. As regiões montanhosas e seus entornos abrigam 13% da população mundial, e, destes, cerca de 90% vivem em países em desenvolvimento. As montanhas proporcionam cerca de 70% de todos os recursos hídricos de uso doméstico, agrícola e industrial, abrigam cerca de 60% das reservas de biosfera e 30% dos sítios de proteção ao patrimônio da humanidade[247].

A Resolução 71/234 da Assembleia Geral das Nações Unidas de 2016, realizada sob o impulso da Agenda 2030, destaca a vulnerabilidade dos que vivem em regiões montanhosas, grande parte vivendo em países em desenvolvimento e menos desenvolvidos com acesso limitado aos sistemas sanitários, educativos e econômicos, além de viverem expostos permanentemente aos perigos decorrentes dos desastres, naturais e causados pelos humanos[248]. Essa é uma situação que a população serrana brasileira conhece bem. Todos os anos ocorrem inúmeros desastres no período das chuvas que matam vidas, deixam famílias desabrigadas, destroem infraestrutura e estabelecimentos produtivos urbanos e rurais. Alguns atingem dimensões catastróficas, como o desastre de 2011 na região serrana do Rio de Janeiro que contabilizou cerca de 1.000 mortes. Desastres com diferentes graus de intensidade ocorrem todos os anos nas áreas montanhosas em todo mundo, mas eles afetam mais as regiões que não estão preparadas para enfrentar suas consequências.

A Resolução 71/234 conclama os países a investir na redução do risco e melhorar a gestão de risco nas regiões montanhosas, inclusive para enfrentar eventos extremos, como avalanches, desprendimentos de rochas, deslizamento de terra, enchentes repentinas e outros que poderão se tornar mais graves e frequentes devido à mudança do clima e ao desmatamento, conforme o Marco de Sendai para a Redução de Risco de Desastres 2015-2030[249].

O Marco de Sendai, aprovado na 3ª Conferência Mundial das Nações Unidas para a Redução de Riscos de Desastres, realizada em 2015, em Sendai, Japão esta-

---

247 FAO/Mountain Partnership, 2016 [Disponível em http://www.fao.org/mountain-partnership/about/en/ – Acesso em 21/03/2019].
248 United Nations General Assembly, 2016.
249 Ibid.

belece as seguintes áreas de ação prioritárias para redução de riscos de desastres: (1) entender o risco de desastre; (2) fortalecer a governança do risco para gerir o risco de desastre; (3) investir na redução do risco de desastre para aumentar a resiliência; e (4) melhorar a preparação de desastres para uma resposta eficaz e para recuperar, reabilitar e reconstruir melhor do que havia antes do desastre. O Marco de Sendai estabeleceu as seguintes metas globais:

>1) reduzir substancialmente a mortalidade global por desastres até 2030, com o objetivo de reduzir a média de mortalidade global por 100 mil habitantes entre 2020-2030, em comparação com 2005-2015;
>2) reduzir substancialmente o número de pessoas afetadas em todo o mundo até 2030, com o objetivo de reduzir a média global por 100 mil habitantes entre 2020-2030, em comparação com 2005-2015;
>3) reduzir as perdas econômicas diretas por desastres em relação ao PIB global até 2030;
>4) reduzir substancialmente os danos causados por desastres em infraestrutura básica e a interrupção de serviços básicos, como unidades de saúde e de educação, inclusive por meio do aumento de sua resiliência até 2030;
>5) aumentar substancialmente o número de países com estratégias nacionais e locais de redução do risco de desastres até 2020;
>6) aumentar substancialmente a cooperação internacional com os países em desenvolvimento por meio de apoio adequado e sustentável para complementar suas ações nacionais a fim de implementar este Marco até 2030;
>7) aumentar substancialmente a disponibilidade e o acesso a sistemas de alerta precoce para vários perigos e as informações e avaliações sobre o risco de desastres para o povo até 2030 [250].

Dada a importância dos ecossistemas montanhosos, eles foram contemplados com três metas, a saber:

• Até 2020, proteger e restaurar ecossistemas relacionados com a água, incluindo montanhas, florestas, zonas úmidas, rios, aquíferos e lagos (meta 6.6).

• Até 2020, assegurar a conservação, a recuperação e o uso sustentável de ecossistemas terrestres e de água doce interiores e seus serviços, em especial, florestas, zonas úmidas, montanhas e terras áridas, em conformidade com as obrigações decorrentes dos acordos internacionais (meta 15.1).

---

250 Marco de Sendai [Disponível em www.preventionweb.net/files/43291_sendaiframework fordrren.pdf].

- Até 2030, assegurar a conservação dos ecossistemas de montanha, incluindo a sua biodiversidade, para melhorar a sua capacidade de proporcionar benefícios, que são essenciais para o desenvolvimento sustentável (meta 15.4).

A meta 6.6 está relacionada com o fato de as regiões montanhosas serem grandes mananciais de água para todo o planeta. Note que as duas primeiras têm como horizonte de planejamento o ano de 2020. Este fato deve-se à necessidade de manter coerência com as Metas de Aichi, assunto tratado no terceiro capítulo, no que diz respeito à meta 14 que trata da restauração e preservação dos ecossistemas provedores de serviços essenciais, inclusive serviços relativos à água (cf. Anexo 1). As demais metas, da 15.5 a 15.9, todas relacionadas com a biodiversidade, também ecoam as Metas de Aichi como se pode ver pelo Quadro 5.4. O que faz sentido, pois ambas são metas voltadas para atender a Convenção da Biodiversidade e o seu Protocolo de Nagoya.

Sociedades pacíficas, justas e inclusivas

Os ODS 16 e 17 tratam predominantemente das dimensões política e institucional do desenvolvimento sustentável. São dimensões concernentes à defesa da cidadania e, portanto, do Estado de Direito e das suas instituições. São elas que fornecem as condições básicas para que as demais dimensões (econômica, ambiental, social, cultural) possam se efetivar com razoável desempenho. Seus assuntos referem-se ao fortalecimento do Estado de Direito a fim de proporcionar a todos a possibilidade de participar ativamente do processo de desenvolvimento.

Quadro 5.4 Metas do ODS 15 e Metas de Aichi: quadro comparativo

Meta	ODS	Meta	Metas de Aichi
15.5	Tomar medidas urgentes e significativas para reduzir a degradação de *habitat* naturais, estancar a perda de biodiversidade e, até 2020, proteger e evitar a extinção de espécies ameaçadas.	5	Até 2020, a taxa de perda de todos os *habitats* naturais, inclusive florestas, terá sido reduzida em pelo menos a metade e, se possível, chegar perto de zero, e a degradação e fragmentação terão sido significativamente reduzidas.

15.6	Garantir uma repartição justa e equitativa dos benefícios derivados da utilização dos recursos genéticos, e promover o acesso adequado aos recursos genéticos.	16	Até 2015, o Protocolo de Nagoya sobre Acesso a Recursos Genéticos e a Repartição Justa e Equitativa dos Benefícios Derivados de sua Utilização estará em vigor e em funcionamento, em conformidade com a legislação nacional.
15.7	Tomar medidas urgentes para acabar com a caça ilegal e o tráfico de espécies da flora e fauna protegidos, e abordar tanto a demanda quanto a oferta de produtos ilegais da vida selvagem.	6	Até 2020, todas as reservas de peixes e invertebrados e plantas aquáticas devem ser geridas e cultivadas de maneira sustentável e lícita, aplicando enfoques baseados nos ecossistemas, de modo a evitar a pesca excessiva. Cf. no Anexo 1.
15.8	Até 2020, implementar medidas para evitar a introdução e reduzir significativamente o impacto de espécies exóticas invasoras em ecossistemas terrestres e aquáticos, e controlar ou erradicar as espécies prioritárias.	9	Até 2020, devem ser identificadas e priorizadas as espécies exóticas invasoras e suas vias de invasão, controlado ou erradicado as espécies prioritárias e estabelecido medidas para gerenciar essas vias a fim de evitar sua introdução e estabelecimento.
15.9	Até 2020, integrar os valores dos ecossistemas e da biodiversidade ao planejamento nacional e local, nos processos de desenvolvimento, nas estratégias de redução da pobreza, e nos sistemas de contas.	2	Até 2020, no mais tardar, os valores da biodiversidade devem estar integrados nas estratégias e nos processos de planejamento de desenvolvimento e de redução de pobreza nacionais e locais, e incorporados aos sistemas de contas nacionais e de prestação de informação.

Fonte: Anexos 1 e 3.

As metas do ODS-16 dividem-se em dois grupos, com limites fluidos entre eles: um grupo refere-se às questões preponderantemente relacionadas ao próprio Estado de Direito; outro, às questões diretamente relacionadas às pessoas. As metas do primeiro grupo são as seguintes:

• promover o Estado de Direito, em nível nacional e internacional, e garantir a igualdade de acesso à justiça para todos (meta 16.3);

- reduzir significativamente até 2030 os fluxos financeiros e de armas ilegais, reforçar a recuperação e devolução de bens roubados, e combater todas as formas de crime organizado (meta 16.4);
- reduzir substancialmente a corrupção e o suborno em todas as suas formas (meta 16.5);
- desenvolver instituições eficazes, responsáveis e transparentes em todos os níveis (meta 16.6);
- garantir a tomada de decisão responsiva, inclusiva, participativa e representativa em todos os níveis (meta 16.7);
- ampliar e fortalecer a participação dos países em desenvolvimento nas instituições de governança global (meta 16.8);
- fornecer identidade legal para todos, incluindo registros de nascimento (meta 16.9);
- assegurar o acesso público à informação e proteger as liberdades fundamentais, em conformidade com a legislação nacional e os acordos internacionais (meta 16.10).

O combate à corrupção (meta 16.5) é um componente essencial do fortalecimento do Estado de Direito. A corrupção não só desvia recursos públicos que seriam aplicados em obras e serviços de interesse da população, mas também lança suspeita sobre os poderes e as instituições do Estado democrático, começando pela representação política. Vale mencionar que denúncias de corrupção só ocorrem em regimes democráticos nos quais as garantias de liberdade de expressão asseguram uma mídia livre e debate público. Em democracias recém-saídas de ditaduras, denúncias de corrupção são novidade e sempre há os que veem nisso uma deficiência do novo regime, pois na anterior havia um silêncio total sobre corrupção. Quando o nível de corrupção denunciada se torna alarmante, como se viu no Brasil com o mensalão e petrolão, aumenta a descrença na democracia e a popularidade de partidos e políticos autoritários. As crises por que passam muitas democracias na atualidade estão ligadas à corrupção; de um lado, os recursos desviados reduzem a capacidade dos governos de promoverem o bem-estar da população, de outro, as denúncias seguidas de corrupção levam descréditos às instituições democráticas, inclusive o processo eleitoral.

Note que a meta 16.5 usa a expressão "todas as suas formas" de corrupção e suborno. A origem etimológica da palavra corrupção vem do verbo latino *corrumpo*, *corrumptum*, que significa estragar, alterar, degradar, prejudicar[251]. Com o tempo corrupção passou a indicar uma variedade de atos moral e legalmente condenáveis, associados ao uso indevido do poder ou de quem o influencia para obter vantagens ilícitas. A *Transparency International*, uma organização dedicada a estudar o fenômeno da corrupção no mundo todo, define corrupção como o abuso do poder confiado para ganho privado, e a classifica em:

- **Grande corrupção:** atos cometidos em um nível alto de governo que distorcem as políticas ou o funcionamento central do Estado, permitindo aos líderes se beneficiarem às custas do bem público.
- **Pequena corrupção:** abuso cotidiano do poder confiado por funcionários públicos de níveis baixo e médio em suas interações com os cidadãos comuns, que muitas vezes tentam acessar produtos ou serviços básicos em lugares como hospitais, escolas, departamentos de polícia e outras agências públicas.
- **Corrupção política:** manipulação de políticas, instituições e regras de procedimento na alocação de recursos e financiamento por tomadores de decisões políticas, que abusam de sua posição para sustentar seu poder, *status* e riqueza[252].

O combate à corrupção é particularmente importante para o Brasil consolidar suas instituições democráticas. Conforme a *Transparency International*, em 2018 o Brasil ficou na 105ª posição entre 180 países em relação ao Índice de Percepção da Corrupção (IPC)[253]. O IPC confere aos países uma nota de 100 a 0 de acordo com as percepções dos especialistas e dirigentes de empresas sobre o grau de corrupção existente no setor público. Notas mais próximas de 100 indicam países mais transparentes e menos corruptos; mais próximas de zero, menos transparente e mais corruptos. O Brasil obteve em 2018 a nota 35, o que indica um nível alto de corrupção.

O combate à corrupção mobilizou diversas organizações intergovernamentais ao longo do tempo, pois ela não se caracteriza apenas como atos confinados no interior de um país; também há a corrupção entre países, principalmente relacionada ao comércio internacional. Não faltam escândalos sobre esse tipo de corrupção, envolvendo empresas e órgãos públicos para os mais diversos fins, como fraudes na aquisição de equipamentos, licenciamentos de produtos sem a devida avaliação da conformidade, reduções de dívidas fiscais. Como esse tipo de corrupção distorce a

---

251 Torrinha, 1945.

252 *Transparency International* [Disponível em www.transparency.org/whoweare/organisation/faqs_on_corruption/9#definecorruption – Acesso em 25/03/2019].

253 *Transparency International* [Disponível em https://www.transparency.org/cpi2018 – Acesso em 25/03/2019].

competição entre empresas, muitas organizações internacionais procuraram combatê-la elaborando documentos orientadores para governos e empresas, tais como a Convenção da OCDE Contra o Suborno de Funcionários Públicos Estrangeiros em Transações Internacionais e as regras contra a corrupção da Câmara de Comércio Internacional (ICC).

As metas do segundo grupo visam o bem-estar das pessoas, como é caso da meta 16.1 que busca reduzir todas as formas de violência e as taxas de mortalidade relacionadas em todos os lugares, genericamente considerada; a 16.2 busca acabar com abuso, exploração, violência e tortura contra crianças. Estas metas não possuem datas para ser alcançadas, pois são metas permanentes de qualquer Estado de Direito. O atingimento dessas metas repercute positivamente no bem-estar das pessoas e gera condições para o desfrute de outros direitos. Essas metas são particularmente importantes para o Brasil, que em 2016 registrou mais de 62.000 homicídios, uma taxa de 30,3 mortes a cada 100 mil habitantes, uma das mais altas do mundo. Esses números são até maiores dos que se verificam em países com guerra civil. Mais grave ainda quando se verifica que o maior número de vítimas é jovem, entre 15 e 19 anos[254].

Meios de implementação

Todos os ODSs possuem metas de implementação identificadas por um número e uma letra. Além dessas, o ODS-17 visa fortalecer os meios de implementação das metas finalísticas e revitalizar a parceria global para o desenvolvimento sustentável. Está dividido por tipo de meios de implementação, seguindo em grande parte os meios de execução de "O Futuro Que Queremos" (cf. Quadro 4.5), a saber: finanças, tecnologia, capacitação, comércio e questões sistêmicas.

Finanças

Finanças retoma a meta comentada anteriormente para que os países desenvolvidos dediquem 0,7% da sua Renda Nacional Bruta em ODA aos países em desenvolvimento, e entre 0,15 e 0,20% aos países menos adiantados, os mais pobres (meta 17.2). Esse tipo de ajuda sempre esteve abaixo desses percentuais, mesmo em épocas de crescimento econômico generalizado. Por isso, esse apelo tornou-se uma constante nas conferências das Nações Unidas sobre financiamento do desenvolvimento.

---

254 IPEA & FBSP, 2018.

A dívida dos países em desenvolvimento, um assunto de extrema importância para o desenvolvimento desses países, é tratada de um modo pouco convincente na meta 17.4, a única sobre esse assunto. A meta está dividida em duas partes: (1) ajudar os países em desenvolvimento para que possam alcançar a sustentabilidade da dívida de longo prazo; e (2) tratar da dívida externa dos países pobres altamente endividados para reduzir o superendividamento. Mesmo sendo uma meta de implementação, poderia ser mais explícita. Poderia, por exemplo, basear-se nos termos da Conferência de Addis Abeba de 2015, pelos quais foi aprovada a promoção de concessões de empréstimos por parte das instituições financeiras e bancos de desenvolvimento, amparados por mecanismos de mitigação de risco, como o Órgão Multilateral de Garantia de Investimentos e Gestão dos Riscos Cambiais.

Ciência, tecnologia e inovação

As metas sobre tecnologia reafirmam tema recorrente em todas as agendas e planos de ação aprovados desde Estocolmo, 1972: cooperação Norte-Sul e Sul-Sul em matéria de ciência, tecnologia e inovação, transferência de tecnologia ambientalmente correta para países em desenvolvimento e operacionalização de um banco de tecnologia. As cooperações entre países sobre tecnologia são difíceis de ocorrer por serem as tecnologias componentes vitais das estratégias empresariais, de modo que só estarão disponíveis para uso depois de perderem a condição de geradoras de competitividade. Por isso, muito se fala em cooperação e pouco se tem a registrar efetivamente em termos de tecnologias de última geração. A maioria das tecnologias, objetos de processos de cooperação, é originada em instituições de ensino e pesquisa públicos ou que pertencem ao domínio público, como patentes que perderam o prazo de vigência, ou seja, são tecnologias que não competem com as das empresas.

A criação de um banco de tecnologia é uma medida para contornar essas dificuldades que afetam os países menos desenvolvidos. No Programa de Ação para os Países Menos Desenvolvidos, um dos resultados da Década das Nações Unidas para esses países de 2011 a 2020, a capacitação em ciência, tecnologia e inovação é um objetivo prioritário[255]. Sua criação foi sugerida na 3ª Conferência Internacional sobre Financiamento para o Desenvolvimento, realizada em Adis Abeba, Etiópia, em 2015[256].

---

255 United Nations. *4th United Nations Conference on the Least Developed Countries, 2011.*
256 United Nations. *3th International Conference on Financing for Development A/CONF.2, 2015.*

Os bancos de tecnologias para os países menos desenvolvidos é uma nova entidade do sistema das Nações Unidas. O primeiro banco de tecnologia foi criado em 2018, em Gebze, Turquia, tendo recebido contribuições de vários países, como Noruega, Filipinas, Bangladesh[257]. Segundo o documento das Nações Unidas sobre a constituição do Banco de Tecnologia, os seus objetivos devem ser os seguintes:

a) fortalecer a capacidade em ciência, tecnologia e inovação dos países menos desenvolvidos, incluindo a de identificar, absorver, desenvolver, integrar e ampliar a implementação de tecnologias e inovações, inclusive indígenas, assim como a capacidade para acessar e gerir questões sobre direitos de propriedade intelectual;

b) promover o desenvolvimento e a implementação de estratégias nacionais e regionais de ciência, tecnologia e inovação;

c) fortalecer a parceria entre ciência, tecnologia e inovação relacionadas com as entidades públicas e o setor privado;

d) promover a cooperação entre todas as partes interessadas envolvidas na ciência, tecnologia e inovação, incluindo pesquisadores, instituições de pesquisa, entidades do setor público e privado, dentro e entre os países menos desenvolvidos, bem como as entidades congêneres de outros países;

e) promover e facilitar a identificação e utilização do acesso a tecnologias apropriadas pelos países menos desenvolvidos, bem como sua transferência, respeitando os direitos de propriedade intelectual e fomentando a capacidade nacional e regional desses países para a utilização eficaz de tecnologias para trazer mudanças transformadoras[258].

Note a expressão "tecnologias apropriadas" no objetivo (e). As ideias sobre tecnologias apropriadas têm uma longa história. Elas surgiram como contestação às tecnologias desenvolvidas pelas empresas multinacionais e adotadas nos países em desenvolvimento e menos desenvolvidos, vistas pelos seus promotores como um instrumento para perpetuar a dependência desses países em relação a essas empresas. Ou seja, as tecnologias dessas empresas, por serem intensivas em P&D e em capital, dois recursos escassos nesses países, não eram apropriadas a eles, além do fato de introduzirem valores distantes das suas culturas, quando não antagônicos. Assim, a tecnologia apropriada levava em seu ideário um componente político libertário. Um dos ícones do movimento da tecnologia apropriada, Mahatma Gandhi, usava diariamente a roca, instrumento rudimentar usado milenarmente na Índia, confrontando-a com

---

[257] Primeiro banco de tecnologia, cf. https://www.un.org/press/en/2017/dev3292.doc.htm
[258] United Nations. *Charter of the Technology Bank*, A/71/363, 2016.

os modernos teares mecânicos introduzidos pelos colonizadores ingleses em sua luta pela independência do seu país.

Esse movimento teve seu auge nas décadas de 1960 e 1970, durante os processos de descolonização da África e Ásia, tendo surgido diversas modalidades de tecnologias apropriadas, como tecnologia intermédia, tecnologia de baixo custo, tecnologia comunitária, entre muitas outras. A tecnologia intermédia, uma das mais conhecidas, teve como seu principal idealizador e promotor o economista Ernst Schumacher, autor do *best-seller* internacional *Small is beautiful*, publicado em 1973 e traduzido no Brasil por "O negócio é ser pequeno", no qual são discutidos problemas típicos do desenvolvimento sustentável (combate à poluição e ao desperdício de recursos, energia renovável, transferência de tecnologia aos países mais pobres, desenvolvimento regional etc.)[259], sem mencionar esse nome que só iria surgir em 1980 com o documento *World Conservation Strategy*, como mostrado no segundo capítulo. Enquanto algumas modalidades buscavam recuperar as tecnologias tradicionais sem se preocupar em aperfeiçoá-las, como implantar biodigestores usados há séculos no Sudeste Asiático, a tecnologia intermédia buscava a combinação dessas tecnologias com os avanços da ciência e tecnologia para torná-las mais eficientes sem perder a fisionomia humana.

A ideia de combinar conhecimentos tradicionais com científicos e tecnológicos avançados acabou prevalecendo em muitas propostas que vieram depois. A Agenda 21 recomendou essa combinação nos capítulos 34 e 35 sobre transferência de tecnologia ambientalmente saudável e sobre ciência para o desenvolvimento sustentável, respectivamente. Esses capítulos falam em apoiar os conhecimentos e técnicas autóctones em locais ambientalmente saudáveis, em desenvolver métodos para vincular os resultados das ciências formais aos conhecimentos tradicionais de diferentes culturas, participação popular na tomada de decisões, entre outras. A Convenção da Biodiversidade fala da repartição equitativa dos benefícios da utilização dos conhecimentos e práticas das comunidades locais e populações indígenas, com aprovação e participação dos seus detentores.

O movimento da tecnologia apropriada perdeu força a partir da década de 1990, mas nunca morreu, adaptou-se aos novos tempos, incluindo questões tratadas pelo desenvolvimento sustentável e abandonando propostas regressivas, como recusar qualquer contribuição advinda da P&D empresarial. A palavra apropriada é transitiva, isto é, requer complemento: apropriada a que ou a quem? Exemplos,

---

[259] Schumacher, E.F., 1977.

para Mahatma Gandhi a técnica de fiar tradicional era apropriada ao processo de independência da Índia; para a tecnologia intermédia, à redução das lacunas entre tecnologias tradicionais e as modernas, a fim de promover o desenvolvimento regional e local sem destruir suas culturas.

O movimento do desenvolvimento sustentável não poderia deixar de ter suas tecnologias apropriadas. Com isso, surgiram outras modalidades, como a da tecnologia ambientalmente saudável, definida na Agenda 21 como "aquelas que protegem o meio ambiente, são menos poluentes, usam todos os recursos de forma mais sustentável, reciclam seus resíduos e produtos e tratam os dejetos residuais de maneira mais saudável do que as que vierem a substituir"[260]. As inovações que atendem estes requisitos são denominadas inovações ambientais ou ecoinovações; e se incluírem requisitos sociais, como valorização de conhecimentos e práticas autóctones, atendimento das necessidades básicas, participação da população beneficiada no seu desenvolvimento, podem ser denominadas inovações sustentáveis.

A tecnologia social é outra modalidade de tecnologia apropriada. Como sempre, há muitas definições. O Instituto de Tecnologia Social (ITS), uma organização não governamental criada em 2001, adota a seguinte: "um conjunto de técnicas, metodologias transformadoras, desenvolvidas e/ou aplicadas na interação com a população e apropriadas por ela, que representam soluções para a inclusão social e melhoria das condições de vida"[261]. No Brasil, há várias organizações envolvidas na sua promoção. Em 2005 foi criada a Rede de Tecnologia Social como resultado de uma parceria com várias organizações públicas e civis, entre elas a Fundação Banco do Brasil (FBB) que mantém e atualiza um banco de tecnologias sociais há décadas, antecipando o banco de tecnologia da meta 17.8. Para a FBB, essas tecnologias são soluções simples e baratas direcionadas para questões ambientais e estruturais das camadas excluídas da sociedade e que nascem da sabedoria popular, do conhecimento científico ou da combinação de ambos. Uma de suas características é a capacidade de serem replicadas, com adaptações, a outras realidades ambientais e culturais[262].

Além do Banco de Tecnologia, a Agenda 2030 lançou o Mecanismo de Facilitação de Tecnologia (do inglês TFM), que havia sido criado pela 3ª Conferência Internacional sobre Financiamento para o Desenvolvimento, realizada em Addis

---

260 Agenda 21, capítulo 34, parágrafo 34.1.
261 ITS, cf. http://itsbrasil.org.br/wp-content/uploads/2018/10/portfolioweb_2018.pdf – Acesso em 25/03/2019.
262 FBB, cf. https://www.fbb.org.br/relatorio2018/?id=11 – Acesso em 25/03/2019.

Abeba em 2015. Com o objetivo de apoiar a implementação dos ODSs, o TFM é constituído por (1) um Grupo de Trabalho Interagências do sistema das Nações Unidas sobre Ciência, Tecnologia e Inovação para os ODS (IATT), incluindo um grupo de 10 membros de representantes da sociedade civil, setor privado e comunidade científica; (2) um fórum anual de cooperação entre governos, comunidade científica, empresas e outras partes interessadas nesses temas; e (3) uma plataforma online para acesso às informações, projetos e programas sobre ciência, tecnologia e inovação[263].

Esse fórum anual, denominado Fórum Multiparticipativo sobre Ciência, Tecnologia e Inovação para os ODSs (*STI Forum*)[264], é um espaço para facilitar a interação, a formação de parcerias e a criação de redes com múltiplas partes interessadas com a finalidade de identificar e avaliar as necessidades e as deficiências em ciência, tecnologia e inovação concernentes aos ODSs, bem como facilitar a cooperação em torno delas e o desenvolvimento, a transferência e difusão de tecnologias. Cada *STI Forum* focaliza uns poucos ODSs que mantêm entre si uma interação mais forte ou partilham de alguns problemas comuns. Por exemplo, o segundo *STI Forum*, realizado em 2017, discutiu questões de ciência, tecnologia e inovação relacionadas aos ODSs 1 (pobreza), 2 (fome e segurança alimentar), 3 (vida saudável), 5 (igualdade de gênero) e 14 (mares e oceanos)[265].

Comércio internacional

Sobre o comércio, merece destaque a meta 17.10 que visa promover um sistema multilateral de comércio universal, baseado em regras, aberto, não discriminatório e equitativo no âmbito da OMC, inclusive por meio da conclusão das negociações no âmbito de sua Agenda de Desenvolvimento de Doha. A aposta no comércio multilateral como contribuinte do desenvolvimento e da paz entre os países é constante nos documentos do desenvolvimento sustentável. O comércio multilateral começou a ser elaborado no início do pós-guerra mundial como uma das medidas para evitar guerras e consolidar a paz recentemente alcançada, uma vez que muitas

---

263 UN 3th *International Conference on Financing for Development*, Addis Abeba, 2015, parágrafo 123. Mais sobre o TFM e o IATT, cf. https://sustainabledevelopment.un.org/tfm

264 STI Forum, em inglês: *Multi-stakeholder Forum on Science, Technology and Innovation for the SDGs*.

265 Mais sobre o *STI Forum*, cf. https://sustainabledevelopment.un.org/tfm#forum

guerras, inclusive a maior de todas elas, a Segunda Guerra Mundial, estiveram de algum modo ligadas às medidas protecionistas no comércio exterior.

A proposta de criar uma organização ao estilo das instituições de Breton-Woods não vingou devido à forte resistência dos Estados Unidos que, por apresentar uma economia pujante dinamizada pelo esforço de guerra, não queriam ser tolhidos por nenhum acordo sobre comércio internacional. No seu lugar foi aprovado em 1947 o Acordo Geral sobre Tarifas e Comércio (GATT, *General Agreement on Tariffs and Trade*), que, ao contrário do que diziam muitos textos, nunca foi uma organização, mas apenas um acordo, ou seja, não tinha *status* de pessoa jurídica. A Organização Mundial do Comércio (OMC) somente foi criada em 1994, ao final da Rodada Uruguai de negociações comerciais multilaterais. O preâmbulo do Acordo Constitutivo da OMC afirma que o comércio internacional deve proporcionar melhoria dos níveis de vida, pleno emprego, aumento da produção de bens e serviços com utilização ótima dos recursos e proteção ambiental em conformidade com o desenvolvimento sustentável[266].

A Rodada do Desenvolvimento de Doha da OMC, ou simplesmente Rodada de Doha, teve início em 2001 e até abril de 2019 não havia sido concluída. Seu objetivo é promover a abertura do comércio internacional para aumentar a participação dos países em desenvolvimento ou menos desenvolvidos nesse comércio, incluindo agricultura, pesca, subsídios, propriedade intelectual, entre outros temas caros a esses países. O Brasil investiu nessa Rodada e desempenhou um papel de destaque nas reuniões de negociação.

A Rodada entrou em marcha lenta com a crise financeira de 2007 e a recessão em escala mundial que a seguiu. Uma das consequências desses fatos foi o crescimento das medidas protecionistas nos países afetados pela crise, tornando o sistema multilateral pouco eficaz. Mesmo assim, a Agenda 2030 e "O Futuro Que Queremos" a citam diversas vezes e continuam apostando no sistema de comércio multilateral. Porém, a Rodada de Doha não será retomada enquanto não houver crescimento econômico expressivo, de modo que os países mais ricos fiquem mais generosos e façam concessões aos demais. Quanto a esse crescimento, espera-se que seja inclusivo e sustentável.

---

266 BRASIL. Decreto 1.355 de 1994, Ata anexa.

Acompanhamento e avaliação

O acompanhamento e avaliação da Agenda 2030 em nível global envolve várias organizações do sistema das Nações Unidas. Para dar suporte administrativo às organizações do sistema das Nações Unidas e aos países quanto à execução, avaliação e acompanhamento dos ODSs, foi criada a Divisão Para os Objetivos de Desenvolvimento Sustentável (DSDG) vinculada ao Departamento de Assuntos Econômicos e Sociais das Nações Unidas (UNDESA)[267]. A DSDG exerce a função de secretariado dos ODSs e, dessa forma, avalia a implementação da Agenda 2030 e promove atividades voltadas para valorizá-los e promovê-los. É o órgão mobilizador dos ODSs e temas correlatos no âmbito do sistema das Nações Unidas e das organizações parceiras e os grupos prioritários (*major groups*) mencionados na Agenda 21 (cf. Quadro 3.3, seção III). Uma de suas atividades mais importantes talvez seja ser uma espécie de interface entre a política e a ciência.

O UNDESA fornece apoio e capacitação para o cumprimento dos ODSs em questões como água, energia, clima, oceanos, urbanização, transporte, ciência, tecnologia e inovação, e elabora o Relatório Global de Desenvolvimento Sustentável (GSDR). O GSDR foi proposto em "O Futuro Que Queremos", na seção que trata da criação do Fórum Político de Alto Nível sobre Desenvolvimento Sustentável (HLPF), como meio para reforçar as interações entre ciência e política mediante a reunião de informações, análises de documentos e avaliações existentes e dispersas pelo mundo[268]. O GSDR não é apenas um relatório do progresso no cumprimento das metas, mas também uma extensa análise de artigos científicos, relatórios de pesquisa e outros textos sobre questões pertinentes à Agenda 2030 e temas emergentes não contemplados por ela, sob uma perspectiva que vai além de 2030, a fim de subsidiar as revisões programadas dos ODSs.

O acompanhamento em nível global é feito com base nos relatórios enviados pelos governos dos países-membros das Nações Unidas sobre o progresso alcançado, bem como as dificuldades encontradas. A elaboração dos relatórios nacionais é voluntária, cada país decide como fazê-lo, não há um padrão único, como é o caso do relatório de sustentabilidade do GRI voltado para organizações de qualquer tipo, mas especificamente para as empresas. Para que a falta de padrão não dificulte os trabalhos de compilação, interpretação, avaliação e relato, a Agenda 2030 estabele-

---

267 DSDG = *Division for Sustainable Development Goals* e UNDESA = *Department of Economic and Social Affairs*.
268 "O Futuro Que Queremos", parágrafo 85, letra k.

ceu que os processos de acompanhamento em todos os níveis, do global ao local, deveriam ser orientados pelos seguintes princípios:

    a) serão processos voluntários e liderados pelos países, levando em conta as diferentes realidades, capacidades e níveis de desenvolvimento nacionais e respeitando o espaço e as prioridades políticas;

    b) acompanharão o progresso na implementação dos ODS e das metas universais, incluindo os meios de implementação, em todos os países, respeitando a sua natureza universal, integrada e inter-relacionada e as três dimensões do desenvolvimento sustentável (social, ambiental e econômico);

    c) manterão uma orientação de maior longo prazo, identificarão as realizações, os desafios, as lacunas e os fatores críticos de sucesso, e apoiarão os países na tomada de decisões políticas informadas;

    d) serão abertos, inclusivos, participativos e transparentes para todas as pessoas e apoiarão a prestação de informações por todas as partes interessadas pertinentes;

    e) serão centrados nas pessoas, sensíveis ao gênero, respeitarão os direitos humanos e terão foco especial sobre os mais pobres, mais vulneráveis e aqueles que estão mais atrás;

    f) vão se basear em plataformas e processos existentes, caso existam; evitarão a duplicação e responderão às circunstâncias, capacidades, necessidades e prioridades nacionais; e vão evoluir ao longo do tempo, tendo em conta as questões emergentes e o desenvolvimento de novas metodologias, e minimizarão os encargos para as administrações nacionais;

    g) serão rigorosos e baseados em evidências, informados por avaliações lideradas pelo país e dados de alta qualidade, acessíveis, oportunos, confiáveis e desagregados por renda, sexo, idade, raça, etnia, *status* de migração, deficiência, localização geográfica e outras características pertinentes aos contextos nacionais;

    h) necessitarão de maior apoio à capacitação dos países em desenvolvimento, incluindo o fortalecimento dos sistemas de dados e programas de avaliação nacionais; e

    i) vão se beneficiar do apoio ativo do sistema das Nações Unidas e de outras instituições multilaterais[269].

Os Relatórios Nacionais Voluntários (VNRs, de *Voluntary National Reviews*), realizados anualmente pelos países, são os instrumentos básicos para analisar e relatar o cumprimento dos ODSs e para propor revisões, além de facilitar a troca de experiências entre países. Os VARs devem ser realizados coletivamente com as

---

[269] Transformando nosso mundo: a Agenda 2030... parágrafo 74 [Disponível em https://www.undp.org/content/dam/brazil/docs/agenda2030/undp-br-Agenda2030-completo-pt-br-2016.pdf].

partes interessadas da sociedade civil, por exemplo, com representantes dos grupos principais da Agenda 21 (cf. Quadro 3.3, seção III), o que não pode é ser realizado exclusivamente por órgãos públicos. Como dito acima, devido à natureza voluntária dos compromissos em torno da Agenda 2030, não há um padrão único ou requisitos obrigatórios. Porém, para facilitar a compilação de dados, as análises comparativas e a comunicação às partes interessadas, o HLPF criou um manual para orientar os países a elaborar seus VNRs, cuja aplicação é facultativa[270].

O HLPF, que substituiu a Comissão de Desenvolvimento Sustentável em 2013, é o órgão do sistema das Nações Unidas encarregado de realizar a implementação dos planos e programas concernentes ao desenvolvimento sustentável, dos quais a Agenda 2030 é o mais importante pelo seu caráter universal e pelo objetivo último **de não deixar ninguém para trás**[271]. Exerce um papel central na governança dos processos de implementação, acompanhamento e revisão da Agenda 2030. Com relação a esse encargo, cabe ao HLPF liderar o processo de acompanhamento, avaliação e revisão dos objetivos e metas da Agenda 2030 e estimular os governos a fazer o mesmo em seus países. Cabe a esse órgão a realização de avaliações periódicas, digam-se anuais, sobre o andamento global da Agenda 2030. Todo ano o HLPF realiza uma avalição em profundidade sobre certos ODSs, selecionados com base nos VNRs, a fim de propor alterações pertinentes e demandadas pelos países.

Vários ODSs já foram revistos pelo HLPF. Por exemplo: em 2017 foi analisado um conjunto de ODSs relacionados ao tema "erradicação da pobreza e promoção da prosperidade em um mundo em mudança", a saber: ODS-1 (acabar com a pobreza), ODS-2 (acabar com a fome), ODS-3 (assegurar uma vida saudável), ODS-9 (infraestruturas resilientes) e ODS-14 (oceanos, os mares). O ODS-17, por ser voltado à implementação dos demais ODSs, é revisto todos os anos. Em 2019 serão revistos os ODSs 4, 8, 10 e 16. A avaliação das metas de implementação referentes aos recursos financeiros é conduzida conforme a Agenda de Ação de Addis Abeba, aprovada em 2015 na 3ª Conferência Internacional sobre Financiamento para o Desenvolvimento[272].

A Agenda 2030 estabelece que os ODS e suas metas sejam acompanhadas e avaliadas por meio de um conjunto de indicadores globais, a ser complementados

---

[270] Cf. Manual em https://sustainabledevelopment.un.org/content/documents/20872VNR_hanbook_2019_Edition_v2.pdf
[271] Agenda 2030, parágrafo 4°.
[272] UNGA/Addis Abeba Agenda, 2015.

por indicadores nos níveis regionais e nacionais: estes desenvolvidos pelos próprios países; e os globais, por um Grupo Interagências e de Peritos em Indicadores aprovados pela Comissão de Estatística das Nações Unidas (IAEG-SDGs)[273]. Esse Grupo foi criado em 2015 pela Comissão de Estatística composto por 27 representantes de órgãos governamentais de estatísticas dos países-membros das Nações Unidas (o Brasil foi representado pelo IBGE).

Indicadores globais

Há muitas definições de indicador. Segundo uma delas: "é uma representação mensurável da condição ou estado de operações, gestão ou condicionantes"[274]. Embora essa definição tenha sido feita para avaliação do desempenho ambiental, ela vale para outros propósitos, inclusive para acompanhar o andamento das metas dos ODSs. Os indicadores são instrumentos essenciais do processo de gestão; como tem sido repetido *ad nauseum*, só é possível gerir o que se pode medir. Eles simplificam e resumem uma variedade de dados em torno de uma questão e, desse modo, funcionam como componentes das atividades de planejamento, controle e comunicação com as diversas partes interessadas.

A moderna administração entende que os indicadores devem ser construídos durante o processo de planejamento juntamente com as metas. Não foi o que ocorreu com os indicadores dos ODSs: primeiro vieram estes em 2015 com base nos trabalhos do OWG; depois foi a vez dos indicadores. Estes foram estabelecidos pelo IAEG-SDGs após consultas aos representantes dos países e outros especialistas. Muitos indicadores foram propostos nessas consultas, alguns foram descartados, até que em meados de 2017 ficou finalmente definido um conjunto de 231 indicadores globais para as 169 metas. Oito indicadores são usados em mais de uma meta. Por exemplo, os indicadores 8.4.1 e o 12.2.1 são os mesmos. O Quadro 5.5 apresenta exemplos de indicadores das metas do ODS-7: assegurar a todos o acesso confiável, sustentável, moderno e a preço acessível à energia.

Há muitos critérios para classificar os indicadores de um modo geral. Os indicadores dos ODSs foram classificados pelo IAEG-SDGs em três camadas ou níveis (*tiers*), segundo o estado da arte da metodologia para calculá-los:

---

273 Ibid, parágrafo 75. Obs.: IAEG-ODSs = Inter-Agency and Expert Group on Sustainable Development Goals.

274 ABNT, 2015, definição 3.4.7.

- Nível 1: o indicador é conceitualmente claro, há uma metodologia estabelecida internacionalmente, e padrões disponíveis e os dados são produzidos regularmente por ao menos 50% dos países e da população em cada região onde ele é pertinente.
- Nível 2: o indicador é conceitualmente claro, há uma metodologia estabelecida internacionalmente e padrões disponíveis, porém os dados não são produzidos regularmente pelos países.
- Nível 3: não há metodologia estabelecida internacionalmente ou padrões disponíveis, mas eles estão sendo desenvolvidos ou testados.

Quadro 5.5 Objetivos, metas e indicadores de desenvolvimento sustentável – Exemplos

ODS-7 – Assegurar a todos o acesso à energia confiável, sustentável, moderno e a preço acessível	
Metas	Indicadores
Meta 7.1 – Até 2030, assegurar o acesso universal a serviços de energia confiável, moderno e a preços acessíveis.	7.1.1 – Proporção da população com acesso à eletricidade.
	7.1.2 – Proporção da população cuja fonte de energia primária provém de combustíveis e tecnologias limpas.
Meta.7.2 – Até 2030, aumentar substancialmente a participação de energias renováveis na matriz energética global.	7.2.1 – Proporção de energia renovável no consumo final total de energia.
Meta 7.3 – Até 2030, dobrar a taxa global de melhoria da eficiência energética.	7.3.1 – Intensidade energética medida pela energia primária e pelo PIB.
Meta 7.a – Até 2030, reforçar a cooperação internacional para facilitar o acesso à pesquisa e tecnologias de energia limpa, incluindo energias renováveis, eficiência energética e tecnologias de combustíveis fósseis avançadas e mais limpas, e promover o investimento em infraestrutura de energia e em tecnologias de energia limpa.	7.a.1 – Fluxos financeiros internacionais aos países em desenvolvimento para apoiar a P&D de energias limpas e produção de energia renovável, inclusive os sistemas hídricos.

Meta 7.b – Até 2030, expandir a infraestrutura e modernizar a tecnologia para o fornecimento de serviços de energia modernos e sustentáveis para todos nos países em desenvolvimento, particularmente nos países de menor desenvolvimento relativo, nos pequenos estados insulares em desenvolvimento e nos países em desenvolvimento sem litoral, de acordo com seus respectivos programas de apoio.	7.b.1 – Investimentos em eficiência energética em proporção ao PIB e a parcela de investimentos diretos estrangeiros em transferências financeiras destinadas à infraestrutura e tecnologia para serviços de desenvolvimento sustentável.

Fonte: UNGA. *Resolution* 71/313, 2017.

Em abril de 2019 o IAEG-SDGs identificou 101 indicadores no nível 1; 91 no nível 2; 34 no nível 3; e 6 em múltiplos níveis, ou seja, indicadores cujos componentes são classificados em mais de um nível, por exemplo: metodologia internacionalmente estabelecida, mas não há dados produzidos regularmente pelos países[275]. Isso significa que uma das tarefas mais urgente é a regularização dos indicadores para tirá-los dos níveis 2 e 3, uma tarefa que cabe não só ao IAEG-SDGs, ao Departamento de Estatísticas das Nações Unidas, mas também aos governos nacionais, subnacionais e locais. A fim de produzir dados confiáveis e comparáveis, cada indicador terá uma ficha técnica para padronizar o uso da metodologia, dos padrões e dados, como mostra o exemplo do Anexo 4.

Agendas 2030 nacionais e locais

A Agenda 2030 apresenta metas de caráter universal e, portanto, válidas para todos os países em sua integralidade. Ou seja, não cabe aos países escolher as que lhe interessam implantar, a não ser as que não lhes dizem respeito. Porém, assim como a Agenda 21 global, a Agenda 2030 também deve ser desagregada em agendas nacionais, subnacionais e locais, de modo a adequá-las às suas condições e circunstâncias. Nesses níveis, as agendas devem ser incorporadas às estratégias e planos que tenham em seus componentes questões sobre desenvolvimento sustentável.

No Brasil, âmbito do Executivo Federal, foi criada em 2016 a Comissão Nacional para os Objetivos de Desenvolvimento Sustentável (CNODS) com a finalidade de

---
275 IAEG-SDGs, 2019.

internalizar, difundir e dar transparência ao processo de implementação da Agenda 2030, subscrita pela República Federativa do Brasil. A Comissão é composta por representantes dos três entes da federação brasileira (União, estados e Distrito Federal e municípios), oito representantes da sociedade civil, com assessoria permanente do IPEA e IBGE, sendo que este último representa o Brasil no IAEG-SDGs. À Comissão compete:

    1) elaborar plano de ação para implementação da Agenda 2030;

    2) propor estratégias, instrumentos, ações e programas para a implementação dos ODSs;

    3) acompanhar e monitorar o desenvolvimento dos ODSs e elaborar relatórios periódicos;

    4) elaborar subsídios para discussões sobre o desenvolvimento sustentável em fóruns nacionais e internacionais;

    5) identificar, sistematizar e divulgar boas práticas e iniciativas que colaborem para o alcance dos ODSs; e

    6) promover a articulação com órgãos e entidades públicas das unidades federativas para a disseminação e a implementação dos ODSs nos níveis estadual, distrital e municipal[276].

O Brasil havia tido uma experiência razoavelmente exitosa com os ODMs, de modo que para os ODSs havia um caminho trilhado e um esboço de governança no âmbito do Executivo Federal, que acabou se consolidando com a criação do CNODS. Foi um dos primeiros países a apresentar o Relatório Voluntário Nacional (VAR) ao HLPF em 2017. Isso permitiu ao país iniciar de imediato a implementação dos ODSs realizando tarefas preparatórias, como a adequação de metas, indicadores e bases de dados. Com isso, participou da revisão feita pelo HLPF em 2017 sobre o tema "erradicação da pobreza e promoção da prosperidade em um mundo em mudança", envolvendo os ODS 1, 2, 3, 5, 9, 14 e 17, como comentado na seção anterior.

O VAR apresenta diversas medidas para atender as metas desses objetivos, a maioria criada anteriormente como Bolsa Família, Benefício de Prestação Continuada, Programa Nacional de Alimentação Escolar, Política Nacional de Gestão de Riscos e Resposta a Desastres, Programa Nacional de Habitação Rural[277]. Melhorar as medidas existentes e ampliar a sinergia entre elas já seria um avanço considerável, pois o período inicial da Agenda 2030 e seus ODSs encontra o país em recessão profunda, com mais de 14 milhões de desempregados, fora os que já desistiram de

---

276 BRASIL. Decreto 8.892, de 27/10/2016, 1º e 2º artigos.

277 BRASIL. Presidência da República, 2017.

procurar emprego, agravada pelo baixo crescimento econômico e poucos recursos para investimentos diante de uma crise fiscal sem precedentes na história brasileira.

Uma tarefa necessária à implementação da Agenda 2030 refere-se à adequação das suas metas às condições e circunstâncias nacionais e regionais. O IPEA, órgão de assessoria permanente do CNODS, realizou um estudo profundo sobre esse assunto, no qual analisou cada meta global em confronto com a realidade brasileira, como parte do Plano de Ação do CNODS para o período de 2017-2019. Para adequar as metas brasileiras foram adotados os seguintes requisitos:

> 1) aderência às metas globais a fim de não reduzir o seu alcance e a sua magnitude;
> 2) objetividade, por meio do dimensionamento quantitativo, quando as informações disponíveis o permitirem;
> 3) respeito aos compromissos, nacionais e internacionais, anteriormente assumidos pelo governo brasileiro;
> 4) coerência com os planos nacionais aprovados pelo Congresso Nacional;
> 5) observância às desigualdades regionais; e
> 6) observância às desigualdades de gênero, raça, etnia, geração, condições econômicas, entre outras[278].

A Tabela 5.1 apresenta o resultado do processo de adequação em números de metas. As metas não aplicáveis foram: (1) meta 8.a: aumentar o apoio à Ajuda para o Comércio (*Aid for Trade*) para os países em desenvolvimento, pois tal ajuda é uma atribuição exclusiva dos países desenvolvidos para os em desenvolvimento; e (2) meta 13.a: implementar compromisso assumido pelos países desenvolvidos partes da UNFCCC para mobilizar conjuntamente US$ 100 bilhões por ano para atender as necessidades dos países em desenvolvimento. Se o Brasil abrir mão da condição de país em desenvolvimento, conforme promessa do Presidente Jair Bolsonaro ao Presidente Donald Trump, terá que incluir essa meta e providenciar ajuda aos países em desenvolvimento, ou ficar devendo esse compromisso, o que contraria o princípio de adoção integral das metas. Também haverá prejuízos quanto ao acesso aos mercados via Sistema Geral de Preferências e aos medicamentos para fins de políticas públicas de saúde como previsto pela Declaração de Doha de 2011, ambos comentados anteriormente. Enfim, não sendo efetivamente um país desenvolvido, o Brasil não teria benefícios ao pertencer ao grupo dos países desenvolvidos.

---

278 IPEA, 2018.

Tabela 5.1: Resultado do processo de adequação das metas propostas para o Brasil

Metas	Número
1) metas globais	169
2) Metas não aplicáveis ao Brasil	2
3) Metas globais mantidas na versão original	39
4) Metas globais alteradas para adequar-se à realidade brasileira	128
5) Metas nacionais adicionadas	8
6) Total de metas nacionais (3+4+5)	175

O Quadro 5.6 apresenta exemplos de metas modificadas, comparando-as com as metas globais. Os motivos para as modificações são variados. Por exemplo, adequação dos parâmetros das metas globais aos parâmetros nacionais, como as metas 1.1 e 13.2; ampliação das metas globais por tê-las ultrapassados (meta 3.1); mudança de ênfase (metas 4.3, 7.2 e 12.5); explicitação do público-alvo (meta 16.1); mudança do modo de medir o cumprimento das metas (meta 8.1). As novas metas propostas, identificadas no texto do IPEA pela dupla letra "br", são em geral desdobramentos de metas globais no quesito em questão. Por exemplo, a meta global 12.3 prevê para 2030 a redução pela metade do desperdício de alimentos *per capita* mundial, em nível de varejo e do consumidor, e redução das perdas de alimentos ao longo das cadeias de produção e abastecimento, incluindo as perdas pós-colheita. Essa meta foi desdobrada em duas: uma idêntica a global; e outra para a criação de um marco regulatório para a redução do desperdício de alimentos no Brasil (meta 12.3 br).

Quadro 5.6 ODSs: metas globais e metas brasileiras propostas – Exemplos

Meta 1.1	Global	Até 2030, erradicar a pobreza extrema para todas as pessoas em todos os lugares, atualmente medida como pessoas vivendo com menos de US$ 1.25 por dia.
	Brasileira	Até 2030, erradicar a pobreza extrema para todas as pessoas em todos os lugares, medida como pessoas vivendo com menos de PPC$ 3.20 *per capita* por dia.
Meta 3.1	Global	Até 2030, reduzir a taxa de mortalidade materna global para menos de 70 mortes por 100.000 nascidos vivos.
	Brasileira	Até 2030, reduzir a razão de mortalidade materna para no máximo 30 mortes por 100.000 nascidos vivos.

Meta 4.3	Global	Até 2030, assegurar a igualdade de acesso para todos os homens e as mulheres à educação técnica, profissional e superior de qualidade, a preços acessíveis, incluindo a universidade.
	Brasileira	Até 2030, assegurar a equidade (gênero, raça, renda, território e outros) de acesso e permanência à educação profissional e à educação superior de qualidade, de forma gratuita ou a preços acessíveis.
Meta 7.2	Global	Até 2030, aumentar substancialmente a participação de energias renováveis na matriz energética global.
	Brasileira	Até 2030, manter elevada a participação de energias renováveis na matriz energética nacional.
Meta 8.1	Global	Sustentar o crescimento econômico *per capita*, de acordo com as circunstâncias nacionais e, em particular, pelo menos um crescimento anual de 7% do PIB nos países de menor desenvolvimento relativo.
	Brasileira	Registrar um crescimento econômico *per capita* anual médio de 1,6% entre 2016 e 2018; e de 2,55% entre 2019 e 2030.
Meta 12.5	Global	Até 2030, reduzir substancialmente a geração de resíduos por meio da prevenção, redução, reciclagem e reúso.
	Brasileira	Até 2030, reduzir substancialmente a geração de resíduos por meio da Economia Circular e suas ações de prevenção, redução, reciclagem e reúso de resíduos.
Meta 13.2	Global	Integrar medidas da mudança do clima nas políticas, estratégias e planejamentos nacionais.
	Brasileira	Integrar a Política Nacional sobre Mudança do Clima (PNMC) às políticas, estratégias e planejamentos nacionais.
Meta 16.1	Global	Reduzir significativamente todas as formas de violência e as taxas de mortalidade relacionadas, em todos os lugares.
	Brasileira	Reduzir significativamente todas as formas de violência e as taxas de mortalidade relacionadas, em todos os lugares, inclusive com a redução de 1/3 das taxas de feminicídio e de homicídios de crianças, adolescentes, jovens, negros, indígenas, mulheres e LGBT.

Fonte: (1) Metas globais: "Transformando Nosso Mundo: a Agenda 2030 para o Desenvolvimento Sustentável" [Disponível em http://www.br.undp.org/content/dam/brazil/docs/agenda2030/undp-br-Agenda2030-completo-pt-br-2016.pdf]. (2) Metas brasileiras propostas: IPEA, 2018.

No âmbito dos estados e municípios também se observam movimentações para implementar a Agenda 2030, começando com a criação de comissões, a exemplo da CNODS. No entanto, essas iniciativas dependem dos seus mandatários. Alguns deles foram eleitos com propostas contrárias a muitas metas, principalmente as que tratam de defesa do meio ambiente e dos direitos humanos. Esse problema não é exclusivo do Brasil e suas subdivisões. A Agenda 2030 surgiu em um período pouco favorável no cenário político com o avanço de políticos e partidos negacionistas em vários países, que se não a atacam diretamente, a relegam ao esquecimento.

O cenário econômico também conspira contra a sua implantação. A crise financeira internacional de 2007-2008 e as políticas de austeridade que vieram em seguida favoreceram o surgimento de partidos e políticos populistas que se aproveitam da insatisfação da população para atacar a democracia e suas instituições, tais como: o processo eleitoral, a independência dos poderes, a imprensa livre, os conselhos de políticas públicas setoriais. Pondo a culpa na globalização, retomam o discurso nacionalista contrário ao multilateralismo tanto no comércio mundial quanto nos acordos intergovernamentais sobre meio ambiente, direitos humanos, combate à corrupção, financiamento do desenvolvimento, entre outros.

O quadro de desajustes verificado em muitos países, Brasil inclusive, tem levado a um estado de recessão democrática, uma situação análoga à recessão econômica. Esta se caracteriza pela redução da atividade econômica provocando desemprego, falências e diminuição de receita dos entes públicos. A recessão democrática caracteriza-se pela descrença nas instituições democráticas e na sua eficácia para tratar dos assuntos que lhes são atribuídos[279]. Como mostrado anteriormente, o desenvolvimento sustentável requer várias dimensões, entre elas a política e a institucional. A primeira é a que traduz a ideia de desenvolvimento como um direito de todos, não só como beneficiários, mas também, e principalmente, como participantes ativos dos seus processos, o que requer regimes democráticos. Esta dimensão é complementada pela instrucional, a que trata do funcionamento do aparato estatal e do seu relacionamento com a sociedade. Considerando o quadro de desajustes mencionados acima, uma das primeiras tarefas da Agenda 2030 será recuperar a credibilidade das instituições democráticas.

A Agenda 2030 e as organizações

O movimento do desenvolvimento sustentável não depende somente dos governantes do momento, embora sem o seu empenho fique mais difícil cumprir seus objetivos e metas. Muitas empresas, associações de classe, associações profissionais, sindicatos,

---

[279] Diamond, L., 2015.

cooperativas, instituições de ensino e pesquisa, organizações sem fins lucrativos, entre outros tipos de organizações, que aderiram a esse movimento se comprometeram com a Agenda 2030 no que lhe dizem respeito. Organizações prestigiadas no mundo empresarial, como WBCSD, WWF, WRI, CERES, GRI, ICC, ISO/IEC, vêm de longa data incentivando o envolvimento das empresas com o desenvolvimento sustentável, inclusive oferecendo modelos e instrumentos de ação. Por exemplo, a WBCSD, uma organização que conta com conselhos em 36 países, inclusive no Brasil, onde é representado pelo CEBDS, e cerca de 200 grandes empresas, estabeleceu seis programas visando cumprir os ODS, a saber: (1) economia circular, (2) cidades e mobilidade, (3) clima e energia, (4) alimentos e natureza, (5) pessoas e (6) redefinição de valores. Esses programas são completamente aderentes aos cinco elementos do desenvolvimento sustentável mencionados na Figura 5.1 e no Quadro 5.1.

Não menos importantes foram as iniciativas da UNIDO e PNUMA, atual ONU Meio Ambiente, envolvendo milhares de empresas em todo mundo em torno de práticas sustentáveis como o modelo de gestão denominado Produção mais Limpa (P+L) e a iniciativa do ciclo de vida, comentada anteriormente. Digno de nota é a Iniciativa Financeira do PNUMA criada como resultado da Conferência do Rio de 1992 para promover práticas de financiamento compatíveis com os objetivos do desenvolvimento sustentável. Desde então, vários bancos, seguradoras e investidores e outras organizações financeiras em diversas partes do mundo passaram a considerar questões ambientais e sociais entre os critérios para concessão de financiamentos. O crescimento do número de investidores preocupados com essas questões levou à criação de instrumentos para medir o desempenho financeiro das empresas em relação aos seus envolvimentos com práticas sustentáveis a fim de valorizá-las no mercado de capitais. O *Dow Jones Sustainability Indexes* criado em 1999 foi o primeiro, depois surgiram outros, inclusive o Índice de Sustentabilidade Empresarial, criado em 2005 pela Bolsa de Valores de São Paulo (BOVESPA), atualmente B3, de Brasil, Bolsa e Balcão.

A participação crescente de organizações dos mais variados tipos como parceiras do desenvolvimento sustentável foi amplamente estimulada pelas Nações Unidas e suas agências. Um marco importante desse envolvimento ocorreu com a Agenda 21 ao estabelecer como parceiros prioritários os seguintes grupos principais: mulher, infância e juventude, indígenas e suas comunidades, organizações não governamentais, autoridades locais, trabalhadores e seus sindicatos, comércio e indústria, agricultores e comunidade científica e tecnológica (cf. Quadro 3.3, seção III). Posteriormente, em 1998, foi criado o Fundo das Nações Unidas para a Parceria

Internacional (UNFIP, de *UN Fund for International Partnerships*), com o objetivo de promover a cooperação entre múltiplas partes interessadas, tendo como aporte inicial US$ 1.00 bilhão doado por Ted Turner, um empresário norte-americano do setor de comunicações, ao qual se somaram outros tantos bilhões.

Em 2002, durante a Conferência Rio+10, as organizações da sociedade civil tiveram um papel de destaque; foram as que mais apresentaram propostas e de certa forma salvaram a Conferência de um final melancólico. O estímulo e apoio às organizações da sociedade civil, em especial as do grupo principal da Agenda 21, continuou com a criação do Escritório das Nações Unidas para a Parceria (UNOP, de *UN Office for Partnerships*) em 2006. A culminância desse esforço se dá com a criação de uma plataforma online para registrar os compromissos e as parcerias voluntárias de qualquer parte interessada em relação aos ODSs[280]. Qualquer parte interessada pode registrar nessa plataforma as suas iniciativas para implementar os ODSs que julgar pertinentes. Registrada a iniciativa, ela passa por um processo de checagem antes de ser publicada. Desse modo, a plataforma tornou-se um banco de boas práticas relacionadas aos ODSs. O relatório da Plataforma de 2018 informa sobre cerca de 4.000 iniciativas voluntárias registradas contemplando ações relativas aos 17 ODSs[281]. Esse número é bem menor do que real. Apenas uma minoria de organizações registra seus feitos; em geral, as que têm algo de novo a mostrar e assim firmar seu pioneirismo.

Várias entidades empresariais vieram em auxílio às empresas para que estas possam contribuir efetivamente como os ODSs. Um exemplo é o WBCSD que criou uma Comissão de Desenvolvimento Sustentável Empresarial para promover os ODSs junto às empresas. Entre as realizações dessa Comissão merece destaque um guia endereçado aos dirigentes empresariais para orientar a adesão de suas empresas aos ODSs e oferecer exemplos de soluções que favoreçam a adesão sem perda de competitividade[282]. Os entendimentos mais avançados de responsabilidade social empresarial o consideram meios para que as empresas contribuam para o desenvolvimento sustentável. Esses entendimentos foram adotados na norma sobre gestão da responsabilidade social ISO 26000, comentada no segundo capítulo, outra iniciativa que favorece a adoção dos ODSs, embora tenha sido criada antes de 2015. Como mostra o Quadro 2.3, os temas centrais dessa norma tratam de questões que

---

[280] Cf. mais em https://sustainabledevelopment.un.org/partnerships/about
[281] DSDG/UNDESA, 2018.
[282] Cf. mais em https://www.wbcsd.org/Overview/Resources/General/CEO-Guide-to-the-SDGs

também são pertinentes a vários ODSs e suas metas. Mais do que isso, a aplicação da norma permite que a organização conheça melhor suas partes interessadas, seus recursos, as normas legais aplicáveis e seus impactos sobre a sociedade e o meio ambiente, passos importantes para definir as questões que merecem atenção prioritária e que em muitos casos, quando não a maioria, são aderentes às metas dos ODSs.

Considerando a quantidade de iniciativas e organizações envolvidas, é razoável supor que, apesar das múltiplas crises que reduzem a atuação do poder público de muitos países e suas subdivisões, a Agenda 2030 seguirá sendo implementada. Uma questão preocupante refere-se ao ritmo da implementação, isto é, se está sendo implementada com a urgência e abrangência necessárias para transformar o nosso mundo e alcançar o futuro que queremos enquanto ainda houver tempo para isso. Como a atuação das organizações está sujeita às próprias estratégias, é razoável supor que a escolha dos objetivos e metas de desenvolvimento sustentável privilegiará os que lhes proporcionem ganhos no caso das empresas ou a geração de receitas que garantam a sua manutenção no caso das organizações que não visam lucro.

No caso das empresas, a possibilidade de unir os seus interesses (p. ex.: aumentar lucratividade, ampliar a fatia do mercado atual, entrar em um novo mercado) com objetivos sociais e ambientais mais amplos tem sido uma preocupação constante de dirigentes empresariais, consultores e acadêmicos. Isso tem gerado diversos modelos e instrumentos de gestão que permitem às empresas participar do esforço global pelo desenvolvimento sustentável e ainda obter proveitos às suas partes interessadas: proprietários/acionistas, trabalhadores, fornecedores, clientes, comunidade vizinha. No entanto, a união de interesses diversos, não raro contraditórios, limita suas escolhas aos humores do ambiente de negócio. Muitas empresas abandonaram as práticas consideradas sustentáveis, assim esse ambiente se tornou hostil. Ou seja, tanto do lado dos governos quanto das organizações há muitos obstáculos para cumprir a Agenda 2030, mas ninguém disse que seria fácil. Uma atitude compatível com o desafio dessa empreitada é um otimismo crítico, com pé no chão, ciente de que sempre poderá haver retrocesso, pois, como dissera o poeta, há pedras no meio do caminho.

Considerações finais

O desenvolvimento sustentável já percorreu um longo caminho se for considerado como suas origens as ações das Nações Unidas para promover o desenvolvimento desde a sua criação e em especial, com a instituição das décadas para o desenvolvimento, cuja primeira vigorou de 1961 a 1970. Essas décadas visavam efetivar um dos objetivos das Nações Unidas, qual seja, promover a cooperação internacional para enfrentar problemas econômico, social, cultural ou humanitário respeitando os direitos humanos e as liberdades fundamentais para todos, sem distinção de raça, sexo, língua ou religião. As décadas não apenas indicavam metas desejáveis de crescimento econômico em termos quantitativos para os países menos desenvolvidos, mas também a necessidade de promover a melhoria dos empregos e das condições de trabalho e a erradicação do analfabetismo, da fome e das enfermidades que comprometiam a produtividade da população. Como diz um documento criador de uma dessas décadas, o objetivo último do desenvolvimento é trazer melhoria sustentável no bem-estar do indivíduo e conceder vantagens para todos. Pois se persistirem privilégios indevidos, diferenças extremas de riqueza e injustiças sociais, o desenvolvimento estará falhando em seu propósito essencial. Daí a necessidade de uma estratégia global de desenvolvimento com base na ação articulada e concentrada de todos os países, desenvolvidos e em desenvolvimento, e em todas as esferas da vida econômica e social[283].

Essas ideias, ampliadas com a inclusão de preocupações com o meio ambiente, conduziram ao conceito de desenvolvimento sustentável. No início, as preocupações restringiam-se ao uso dos recursos naturais não renováveis para evitar o seu esgotamento prematuro e a sobre-exploração dos renováveis. As questões ambientais

---

[283] United Nations General Assembly, Resolution 2626, 1970.

entendidas de modo mais abrangente passaram a ter destaque posteriormente em decorrência da maior compreensão sobre o processo de desenvolvimento e do estado avançado de degradação ambiental observado em muitas partes do planeta, sem que tivesse proporcionado melhoria do bem-estar das suas populações. A Conferência de Estocolmo de 1972 tornou-se um marco dessa inclusão ao vincular desenvolvimento e meio ambiente de um modo amplo. Foi aí também que surge o primeiro plano global para tratar do desenvolvimento e meio ambiente em conjunto e de modo articulado, o Plano de Ação para o Meio Ambiente Humano. Esse Plano apresentou diversas recomendações endereçadas aos governos e às entidades do sistema das Nações Unidas, como o secretário-geral, o Conselho Econômico e Social, a FAO, a UNESCO. Por ser uma agenda de uso interno, teve pouca repercussão na opinião pública, embora tenha dado início à criação de uma rede de instituições para promover esse novo conceito de desenvolvimento, como a criação do PNUMA, hoje ONU Meio Ambiente, bem como inúmeros órgãos nacionais.

Na Conferência das Nações Unidas Sobre Meio Ambiente e Desenvolvimento, realizada no Rio de Janeiro em 1992, esse novo conceito de desenvolvimento passou a ser denominado desenvolvimento sustentável, uma denominação que havia surgido pela primeira vez em 1980 no documento Estratégia de Conservação Mundial elaborado pela IUCN, WWF e PNUMA. Essa Conferência trouxe várias novidades importantes, como a aprovação das convenções da biodiversidade e da mudança climática e a Agenda 21, um plano de ação endereçado a um público amplo, entre eles um conjunto de nove grupos de parceiros principais, a saber: mulheres, crianças e jovens, indígenas e suas comunidades, ONGs, trabalhadores e seus sindicatos, agricultores, entidades do comércio e da indústria, comunidade científica e tecnológica, autoridades locais.

Como explicado no terceiro capítulo, a Agenda 21 transformou em programas de ação direcionados a esse público uma quantidade enorme de acordos, tratados, declarações, resoluções e outros documentos intergovernamentais aprovados ao longo de décadas. Ou seja, deu a esses documentos maior visibilidade e operacionalidade para que pudessem ser postos em prática de modo mais efetivo e com mais celeridade. Isso não é pouca coisa. Tome, por exemplo, a Declaração Mundial sobre Ensino para Todos, aprovada na Conferência de Jomtien em 1990. Na melhor das hipóteses, seu destino no país que a adotou seriam órgãos públicos ligados à educação, embora todos os membros da sociedade devam dar sua contribuição para a consecução dos seus objetivos. Ao transformar a Declaração em um programa, a Agenda a torna conhecida por um público mais amplo do que os profissionais da educação, o que estimula a cobrança por parte da sociedade e favorece a sua efetivação.

Mas nem tudo foram rosas para a Agenda 21. Houve dificuldades para implementá-la devido às mudanças no ambiente político e econômico mundial. O clima favorável em 1992 foi se perdendo com o passar do tempo. De um lado, crises econômicas; de outro, os avanços das teses neoliberais que, como se sabe, não vê o desenvolvimento com bons olhos pela grande importância dada ao Estado e às políticas públicas. A quantidade de vezes que a Agenda 21 fala em estados, governos e políticas públicas causa arrepios aos adeptos dessas teses. Muitos estudos sobre desenvolvimento viam o Estado como um agente fundamental para reorientar os processos econômicos e sociais a fim de superar o atraso. Os planos de desenvolvimento realizados em diversos países atribuíam ao Estado e seus agentes um papel predominante. Os planos de desenvolvimento nacionais realizados no Brasil eram planos estatais, prescreviam amplo direcionamento das atividades econômicas. Essa vinculação entre desenvolvimento e ação estatal contaminou o conceito de desenvolvimento sustentável nos ambientes mais afinados com o ideário neoliberal, como o empresarial. Assim, a palavra desenvolvimento foi sendo suprimida e a expressão "desenvolvimento sustentável" substituída por "sustentabilidade".

Felizmente, no âmbito das Nações Unidas e suas agências a denominação usada continua sendo "desenvolvimento sustentável". O uso da palavra sustentabilidade em vez de desenvolvimento sustentável não é mero capricho linguístico. Duas questões são evitadas ao usar apenas a palavra sustentabilidade. Evita o debate sobre crescimento econômico que, como mostrado no segundo capítulo, não se confunde com desenvolvimento. Isso permite considerar o crescimento um objetivo permanente que é tanto melhor quanto maior. O que é uma falácia, pois como o crescimento nunca ocorre de modo homogêneo, nem todos os segmentos da sociedade são beneficiados, o que acaba gerando desigualdades sociais que serão tanto mais intensas quanto maior o crescimento. Evita também considerar as dimensões política e institucional do desenvolvimento e, consequentemente, o papel de destaque dos governos e das organizações públicas na condução dos processos de desenvolvimento. Como mostrado no segundo capítulo, a dimensão política do desenvolvimento deve-se à sua consideração enquanto um direito humano, o que remete à democracia como uma condição necessária. A dimensão institucional remete aos esforços dispendidos pelos governos e governados para realizar as mudanças para melhorar a qualidade de vida das pessoas.

Com a chegada do novo século, a ideia de uma agenda com áreas-programas do tipo da Agenda 21 parece ter chegado ao fim, principalmente depois que o Plano de Implementação de Johanesburgo, aprovado em 2002 na Conferência Rio+10, teve um desempenho medíocre. Enquanto isso, a implementação dos oito Objetivos de Desenvolvimento do Milênio (ODSs), criados dois anos antes, mostrava mais vigor, inclusive por ser mais fácil de adaptá-los às condições dos países e suas subdivisões. Talvez por isso, a Conferência Rio+20 realizada em 2012 não produziu nenhum plano de ação, afinal os ODS ainda tinham mais três anos pela frente. O documento resultante dessa Conferência, "O Futuro Que Queremos", não só teve pouca repercussão, mas muito dessa repercussão foram críticas pela falta de temas novos e novas abordagens para enfrentar os problemas sociais, ambientais e econômicos globais.

A experiência relativamente bem-sucedida dos ODMs levou as Nações Unidas a repetir a dose com mais ousadia, lançando os Objetivos de Desenvolvimento Sustentável (ODSs) em 2015 como parte integrante da Agenda 2030 para o desenvolvimento sustentável. De fato, muitas metas dos oito ODS foram alcançadas em diversos países, o Brasil inclusive teve um desempenho satisfatório em muitas metas dado o tamanho dos problemas envolvidos. Além dos ODSs, a Agenda 2030 contém uma declaração, uma lista de princípios, meios de implementação e de avaliação. Ela resultou de um processo amplo de consultas e debates desde o final da Conferência Rio+20 até a sua aprovação durante a Cúpula das Nações Unidas para o Desenvolvimento Sustentável em 2015.

Uma das críticas à Agenda refere-se ao fato de que os ODMs, que eram apenas oito, não foram alcançados em sua totalidade, o que se poderia esperar de 17 ODSs e suas 169 metas? Há muitas diferenças entre estes dois conjuntos de objetivos que enfraquecem essa crítica. Os ODMs não foram criados com um envolvimento tão significativo da sociedade como foram os ODSs, como comentado acima. A experiência na implementação dos ODMs, ainda que nem sempre bem-sucedida, gerou aprendizados em diversos países e suas subdivisões que foram aproveitados pelos ODSs. A Agenda estabeleceu metas de implementação e mecanismos de revisão e de correção de rumos, ambos ausentes nos ODMs.

Mesmo cercada de tantos cuidados, nada garante que todas as suas metas sejam alcançadas ao fim do período estipulado. Sem dúvidas, muitas ações serão realizadas para cumprir a Agenda e seus objetivos em todas as partes do mundo e que irão melhorar a vida de centenas de milhões de pessoas em muitos lugares. E novas agendas serão criadas, tendo como ponto de partida os resultados alcançados pelas anteriores. A Agenda 2030 expressa uma ambição que parece desmedida: embarcar numa jornada coletiva com o compromisso de que "ninguém seja deixado para trás"[284]. Há algo de quixotesco nesse compromisso. É como sonhar o sonho impossível e tentar alcançar a estrela inalcançável, como diz a letra do musical "O homem de la Mancha". Certamente muita gente ficará para trás. O que importa aqui é manifestar a ideia de que o desenvolvimento é um direito de todos e que todos devem se comprometer em tornar essa ideia uma realidade.

---

284 Agenda 2030, preâmbulo.

Referências

ACOT, P. *Historia del clima*: desde el big-bang a las catástrofes climáticas. Buenos Aires: El Ateneo, 2005.

ASHBY, M.; JOHNSON, K. *Materiais e design*. Rio de Janeiro: Elsevier, 2011.

ASSOCIAÇÃO BRASILEIRA DE NORMAS TÉCNICAS (ABNT). *NBR ISO 14001:2015 – Sistemas de gestão ambiental*: requisitos com orientações para uso. Rio de Janeiro: ABNT, 2015.

_____. *NBR ISO 26000:2010 – Diretrizes sobre responsabilidade social*. Rio de Janeiro: ABNT, 2010.

BAIRD, C. *Química ambiental*. Porto Alegre: Bookman, 2002.

BRASIL. *Decreto 8.892 de 27/10/2016 – Cria a Comissão Nacional para os Objetivos de Desenvolvimento Sustentável*. Brasília: DOU, 31/10/2016.

_____. *Lei 13.104, de 09/03/2015 –* Altera o artigo 121 do Decreto-Lei n. 2.848, de 7 de dezembro de 1940; Código Penal, para prever o feminicídio como circunstância qualificadora do crime de homicídio, e o artigo 1º da Lei n. 8.072, de 25 de julho de 1990, para incluir o feminicídio no rol dos crimes hediondos. Brasília: DOU, 13/03/2015.

_____. *Emenda constitucional n. 72, de 02/04/ 2013 –* Altera a redação do parágrafo único do artigo 7º da Constituição Federal para estabelecer a igualdade de direitos trabalhistas entre os trabalhadores domésticos e os demais trabalhadores urbanos e rurais. Brasília: DOU, 03/04/2013.

_____. *Lei 12.305 de 02/08/2010 –* Institui a Política Nacional de Resíduos Sólidos; altera a Lei n. 9.605, de 12 de fevereiro de 1998; e dá outras providências. Brasília: DOU, 03/08/2010.

_____. *Decreto 6.214, de 26/09/2007 –* Regulamenta o benefício de prestação continuada da assistência social devido à pessoa com deficiência e ao idoso de que trata a Lei n. 8.742, de 07/12/1993 e a Lei n. 10.741, de 01/10/, acresce parágrafo ao artigo 162 do Decreto n. 3.048, de 06/05/1999, e dá outras providências. Brasília: DOU, 28/09/2007.

_____. *Lei 10.836, de 09/01/2004* – Cria o Programa Bolsa Família e dá outras providências. Brasília: DOU, 12/01/2004.

_____. *Decreto 5.209, de 17/09/2004* – Regulamenta a Lei n. 10.836, de 9 de janeiro de 2004, que cria o Programa Bolsa Família, e dá outras providências. Brasília: DOU, 20/09/2004.

_____. *Lei 10.741, de 01/10/2003* – Dispõe sobre o Estatuto do Idoso e dá outras providências. Brasília: DOU, 03/10/2003.

_____. *Decreto 4.377, de 13/09/2002* – Promulga a Convenção sobre a Eliminação de Todas as Formas de Discriminação contra a Mulher, de 1979, e revoga o Decreto 89.460, de 20/03/1984. Brasília: DOU, 16/09/2002.

_____. *Lei 10.257, de 10 de julho de 2001* – Regulamenta os artigos 182 e 183 da Constituição Federal, estabelece diretrizes gerais de política urbana e dá outras providências. Brasília: DOU, 11/7/2001.

_____. *Lei 9.279, de 14/05/1996* – Regula direitos e obrigações relativos à propriedade industrial. Brasília: DOU, 15/05/1996.

_____. *Lei 9.313, de 13/11/1996* – Dispõe sobre a distribuição gratuita de medicamentos aos portadores do HIV e doentes de AIDS. Brasília: DOU, 14/11/1996.

_____. *Decreto 1.355, de 30/12/1994* – Promulga a Ata Final que Incorpora os Resultados da Rodada Uruguai de Negociações Comerciais Multilaterais do GATT. Brasília: DOU, 31/12/1994.

_____. *Decreto 99.165, de 12/03/1990* – Promulga a Convenção das Nações Unidas sobre o Direito do Mar. Brasília: DOU, 14/03/1990

_____. *Constituição da República Federativa do Brasil*. Brasília, 1988.

BRASIL/MINISTÉRIO DO MEIO AMBIENTE (MMA). *Estratégia e Plano de Ação Nacionais para a Biodiversidade* – EPANB: 2016-2020. Brasília: Ministério do Meio Ambiente/ Secretaria de Biodiversidade/Departamento de Conservação de Ecossistemas/MMA, 2017.

BRASIL/SECRETARIA DE GOVERNO DA PRESIDÊNCIA DA REPÚBLICA/MINISTÉRIO DO PLANEJAMENTO, DESENVOLVIMENTO E GESTÃO. *Relatório Nacional Voluntário sobre os Objetivos de Desenvolvimento Sustentável*. Brasília: Presidência da República, 2017.

COMISSÃO DE POLÍTICAS DE DESENVOLVIMENTO SUSTENTÁVEL E DA AGENDA 21 NACIONAL (CPDS). *Agenda 21 brasileira*: ações prioritárias. Brasília: Ministério do Meio Ambiente, 2004 [Disponível em http://www.mma.gov.br/responsabilidade-socioambiental/ agenda-21 – Acesso em 15/07/2017].

_____. *Agenda 21 brasileira*: bases para discussão. Brasília: Ministério do Meio Ambiente, 2004 [Disponível em http://www.mma.gov.br/responsabilidade-socioambiental/agenda-21 – Acesso em 15/07/2017].

COMISSÃO MUNDIAL DE CULTURA E DESENVOLVIMENTO (CMCD). *Nossa diversidade criadora*. Campinas/Brasília: Papirus/UNESCO, 1997.

COMISSÃO MUNDIAL SOBRE MEIO AMBIENTE E DESENVOLVIMENTO (CMMAD). *Nosso futuro comum*. Rio de Janeiro: Fundação Getúlio Vargas, 1991.

CONVENÇÃO QUADRO DAS NAÇÕES UNIDAS SOBRE MUDANÇA DO CLIMA (UNFCCC). *Adoção do Acordo de Paris* – FCC/CP/2015/L.9/Rev1, 2015 [Disponível em https://nacoesunidas.org/wp-content/uploads/2016/04/Acordo-de-Paris.pdf].

COSTANZA, R.; McGLADE, J.; LOVINS, H.; KUBISZEWSKI. An overarching goal of the UN Sustainable Development Goals. In: *Solutions*, vol. 5, jul.-ago./2014 [Disponível em http://www.thesolutionsjournal.com/].

DALY, H.E. Sustainable growth: a bad oxymoron. In: *Environmental Carcinogenesis Reviews*, 8 (2), 1990, p. 401-407.

DEUTSCHE BANK RESEARCH. *Measures of well-being*: there is more to it than GDP. Munique: Deutsche Bank Research/Global Growth Centres 2020, mar./2005 [Disponível em http://citeseerx.ist.psu.edu/viewdoc/download?doi=10.1.1.175.7811&rep=rep1&type=pdf].

DIAMOND, L. Facing Up to the Democratic Recession. In: *Journal of Democracy*, vol. 26, n. 1, 2015.

ELLEN MacARTHUR FOUNDATION (EMF). *Towards the circular economy: economic and business rationale for an accelerated transition*, 2013 [Disponível em https://www.ellenmacarthurfoundation.org/assets/downloads/publications/Ellen-MacArthur-Foundation-Towards-the-Circular-Economy-vol.1.pdf?].

FRANCESCO, PAPA. *Lettera Encíclica Laudato si'*: sulla cura della casa comune. Milão: Ancora, 2015.

FRIEDMAN, M. The social responsibility of business is to increase its profits. In: *New York Times*, 13/09/1970.

FOLKE, C.R.; BIGGS, A.V.; NORSTRÖM, B.; REYERS, B.; ROCKSTRÖM, J. Social-ecological resilience and biosphere-based sustainability science. In: *Ecology and Society*, 21 (3), 2016, p. 41.

GEISSDOERFER, M.; SAVAGET, P.; BOCKEN, N.M.P.; HULTINK, E.J. The Circular Economy – A new sustainability paradigm? In: *Journal of Cleaner Production*, 143 (1), p. 757-768 [Disponível em https://doi.org/10.1016/j.jclepro.2016.12.048].

GUIMARÃES, P.R. Desarrollo sustentable en América Latina y el Caribe: desafíos y perspectivas a partir de Johannesburgo 2002. In: ALIMONA, H. (coord.). *Los tormentos de materia*: aportes para una ecología política latinoamericana. Buenos Aires: Consejo Latinoamericano de Ciencias Sociales, 2006.

HERRING, H.; ROY, R. Technological innovation, energy efficient design and the rebound effect. In: *Technovation*, vol. 27, 2007, p. 194-203 [Disponível em https://www.sciencedirect.com/science/article/pii/S016649720600112X].

HOUAISS. A. *Dicionário da Língua Portuguesa*. Rio de janeiro: Instituto Antonio Houaiss, 2009.

IAEG-SDGs. *Tier Classification for Global SDG Indicators, April 2019* [Disponível em https://unstats.un.org/sdgs/files/Tier%20Classification%20of%20SDG%20Indicators_4%20April%202019_web.pdf].

INSTITUTO BRASILEIRO DE GEOGRAFIA E ESTATÍTICA (IBGE). *Estatísticas de gênero* – Indicadores sociais das mulheres no Brasil. Rio de Janeiro: IBGE, 2018 [Estudos e Pesquisas: Informação Demográfica e Socioeconômica, n. 38].

_____. *Indicadores de desenvolvimento sustentável* – Brasil, 2015. Rio de janeiro: IBGE, 2015.

INSTITUTO DE PESQUISA ECONÔMICA APLICADA (IPEA). *Agenda 2030*: ODS-Metas Nacionais dos Objetivos de Desenvolvimento Sustentável. Brasília: IPEA, 2018 [Disponível em http://www.ipea.gov.br/portal/images/stories/PDFs/livros/livros/180801_ods_metas_nac_dos_obj_de_desenv_susten_propos_de_adequa.pdf].

INSTITUTO DE PESQUISA ECONÔMICA APLICADA (IPEA); FORUM BRASILEIRO DE SEGURANÇA PÚBLICA (FBSP). *Atlas da violência, 2018*. Brasília: IPEA/FBSP, 2018.

INSTITUTO DE PESQUISA ECONÔMICA APLICADA (IPEA); PROGRAMA DAS NAÇÕES UNIDAS PARA O DESENVOLVIMENTO (PNUD); FUNDAÇÃO JOÃO PINHEIRO (FJP). *Radar IDHM*: evolução do IDHM e de seus índices componentes no período. Brasília: IPEA/PNUD/FJP, 2019.

INTERGOVERNMENTAL PANEL ON CLIMATE CHANGE (IPCC). *Climate Change 2014*: Synthesis Report. Contribution of Working Groups I, II and III to the Fifth Assessment Report of the Intergovernmental Panel on Climate Change. Genebra: Switzerland, 2014

INTERNATIONAL LABOUR OFFICE (ILO). *Decent Work*: Report of the Director General, International Labour Conference, 87th Session. Genebra: ILO, 1999 [Disponível em https://www.ilo.org/public/libdoc/ilo/P/09605/09605(1999-87).pdf].

_____. *Meeting basic needs*: strategies for eradicating mass poverty and unemployment – Conclusions of the World Employment Conference 1976. Genebra: ILO, 1977.

INTERNATIONAL UNION FOR CONSERVATION OF NATURE (IUCN); UNITED NATIONS ENVIRONMENT PROGRAM (UNEP); WORLD WILD FUND (WWF). *Cuidando do Planeta Terra*: uma estratégia para o futuro da vida. São Paulo: CL-A Cultural, 1.991 [Trad. do *Caring for the Earth: a strategy for sustainable living*, publicado inicialmente em Gland, Suíça em 1991].

_____. *World conservation strategy* – Living resourse conservation for sustainable development. Suíça: Gland. 1980.

JACKSON, T. *Prosperidade sem crescimento*: vida boa em um planeta finito. São Paulo: Planeta Sustentável/Abril, 2013.

KALMYKOVA, Y.; SADAGOPAN, M.; ROSADO. L. From review of theories and practices to development of implementation tools. In: *Resources, Conservation & Recycling*, vol. 135, 2018, p. 190-220.

LÉLÉ, S. Sustainable development: a critical review. In: *World Development*, vol. 19, n. 6, 1991, p. 607-621.

MARREWIJK, M. Concepts and definitions of CSR and corporate sustainability: between agency and communion. In: *Journal of Business Ethics*, vol. 44, 2003.

MARX, K. *O Capital*: crítica da Economia Política. Vol. 1. Trad. de Regis Barbosa e Flávio R. Kothe. São Paulo: Abril, 1984 [1. ed., 1867].

MEADOWS, D.H.; MEADOWS, D.L.; RANDERS, J.; BEHRENS, W.W. *Limites do crescimento*. São Paulo: Perspectiva, 1972.

MY WORLD: THE UNITED NATIONS GLOBAL SURVEY FOR A BETTER WORLD. *Listening to 1 million voices*: analyzing the findings of the first one million MY World votes [Disponível em https://www.odi.org/sites/odi.org.uk/files/odi-assets/publications-opinion-files/8580.pdf].

NONGOVERNMENTAL PANEL ON CLIMATE CHANGE (NIPCC). *Why Scientists Disagree About Global Warming*: the NIPCC Report on Scientific Consensus. Arlington Heights, Illinois: The Heartland Institute/NIPCC, 2016.

NORMAN, W.; MacDONALD, C. Getting to bottom of triple bottom line. In: *Business Ethics Quartely*, vol. 14, n. 2, 2004.

ODUM, E.P. *Ecologia*, Rio de Janeiro: Guanabara Koogan, 1988.

OPEN WORKING GROUP OF THE GENERAL ASSEMBLY (OWG). *Report of the Open Working Group of the General Assembly on Sustainable Development Goals* – General Assembly, A/78/70, 2014 [Disponível em http://undocs.org/A/68/970].

ORGANISATION FOR ECONOMIC CO-OPERATION AND DEVELOPMENT (OECD). *Eco-efficiency*. Paris OECD, 1998.

O'RIORDAN, T. *Environmental science for environmental management*. Londres: Pearson/Prentice Hall, 2000.

PARLAMENTO EUROPEU; CONSELHO DA UNIÃO EUROPEIA. Diretiva (UE) 2018/851 do Parlamento Europeu e do Conselho, de 30 de maio de 2018, que altera a Diretiva 2008/98/

CE relativa aos resíduos. In: *Jornal Oficial da União Europeia*, L 150/109 [Disponível em https://eur-lex.europa.eu/eli/dir/2018/851/oj].

PEARCE, D.; MARKANDYA, A.; BARBIER, E.B. *Blueprint for a green economy*. Londres: Earthscan, 1989.

SACHS, D.J. From millennium development goals to sustainable development goals. In: *Lancet*, vol. 379, 2012, p. 2.206-2.211.

SACHS, I. *A terceira margem*: em busca do ecodesenvolvimento. São Paulo: Cia das Letras, 2009.

_____. *Desenvolvimento*: includente, sustentável e sustentado. Rio de Janeiro: Garamond, 2004.

_____. *Estratégias de transição para o século XXI*: desenvolvimento e meio ambiente. São Paulo: Studio Nobel/Fundação de Desenvolvimento Administrativo (FUNDAP), 1993.

_____. Ecodesarrollo: concepto, aplicación, implicaciones. In: *Comercio Exterior*, vol. 30, n. 7, jul./1980, p. 718-725. México.

SCHMIDHEINY, S. *Mudando o rumo*: uma perspectiva empresarial global sobre desenvolvimento sustentável. Rio de Janeiro: Fundação Getúlio Vargas, 1992.

SCHUMACHER, E.F. *O negócio é ser pequeno* – Um estudo de Economia que leva em conta as pessoas. Rio de Janeiro: Zahar, 1977 [1. ed., Londres, 1973].

SILVA, F.C.; SHIBAO, F.Y.; KRUGLIANSKAS, I.; BARBIERI, J.C.; SINISGALLI, P.A.A. Circular economy: analysis of the implementation of practices in the Brazilian network. In: *Revista de Gestão (REGE)*, vol. 26, 2018, p. 39-60 [Disponível em https://doi.org/10.1108/REGE-03-2018-0044].

SMITH, A. *A riqueza das nações*: investigação sobre sua natureza e causas. Vol. 1. Trad. de Luiz J. Baraúna. São Paulo: Nova Cultural, 1988 [a 1ª ed. em inglês é de 1776].

STRONG, M. Prefácio. In: SACHS, I. *Estratégias de transição para o século XXI*: desenvolvimento e meio ambiente. São Paulo: Studio Nobel/Fundação de Desenvolvimento Administrativo (FUNDAP), 1993.

_____. *The Founex Report on Development and Environment*: 1971 [Disponível em http://www.mauricestrong.net/index.php/the-founex-report?showall=1&limitstart= – Acesso em 15/06/2018].

SUSTAINABLE DEVELOPMENT SOLUTIONS NETWORK (SDSN). *An action Agenda for sustainable development*: report for the UN Secretary-General. 2014 [Disponível em http://www.unsdsn.org/wp-content/uploads/2013/06/140505-An-Action-Agenda-for-Sustainable-Development.pdf].

TEN YEAR FRAMEWORK OF PROGRAMMES (10YFP). *Concept note*: towards the Development of the 10YFP Sustainable Tourism Programme, 10YFP, 2014 [Disponível em http://cf.cdn.unwto.org/sites/all/files/docpdf/10yfpstpconceptnotedec2014.pdf].

TORRINHA, F. *Dicionário Latino-português*. Porto: Maránus, 1945.

TOWNSEND, C.R.; BEGON, M.; HARPER, J.L. *Fundamentos em ecologia*. Porto Alegre: Artmed, 2010.

UNITED NATIONS. *Report of the third International Conference on Financing for Development* – Addis Abeba. Report A/CONF.2. Nova York: United Nations, 2015 [Disponível em https://undocs.org/A/CONF.227/20].

_____. *The Road to Dignity by 2030*: Ending Poverty, Transforming All Lives and Protecting the Planet (Synthesis Report of the Secretary-General On the Post-2015 Agenda), 2014 [Disponível em www.un.org/disabilities/documents/reports/SG_Synthesis_Report_Road_to_Dignity_by_2030.pdf – Acesso em 11/01/2019].

_____. *Human Rights Council* – Resolution 6/29, 2007 [Disponível em http://ap.ohchr.org/documents/E/HRC/resolutions/A_HRC_RES_6_29.pdf – Acesso em 09/09/2018].

_____. *Report of the World Conference of the International Women's Year*, 1975. México/Nova York: United Nations, 1976 [Disponível em http://www.un.org/womenwatch/daw/beijing/otherconferences/Mexico/Mexico%20conference%20report%20optimized.pdf].

UNITED NATIONS/DIVISION FOR SUSTAINABLE DEVELOPMENT GOALS/UNITED NATIONS DEPARTMENT OF ECONOMIC AND SOCIAL AFFAIR (DSDG/UNDESA). *Partnerships exchange. Advancing the global partnerships for sustainable development* – 2018 Report [Disponível em https://sustainabledevelopment.un.org/content/documents/2569Partnership_Exchange_2018_Report.pdf].

UNITED NATIONS/FOURTH UNITED NATIONS CONFERENCE ON THE LEAST DEVELOPED COUNTRIES. *Programme of Action for the Least Developed Countries for the Decade 2011-2020*. Istambul: United Nations, 23/05/2011.

UNITED NATIONS COMMISSION ON HUMAN RIGHTS. *Concludes 57th session*, 27/04/2001 [Disponível em http://www.unhchr.ch/huricane.nfs – Acesso em 09/05/2001].

UNITED NATIONS CONFERENCE ON HOUSING AND SUSTAINABLE URBAN DEVELOPMENT (Habitat III). *New Urban Agenda*. Quito: United Nations, 2016 [Disponível em http://habitat3.org/wp-content/uploads/NUA-English.pdf].

_____ (Habitat III). *Policy Paper 1*: The Right to the City and Cities for All. Nova York: United Nations, 2016 [Disponível em http://habitat3.org/wp-content/uploads/Habitat%20III%20Policy%20Paper%201.pdf].

UNITED NATIONS CONFERENCE ON HUMAN SETTLEMENTS (Habitat II). *Report of the United Nations Conference on Human Settlements* (Habitat II). Istambul: United Nations, 1996 [Disponível em https://www.un.org/ruleoflaw/wp-content/uploads/2015/10/istanbul-declaration.pdf].

_____ (Habitat I). *The Vancouver Declaration of Human Settlement*. Vancouver, 1976 [Disponível em http://mirror.unhabitat.org/downloads/docs/The_Vancouver_Declaration.pdf].

UNITED NATIONS CONFERENCE ON SUSTAINABLE DEVELOPMENT. (Rio+20). *Outcome of the Conference*. United Nations [Disponível em Nationshttps://rio20.un.org/sites/rio20.un.org/files/a-conf.216-5_english.pdf].

UNITED NATIONS DEVELOPMENT GROUP (UNDG). *The global conversation begins*: emerging views for a new development agenda. Nova York: UNDG, 2013 [Disponível em http://www.undp.org/content/dam/undp/library/MDG/english/global-conversation-begins-web.pdf].

UNITED NATIONS ENVIRONMENT PROGRAM (UNEP). *The 10 year framework of programmes on sustainable consumption and production* (10YFP), 2013 [Disponível em https://sustainabledevelopment.un.org/content/documents/944brochure10yfp.pdf].

_____. *Decoupling natural resource use and environmental impacts from economic growth* – A Report of the Working Group on Decoupling to the International Resource Panel. UNEP, 2011 [Disponível em http://resourcepanel.org/reports/decoupling-natural-resource-use-and-environmental-impacts-economic-growth].

_____. *Towards a Green Economy*: Pathways to Sustainable Development and Poverty Eradication. UNEP, 2011 [Disponível em: https://vdocuments.mx/green-economy-unep-report-final-dec2011.html].

_____. *Secretariat of Convention on Biological Diversity* [Disponível em http://www.cbd.int/convention/parties/list/ – Acesso em 04/06/2009].

UNITED NATIONS ENVIRONMENT PROGRAM (UNEP); SOCIETY OF ENVIRONMENTAL TOXICOLOGY AND CHEMISTRY (SETAC). *Life cycle management*: a business guide to sustainability. Genebra: UNEP, 2007.

UNITED NATIONS GENERAL ASSEMBLY (UNGA). *Technology Bank for the Least Developed Countries*: Charter of the Technology Bank for the Least Developed Countries. Nova York: UNGA, 29/07/2016 [Disponível em http://unohrlls.org/custom-content/uploads/2016/09/A_71_363-English-.pdf – Acesso em 25/03/2019].

_____. *Transforming our world*: the 2030 Agenda for Sustainable Development. Nova York: UNGA, 21/10/2015 [Disponível em https://sustainabledevelopment.un.org/post2015/transformingourworld].

_____. *Addis Ababa Action Agenda of the Third International Conference on Financing for Development*. UNGA, 17/08/2015 [Disponível em https://www.un.org/en/development/desa/population/migration/generalassembly/docs/globalcompact/A_RES_69_313.pdf].

_____. *Report of the Open Working Group of the General Assembly on Sustainable Development Goals*. Nova York: UNGA, 2014 [Disponível em https://www.un.org/ga/search/view_doc.asp?symbol=A/68/970&Lang=E –Acesso em 10/01/2019].

UNITED NATIONS GENERAL ASSEMBLY. *Resolution adopted by the General Assembly on 21 December 2016*: Sustainable mountain development. Nova York: United Nations, 2016 [Disponível em www.un.org/en/ga/search/view_doc.asp?symbol=A/RES/71/234].

_____. *The futures we want*. Nova York, United Nations, 2012 [Disponível em: https://sustainabledevelopment.un.org/futurewewant.html].

_____. *Report of the United Nations Conference on Environment and Development. Annex III* – Non-legally binding authoritative statement of principles for a global consensus on the management, conservation and sustainable development of all types of forests. United Nations, 1992 [Disponível em http://www.un.org/documents/ga/conf151/aconf15126-3annex3.htm].

_____. *Protection of global climate for present and future generations of mankind*. Nova York: United Nations, 1988 [Disponível em http://www.un.org/documents/ga/res/43/a43r053.htm – Acesso em 04/08/2018].

_____. *Resolution 2626* – International development strategy for the second United Nations decade on development, 24/10/1970 [Disponível em https://www.un.org/en/ga/search/view_doc.asp?symbol=A/RES/2626(XXV)].

_____. *Protection of global climate for present and future generations of mankind* [Disponível em http://www.un.org/documents/ga/res/43/a43r053.htm – Acesso em 04/08/2018].

VEIGA, J.E. Economia em transição. In: ALMEIDA, F. *Desenvolvimento sustentável, 2012-2050*. Rio de Janeiro: Elsevier, 2012.

WILLIAMSON, J. A Short History of the Washington Consensus. In: *Law & Business Review American*, 7, 2009 [Disponível em https://scholar.smu.edu/lbra/vol15/iss1/3].

_____. Lowest Common Denominator or Neoliberal Manifesto? – The Polemics of the Washington Consensus. In: AUTY, R.M. & TOYE, J. (eds.). *Challenging the Orthodoxies*. Londres: Palgrave Macmillan, 1996.

WORLD BANK. *World Development Report 1991*: The Challenge of Development. Nova York: Oxford University Press/World Bank [Disponível em https://openknowledge.worldbank.org/handle/10986/5974].

WORLD BUSINESS COUNCIL FOR SUSTAINABLE DEVELOPMENT (WBCSD); CONSELHO EMPRESARIAL PARA O DESENVOLVIMENTO SUSTENTÁVEL (BCSD Portugal).

Medir a ecoeficiência: um guia para comunicar o desempenho da empresa. WBCSD e BCDS, 2000 [Disponível em http://www.ipatiua.com.br/Documentos/measuring-eco-efficiency-portugese.pdf – Acesso em 18/04/2015].

WORLD TRADE ORGANIZATION (WTO). *Recommendations of the Task force on aid for trade*. Genebra, jul./2006.

_____. *Ministerial Conference* – Doha work programme: Ministerial Declaration. Hong Kong, dez./2005 [Disponível em https://www.wto.org/english/thewto_e/minist_e/min05_e/final_text_e.htm#aid_for_trade].

_____. *Declaration on the Trips agreement and Public Health*. Genebra, 2001 [Disponível em http://www.who.int/medicines/areas/policy/tripshealth.pdf – Acesso em 09/09/2018].

Índice remissivo

10YFP; cf. Consumo e Produção Sustentáveis

Agenda 21 82-86, 90-97, 99, 107, 113, 117, 124s., 129, 137, 169, 178, 182, 193
  brasileira 87
  local 55, 86-90

Agenda 2030 86, 128, 132-134, 158, 164, 166, 168s., 182, 184, 187, 192s., 195
  brasileira 187-191

Agenda de Desenvolvimento de Doha 180

Água potável 23, 37-39, 90, 104, 108, 110, 116, 122, 130s., 134, 137, 151, 154, 159s., 168

AIDS/HIV 100, 104-106, 110, 141s.

Aquecimento global; cf. Mudança do clima

Assentamentos humanos; cf. Habitat

Assistência Oficial ao Desenvolvimento (ODA) 92-94, 97, 105s., 123, 175

Benefício de Prestação Continuada (BPC) 139, 188

Biodiversidade
  Benefício de Prestação Continuada (BPC) 139, 188
  Metas de Aichi 80s., 171
  Plano Estratégico para a Biodiversidade 80, 95
  Protocolo de Cartagena 78s.
  Protocolo de Nagoya 79s., 171s.

Bolsa Família 107, 138s., 188

Ciclo de vida do produto 120, 125, 155-158

Cidades sustentáveis 87, 150s.

Comércio internacional 38, 64, 67, 72, 76, 94s., 140, 165, 168, 174, 180s., 189
  Sistema Geral de Preferências 94, 189

Conferência das Nações Unidas sobre Desenvolvimento Sustentável 113s., 117, 120-122, 126-128

Conferência das Nações Unidas sobre Meio Ambiente e Desenvolvimento 63, 82-84, 90-92, 97, 107, 117, 120, 127

Comissão Mundial do Meio Ambiente e Desenvolvimento (Comissão Brundtland) 34-41, 85, 150

Consenso de Monterrey 92s., 117

Consenso de Washington 64s., 112

Consumo e Produção Sustentáveis 32, 39, 50, 53s., 61s., 87, 98, 102, 108, 116, 124-127, 132, 134, 137, 152-155, 157, 159s.

Corrupção 62, 94, 100, 114s., 131, 173-175, 192

Crescimento econômico 17-22, 25, 38-43, 48s., 92, 96, 111, 123, 125, 130, 134, 138, 146-148, 151, 153, 156, 181, 189, 191
  sustentável 146
  zero 23, 147

Décadas da ONU sobre desenvolvimento 19, 22, 25, 59, 118, 134

Declaração de Estocolmo (1972) 25-27, 29, 36, 67

Declaração de Nairóbi (1982) 31s.

Declaração do Milênio (2000) 100-106, 113

Declaração do Rio de Janeiro (1992) 64, 66s., 79, 85, 102, 123s., 129

Desacoplamento 48-51, 125, 153, 159

Desenvolvimento sustentável
  definição 33, 35s., 38-40, 60, 67, 142s., 151
    dimensões 47, 51-55, 90, 115, 117, 132, 135s., 153, 167, 171-173, 183, 192

Direitos humanos 26, 35, 60, 97, 100, 102, 105, 123, 130, 133, 141-143, 145, 150, 160, 183, 192

Ecodesenvolvimento 23s., 40, 96, 113

Ecoeficiência 87, 119-121, 153

Ecoinovação; cf. Inovação

Economia
  circular 153-160, 191, 193
  verde 114s., 118-124, 127

Educação 22, 26, 36s., 52, 70, 126, 130s., 134, 137, 139s., 142, 146, 151, 154, 162, 170, 191
  ambiental 30, 66, 85
  Declaração de Jomtien 85, 140

Efeito rebote; cf. Desacoplamento

Estocolmo+10; cf. Declaração de Nairóbi

Feminicídio 144, 191

Florestas 47, 66, 70, 72s., 122, 130s., 134, 137, 165, 168, 170s.

Fundo Global para o Meio Ambiente (GEF) 91

Gases de efeito estufa; cf. Mudança do clima

Gestão ambiental 27s., 88, 119s., 157

Habitat (Conferências sobre Assentamentos Humanos) 97, 149-153

Igualdade de gênero 45, 103, 116, 130s., 134, 137, 143-145, 151s., 180, 191

Indicadores de desenvolvimento 43-47, 53s., 57, 90, 98, 185
  Índice de Desenvolvimento Humano (IDH) 43-47

Inovação 56, 119s., 123, 134, 138, 159, 176s., 180

ISO 26000; cf. Responsabilidade social

Mobilidade 87, 151, 193

Mudança do clima
   Acordo de Paris 74, 163s.
   Adaptação e mitigação 61, 69s., 73, 152, 162-164
   Convenção da Mudança do Clima 64, 68-75, 97, 134, 161-163
   IPCC 69, 74, 85, 165
   negacionistas 74s., 164
   Política Nacional sobre Mudança do Clima 72, 191
   Protocolo de Quioto 70-75, 97, 110

Necessidades básicas 36, 51, 125, 139s., 148s., 179

Neomalthusianos 23

Nova Agenda Urbana (NAU); cf. Habitat

Objetivos de Desenvolvimento do Milênio (ODMs) 102-107, 109s., 122, 126, 128-132, 136-138, 161, 188

Objetivos de Desenvolvimento Sustentável (ODSs) 126-131, 134-138, 142s., 145, 148, 152s., 159-162, 164s., 168-172, 175, 180, 192-195
   metas brasileiras 139, 188-192
   relatórios nacionais voluntários 183

Oceanos e mares 28, 83, 116, 137, 165-168, 180

Organização Internacional do Trabalho (OIT/ILO) 37, 144s., 148s.

Organização Mundial do Comércio (OMC)
   GATT (Acordo Geral sobre Tarifas e Comércio) 28, 64, 94, 181
   TRIPs 140-142

Pacto global 100

Plano de Ação de Estocolmo 31, 149

Plano de Implementação de Johanesburgo 108s., 109-114, 117, 123, 125, 129, 136, 166

Pobreza 19, 22s., 25, 32, 38s., 48, 76, 80, 97s., 100, 102, 105s., 108-110, 114-116, 121-126, 129-132, 134, 137-142, 147-155, 161-163, 167, 172, 180, 184, 188-190

Princípio
  da precaução 67, 79
  do poluidor-pagador 67

Processo de Marrakesh; cf. 10YFP

Propriedade intelectual 77, 91, 177, 181

Produção mais limpa 119, 193

Qualidade de vida 33, 37, 39, 41, 43, 60, 119, 124s., 135, 147-150

Recursos naturais
  genéticos 75-77, 79s., 172
  marinhos 134, 137, 165-168
  renováveis 47s., 88, 122, 156s., 165, 178, 186, 191

Resíduos
  manejo 83s., 125, 155, 191
  perigosos 30, 116, 168
  Política Nacional de Resíduos Sólidos 158
  reuso e reciclagem 154-157, 168, 191

Resiliência 152, 162s., 167, 170

Responsabilidade social 59-62, 87, 157, 194

Rio-92; cf. Conferência das Nações Unidas sobre Meio Ambiente e Desenvolvimento

Rio+5 97

Rio+10; cf. Plano de Implementação de Johanesburgo

Rio+20; cf. Conferência das Nações Unidas sobre Desenvolvimento Sustentável 112-118, 124, 126-128, 154, 167

Salário 42, 139

Saúde
acesso a medicamentos 104, 141, 189
promoção da 36s., 54, 60-62, 83, 88, 104, 108-110, 130s., 170, 189

Sustentabilidade; cf. Desenvolvimento sustentável/dimensões

Tecnologia apropriada 177-180

Trabalho
decente 105, 116, 134, 138, 140, 146-148, 151-153, 167
produtivo 148s.

Triple Bottom Line (TBL) 57s.
cf. tb. Desenvolvimento sustentável/dimensões

Uso sustentável 38, 48, 61, 75s., 78-80, 134s., 137s., 167-171

Anexos

1 Metas de Aichi para a biodiversidade[1]

Objetivo estratégico A: abordar as causas subjacentes da perda de diversidade biológica mediante a incorporação da diversidade biológica em todos os âmbitos governamentais e da sociedade.

Meta 1. Até 2020, no mais tardar, as pessoas devem ter conhecimento dos valores da biodiversidade e das medidas que podem tomar para sua conservação e uso sustentável.

Meta 2. Até 2020, no mais tardar, os valores da biodiversidade devem estar integrados nas estratégias e nos processos de planejamento de desenvolvimento e de redução de pobreza nacionais e locais, e incorporados aos sistemas de contas nacionais e de prestação de informação.

Meta 3. Até 2020, no mais tardar, incentivos, inclusive subsídios, lesivos à biodiversidade terão sido eliminados ou reformados, ou estarão em vias de eliminação para minimizar ou evitar impactos negativos, e incentivos positivos para a conservação e uso sustentável de biodiversidade terão sido elaborados e aplicados, consistentes e em conformidade com a CDB e outras obrigações internacionais relevantes, considerando as condições socioeconômicas nacionais.

Meta 4. Até 2020, no mais tardar, os governos, empresas e interessados diretos em todos os níveis terão adotado medidas ou implementados planos para produção e consumo sustentáveis e terão conseguido manter os impactos do uso de recursos naturais dentro de limites ecológicos seguros.

---

1 Metas de Aichi [Disponível em https://www.cbd.int/sp/targets/ – Acesso em 20/06/2018].

Objetivo estratégico B: Reduzir as pressões diretas sobre a diversidade biológica e promover a utilização sustentável.

Meta 5. Até 2020, a taxa de perda de todos os *habitats* naturais, inclusive florestas, terá sido reduzida em pelo menos à metade e, se possível, chegar perto de zero, e a degradação e fragmentação terão sido significativamente reduzidas.

Meta 6. Até 2020, todas as reservas de peixes e invertebrados e plantas aquáticas devem ser geridas e cultivadas de maneira sustentável e lícita, aplicando enfoques baseados nos ecossistemas, de modo a evitar a pesca excessiva; devem ser estabelecidos planos e medidas de recuperação para todas as espécies esgotadas; a pesca não deve produzir impactos prejudiciais importantes nas espécies em perigo e nos ecossistemas vulneráveis, e os impactos da pesca nas reservas, espécies e nos ecossistemas devem estar dentro de limites ecológicos seguros.

Meta 7. Até 2020, as zonas destinadas à agricultura, aquicultura e silvicultura devem ser geridas de maneira sustentável, garantindo a conservação da biodiversidade.

Meta 8. Até 2020, a contaminação, inclusive a produzida pelo excesso de nutrientes, deve alcançar níveis que não prejudiquem o funcionamento dos ecossistemas e da biodiversidade.

Meta 9. Até 2020, devem ser identificadas e priorizadas as espécies exóticas invasoras e suas vias de invasão, controlado ou erradicado as espécies prioritárias e estabelecido medidas para gerenciar essas vias a fim de evitar sua introdução e estabelecimento.

Meta 10. Até 2015, devem ser reduzidas ao mínimo as múltiplas pressões antropogênicas sobre os recifes de coral e outros ecossistemas vulneráveis afetados pela mudança do clima ou pela acidificação dos oceanos, a fim de manter sua integridade e funcionamento.

Objetivo estratégico C: Melhorar a situação da diversidade biológica protegendo os ecossistemas, as espécies e a diversidade genética.

Meta 11. Até 2020, ao menos 17% das zonas terrestres e de águas continentais e 10% das zonas marinhas e costeiras, especialmente as de particular importância para a biodiversidade e os serviços ecossistêmicos, devem ser conservadas mediante sistemas de áreas protegidas, ecologicamente representativos, bem conectados, administrados de modo eficaz e equitativo, e outras medidas de conservação baseadas em áreas e integradas às paisagens terrestres e marinhas mais amplas.

Meta 12. Até 2020, a extinção de espécies em perigo identificadas deve ser evitada e seu estado de conservação deve ser melhorado e sustentado, especialmente para as espécies em declínio.

Meta 13. Até 2020, a diversidade genética de plantas cultivadas e animais domésticos e de seus parentes selvagens, incluindo outras espécies de importância social, econômica e cultural, deve estar mantida, e desenvolvidas/postas em prática estratégias para reduzir a erosão genética ao mínimo e salvaguardar sua diversidade genética.

Objetivo estratégico D: Melhorar a situação da diversidade biológica protegendo os ecossistemas, as espécies e a diversidade genética.

Meta 14. Até 2020, os ecossistemas provedores de serviços essenciais, inclusive serviços relativos à água e que contribuem à saúde, meios de vida e bem-estar, terão sido restaurados e preservados, levando em conta as necessidades de mulheres, comunidades indígenas e locais, e os pobres e vulneráveis.

Meta 15. Até 2020, a resiliência dos ecossistemas e a contribuição da biodiversidade para as reservas de carbono devem ser incrementadas por meio de ações de conservação e restauração de pelo menos 15% dos ecossistemas degradados, contribuindo assim para a mitigação e adaptação à mudança de clima e para o combate à desertificação.

Meta 16. Até 2015, o Protocolo de Nagoya sobre Acesso a Recursos Genéticos e a Repartição Justa e Equitativa dos Benefícios Derivados de sua Utilização estará em vigor e em funcionamento, em conformidade com a legislação nacional.

Objetivo estratégico E: Aumentar os benefícios da diversidade biológica e os serviços dos ecossistemas para todos.

Meta 17. Até 2015, cada parte terá elaborado, adotado como instrumentos de política e começado a colocar em prática uma estratégia e um plano de ação nacional em matéria de biodiversidade eficazes, participativos e atualizados.

Meta 18. Até 2020, devem ser respeitados os conhecimentos tradicionais, as inovações e práticas das comunidades indígenas e locais relevantes à conservação e uso sustentável da biodiversidade, e seu uso consuetudinário dos recursos biológicos, conforme a legislação nacional e as obrigações internacionais relevantes, integrados e refletidos plenamente na aplicação da CBD com a participação plena e efetiva das comunidades indígenas e dos locais em todos os níveis relevantes.

Meta 19. Até 2020, os conhecimentos, a base científica e as tecnologias relacionadas à biodiversidade, seus valores e funcionamento, seu estado e tendências, e as consequências de sua perda, terão avançado e serão amplamente compartilhados e transferidos e aplicados.

Meta 20. Até 2020, no mais tardar, a mobilização de recursos financeiros para aplicar de modo efetivo o Plano Estratégico para Biodiversidade 2011-2020 oriundos de todas as fontes e conforme o processo discutido e acordado na estratégia para a mobilização de recursos deverá ter aumentada substancialmente em relação a níveis atuais. Esta meta estará sujeita a mudanças devido às avaliações dos recursos requeridos e relatadas pelas partes.

2 Metas nacionais de biodiversidade

Objetivo estratégico A: Tratar das causas fundamentais de perda de biodiversidade fazendo com que preocupações com biodiversidade permeiem governo e sociedade.

Meta 1. Até 2020, no mais tardar, a população brasileira terá conhecimento dos valores da biodiversidade e das medidas que poderá tomar para conservá-la e utilizá-la de forma sustentável.

Meta 2. Até 2020, no mais tardar, os valores da biodiversidade, geodiversidade e sociodiversidade serão integrados em estratégias nacionais e locais de desenvolvimento e erradicação da pobreza e redução da desigualdade, sendo incorporado em contas nacionais, conforme o caso, e em procedimentos de planejamento e sistemas de relatoria.

Meta 3. Até 2020, no mais tardar, incentivos que possam afetar a biodiversidade, inclusive os chamados subsídios perversos, terão sido reduzidos ou reformados, visando minimizar os impactos negativos. Incentivos positivos para a conservação e uso sustentável de biodiversidade terão sido elaborados e aplicados, de forma consistente e em conformidade com a CDB, levando em conta as condições socioeconômicas nacionais e regionais.

Meta 4. Até 2020, no mais tardar, governos, setor privado e grupos de interesse em todos os níveis terão adotado medidas ou implementado planos de produção e consumo sustentáveis para mitigar ou evitar os impactos negativos da utilização de recursos naturais.

Objetivo estratégico B: Reduzir as pressões diretas sobre a biodiversidade e promover o uso sustentável.

Meta 5. Até 2020, a taxa de perda de ambientes nativos será reduzida em pelo menos 50% (em relação às taxas de 2009) e, na medida do possível, levada a perto de zero e a degradação e fragmentação terão sido reduzidas significativamente em todos os biomas.

Meta 6. Até 2020, o manejo e captura de quaisquer estoques de organismos aquáticos serão sustentáveis, legais e feitos com aplicação de abordagens ecossistêmicas, de modo a evitar a sobre-exploração, colocar em prática planos e medidas de recuperação para espécies exauridas, fazer com que a pesca não tenha impactos adversos significativos sobre espécies ameaçadas e ecossistemas vulneráveis, e fazer com que os impactos da pesca sobre estoques, espécies e ecossistemas permaneçam dentro de limites ecológicos seguros, quando estabelecidos cientificamente.

Meta 7. Até 2020, estarão disseminadas e fomentadas a incorporação de práticas de manejo sustentáveis na agricultura, pecuária, aquicultura, silvicultura, extrativismo, manejo florestal e da fauna, assegurando a conservação da biodiversidade.

Meta 8. Até 2020, a poluição, inclusive resultante de excesso de nutrientes, terá sido reduzida a níveis não prejudiciais ao funcionamento de ecossistemas e da biodiversidade.

Meta 9. Até 2020, a Estratégia Nacional sobre Espécies Exóticas Invasoras deverá estar totalmente implementada, com participação e comprometimento dos estados e com a formulação de uma política nacional, garantindo o diagnóstico continuado e atualizado das espécies e a efetividade dos Planos de Ação de Prevenção, Contenção e Controle.

Meta 10. Até 2015, as múltiplas pressões antropogênicas sobre recifes de coral e demais ecossistemas marinhos e costeiros impactados por mudanças de clima ou acidificação oceânica terão sido minimizadas para que sua integridade e funcionamento sejam mantidos.

Objetivo estratégico C: Melhorar a situação da biodiversidade protegendo ecossistemas, espécies e diversidade genética.

Meta 11. Até 2020, serão conservadas, por meio de unidades de conservação previstas na Lei do SNUC e outras categorias de áreas oficialmente protegidas, como APPs, reservas legais e terras indígenas com vegetação nativa, pelo menos 30% da Amazônia, 17% de cada um dos demais biomas terrestres e 10% de áreas marinhas e costeiras, principalmente áreas de especial importância para biodiversidade e serviços ecossistêmicos, assegurada e respeitada a demarcação, regularização e a gestão efetiva e equitativa, visando garantir a interligação, integração e representação ecológica em paisagens terrestres e marinhas mais amplas.

Meta 12. Até 2020, o risco de extinção de espécies ameaçadas terá sido reduzido significativamente, tendendo a zero, e sua situação de conservação, em especial daquelas sofrendo maior declínio, terá sido melhorada.

Meta 13. Até 2020, a diversidade genética de microrganismos, plantas cultivadas, de animais criados e domesticados e de variedades silvestres, inclusive de espécies de valor socioeconômico e/ou cultural, terão sido mantidas e estratégias terão sido elaboradas e implementadas para minimizar a perda de variabilidade genética.

Objetivo estratégico D: Aumentar os benefícios de biodiversidade e serviços ecossistêmicos para todos.

Meta 14. Até 2020, ecossistemas provedores de serviços essenciais, inclusive serviços relativos à água e que contribuem à saúde, meios de vida e bem-estar, terão sido restaurados e preservados, levando em conta as necessidades das mulheres, povos e comunidades tradicionais, povos indígenas e comunidades locais, e de pobres e vulneráveis.

Meta 15. Até 2020, a resiliência de ecossistemas e a contribuição da biodiversidade para estoques de carbono terão sido aumentadas através de ações de conservação e recuperação, inclusive por meio da recuperação de pelo menos 15% dos ecossistemas degradados, priorizando biomas, bacias hidrográficas e ecorregiões mais devastados, contribuindo para mitigação e adaptação à mudança climática e para o combate à desertificação.

Meta 16. Até 2015, o Protocolo de Nagoya sobre Acesso a Recursos Genéticos e a Repartição Justa e Equitativa dos Benefícios Derivados de sua utilização terá entrado em vigor e estará operacionalizado, em conformidade com a legislação nacional.

Objetivo estratégico E: Aumentar a implementação por meio de planejamento participativo, gestão de conhecimento e capacitação.

Meta 17. Até 2014 a estratégia nacional de biodiversidade será atualizada e adotada como instrumento de política, com planos de ação efetivos, participativos e atualizados, que deverão prever monitoramento e avaliações periódicas.

Meta 18. Até 2020, os conhecimentos tradicionais, inovações e práticas de povos indígenas, agricultores familiares e comunidades tradicionais relevantes à conservação e uso sustentável da biodiversidade, e a utilização consuetudinária de recursos biológicos terão sido respeitados, de acordo com seus usos, costumes e tradições, a legislação nacional e os compromissos internacionais relevantes, e plenamente integrados e refletidos na implementação da CDB com a participação plena e efetiva de povos indígenas, agricultores familiares e comunidades tradicionais em todos os níveis relevantes.

Meta 19. Até 2020 as bases científicas e as tecnologias necessárias para o conhecimento sobre a biodiversidade, seus valores, funcionamento e tendências e sobre as consequências de sua perda terão sido ampliados e compartilhados, e o uso sustentável, a geração de tecnologia e a inovação a partir da biodiversidade estarão apoiados, devidamente transferidos e aplicados. Até 2017 a compilação completa dos registros existentes da fauna, flora e microbiota, aquáticas e terrestres, estará finalizada e disponibilizada em bases de dados permanentes e de livre acesso, resguardadas as especificidades, com vistas à identificação das lacunas do conhecimento nos biomas e grupos taxonômicos.

Meta 20. Imediatamente à aprovação das metas brasileiras, serão realizadas avaliações da necessidade de recursos para sua implementação, seguidas de mobilização e alocação dos recursos financeiros para viabilizar, a partir de 2015, a implementação, o monitoramento do Plano Estratégico da Biodiversidade 2011-2020, bem como o cumprimento de suas metas.

3 Objetivos de desenvolvimento sustentável[2]

Objetivo 1: Acabar com a pobreza em todas as suas formas, em todos os lugares.

Metas

1.1. Até 2030, erradicar a pobreza extrema para todas as pessoas em todos os lugares, atualmente medida como pessoas vivendo com menos de US$ 1,25 por dia.

1.2. Até 2030, reduzir pelo menos à metade a proporção de homens, mulheres e crianças, de todas as idades, que vivem na pobreza, em todas as suas dimensões, de acordo com as definições nacionais.

1.3. Implementar, em nível nacional, medidas e sistemas de proteção social apropriados, para todos, incluindo pisos, e até 2030 atingir a cobertura substancial dos pobres e vulneráveis.

1.4. Até 2030, garantir que todos os homens e mulheres, particularmente os pobres e vulneráveis, tenham direitos iguais a recursos econômicos, bem como acesso a serviços básicos, propriedade e controle sobre a terra e a outras formas de propriedade, herança, recursos naturais, novas tecnologias apropriadas e serviços financeiros, incluindo microfinanças.

1.5. Até 2030, construir a resiliência dos pobres e daqueles em situação de vulnerabilidade, e reduzir a exposição e vulnerabilidade destes a eventos extremos

---

2 Este anexo reproduz os ODSs conforme constam no documento "Transformando Nosso Mundo: a Agenda 2030 para o Desenvolvimento Sustentável", aprovado na Cúpula das Nações Unidas sobre o Desenvolvimento Sustentável, realizada em Nova York em 2015. Cf. mais em http://www.br.undp.org/content/dam/brazil/docs/agenda2030/undp-br-Agenda2030-completo-pt-br-2016.pdf

relacionados com o clima e outros choques e desastres econômicos, sociais e ambientais.

1.a. Garantir uma mobilização significativa de recursos a partir de uma variedade de fontes, inclusive por meio do reforço da cooperação para o desenvolvimento, de forma a proporcionar meios adequados e previsíveis para que os países em desenvolvimento, em particular os países de menor desenvolvimento relativo, implementem programas e políticas para acabar com a pobreza em todas as suas dimensões.

1.b. Criar marcos políticos sólidos, em níveis nacional, regional e internacional, com base em estratégias de desenvolvimento a favor dos pobres e sensíveis a gênero, para apoiar investimentos acelerados nas ações de erradicação da pobreza.

Objetivo 2: Acabar com a fome, alcançar a segurança alimentar e melhoria da nutrição e promover a agricultura sustentável.

Metas

2.1. Até 2030, acabar com a fome e garantir o acesso de todas as pessoas, em particular os pobres e pessoas em situações vulneráveis, incluindo crianças, a alimentos seguros, nutritivos e suficientes durante todo o ano.

2.2. Até 2030, acabar com todas as formas de desnutrição, inclusive pelo alcance até 2025 das metas acordadas internacionalmente sobre desnutrição crônica e desnutrição em crianças menores de 5 anos de idade, e atender às necessidades nutricionais de meninas, adolescentes, mulheres grávidas e lactantes e pessoas idosas.

2.3. Até 2030, dobrar a produtividade agrícola e a renda dos pequenos produtores de alimentos, particularmente de mulheres, povos indígenas, agricultores familiares, pastores e pescadores, inclusive por meio de acesso seguro e igual à terra, e a outros recursos produtivos e insumos, conhecimento, serviços financeiros, mercados e oportunidades de agregação de valor e de emprego não agrícola.

2.4. Até 2030, garantir sistemas sustentáveis de produção de alimentos e implementar práticas agrícolas resilientes, que aumentem a produtividade e a produção, que ajudem a manter os ecossistemas, que fortaleçam a capacidade de adaptação às mudanças do clima, às condições meteorológicas extremas, secas, inundações e outros desastres, e que melhorem progressivamente a qualidade da terra e do solo.

2.5. Até 2020, manter a diversidade genética de sementes, plantas cultivadas, animais de criação e domesticados e suas respectivas espécies selvagens, inclusive por meio de bancos de sementes e plantas diversificados e adequadamente geridos em nível nacional, regional e internacional, e garantir o acesso e a repartição justa e equitativa dos benefícios decorrentes da utilização dos recursos genéticos e conhecimentos tradicionais associados, conforme acordado internacionalmente.

2.a. Aumentar o investimento, inclusive por meio do reforço da cooperação internacional, em infraestrutura rural, pesquisa e extensão de serviços agrícolas, desenvolvimento de tecnologia, e os bancos de genes de plantas e animais, de maneira a aumentar a capacidade de produção agrícola nos países em desenvolvimento, em particular nos países de menor desenvolvimento relativo.

2.b. Corrigir e prevenir as restrições ao comércio e distorções nos mercados agrícolas mundiais, inclusive por meio da eliminação paralela de todas as formas de subsídios à exportação e todas as medidas de exportação com efeito equivalente, de acordo com o mandato da rodada de desenvolvimento de Doha.

2.c. Adotar medidas para garantir o funcionamento adequado dos mercados de *commodities* de alimentos e seus derivados, e facilitar o acesso oportuno à informação de mercado, inclusive sobre as reservas de alimentos, a fim de ajudar a limitar a volatilidade extrema dos preços dos alimentos.

Objetivo 3: Assegurar uma vida saudável e promover o bem-estar para todos, em todas as idades.

Metas

3.1. Até 2030, reduzir a taxa de mortalidade materna global para menos de 70 mortes por 100.000 nascidos vivos.

3.2. Até 2030, acabar com as mortes evitáveis de recém-nascidos e crianças menores de 5 anos, em todos os países, objetivando reduzir a mortalidade neonatal para pelo menos até 12 por 1.000 nascidos vivos e a mortalidade de crianças menores de 5 anos para pelo menos até 25 por 1.000 nascidos vivos.

3.3. Até 2030, acabar com as epidemias de AIDS, tuberculose, malária e doenças tropicais negligenciadas, e combater a hepatite, doenças transmitidas pela água, e outras doenças transmissíveis.

3.4. Até 2030, reduzir em um terço a mortalidade prematura por doenças não transmissíveis por meio de prevenção e tratamento, e promover a saúde mental e o bem-estar.

3.5. Reforçar a prevenção e o tratamento do abuso de substâncias, incluindo o abuso de drogas entorpecentes e uso nocivo do álcool.

3.6. Até 2020, reduzir pela metade as mortes e os ferimentos globais por acidentes em estradas.

3.7. Até 2030, assegurar o acesso universal aos serviços de saúde sexual e reprodutiva, incluindo o planejamento familiar, informação e educação, bem como a integração da saúde reprodutiva em estratégias e programas nacionais.

3.8. Atingir a cobertura universal de saúde, incluindo a proteção do risco financeiro, o acesso a serviços de saúde essenciais de qualidade e o acesso a medicamentos e vacinas essenciais seguros, eficazes, de qualidade e a preços acessíveis para todos.

3.9. Até 2030, reduzir substancialmente o número de mortes e doenças por produtos químicos perigosos e por contaminação e poluição do ar, da água e do solo.

3.a. Fortalecer a implementação da Convenção-Quadro para o Controle do Tabaco da Organização Mundial de Saúde (OMS)[3] em todos os países, conforme apropriado.

3.b. Apoiar a pesquisa e o desenvolvimento de vacinas e medicamentos para as doenças transmissíveis e não transmissíveis, que afetam principalmente os países em desenvolvimento, proporcionar o acesso a medicamentos e vacinas

---

3 Convenção-Quadro para o Controle do Tabaco da Organização Mundial da Saúde (em inglês: *World Health Organization Framework Convention on Tobacco Control*). Aprovado em 2003, entrou em vigor em 2005. Seu objetivo é proteger as gerações presentes e futuras contra as devastadoras consequências sanitárias, sociais, ambientais e econômicas do consumo de tabaco e da exposição à fumaça do tabaco, proporcionando uma estrutura para as medidas de controle do tabaco que as partes da convenção irão aplicar em nível nacional, regional e internacional para reduzir de modo contínuo e substancial o consumo de tabaco e a exposição à sua fumaça. O Brasil é uma das partes junto com mais 180 países. Mais sobre esta Convenção em https://www.who.int/fctc/text_download/en/ – Acesso em 30/01/2019.

essenciais a preços acessíveis, de acordo com a declaração de Doha sobre o acordo TRIPS e saúde pública, que afirma o direito dos países em desenvolvimento de utilizarem plenamente as disposições do TRIPS para proteger a saúde pública e, em particular, proporcionar o acesso a medicamentos para todos.

3.c. Aumentar substancialmente o financiamento da saúde e o recrutamento, desenvolvimento, treinamento e retenção do pessoal de saúde nos países em desenvolvimento, especialmente nos países de menor desenvolvimento relativo e nos pequenos estados insulares em desenvolvimento.

3.d. Reforçar a capacidade de todos os países, particularmente os em desenvolvimento, para o alerta precoce, a redução de riscos e o gerenciamento de riscos nacionais e globais à saúde.

Objetivo 4: Assegurar a educação inclusiva e equitativa de qualidade, e promover oportunidades de aprendizagem ao longo da vida para todos.

Metas

4.1. Até 2030, garantir que todas as meninas e meninos completem o ensino primário e secundário livre, equitativo e de qualidade, que conduza a resultados de aprendizagem relevantes e eficazes.

4.2. Até 2030, garantir que todos os meninos e meninas tenham acesso a um desenvolvimento de qualidade na primeira infância, cuidados e educação pré-escolar, de modo que estejam prontos para o ensino primário.

4.3. Até 2030, assegurar a igualdade de acesso para todos os homens e as mulheres à educação técnica, profissional e superior de qualidade, a preços acessíveis, incluindo a universidade.

4.4. Até 2030, aumentar substancialmente o número de jovens e adultos que tenham habilidades relevantes, inclusive competências técnicas e profissionais, para emprego, trabalho decente e empreendedorismo.

4.5. Até 2030, eliminar as disparidades de gênero na educação e garantir a igualdade de acesso a todos os níveis de educação e formação profissional para os mais vulneráveis, incluindo as pessoas com deficiência, os povos indígenas e as crianças em situação de vulnerabilidade.

4.6. Até 2030, garantir que todos os jovens e uma substancial proporção dos adultos, homens e mulheres estejam alfabetizados e tenham adquirido o conhecimento básico de matemática.

4.7. Até 2030, garantir que todos os alunos adquiram conhecimentos e habilidades necessárias para promover o desenvolvimento sustentável, inclusive, entre outros, por meio da educação para o desenvolvimento sustentável e estilos de vida sustentáveis, direitos humanos, igualdade de gênero, promoção de uma cultura de paz e não violência, cidadania global, e valorização da diversidade cultural e da contribuição da cultura para o desenvolvimento sustentável.

4.a. Construir e melhorar instalações físicas para a educação, apropriadas para crianças e sensíveis às deficiências e ao gênero e que proporcionem ambientes de aprendizagem seguros, não violentos, inclusivos e eficazes para todos.

4.b. Até 2020 ampliar substancial e globalmente o número de bolsas de estudo disponíveis para os países em desenvolvimento, em particular os países de menor desenvolvimento relativo, pequenos estados insulares em desenvolvimento e os países africanos, para o ensino superior, incluindo programas de formação profissional, de tecnologia da informação e da comunicação, programas técnicos, de engenharia e científicos em países desenvolvidos e outros países em desenvolvimento.

4.c. Até 2030, aumentar substancialmente o contingente de professores qualificados, inclusive por meio da cooperação internacional para a formação de professores, nos países em desenvolvimento, especialmente os países de menor desenvolvimento relativo e pequenos estados insulares em desenvolvimento.

Objetivo 5: Alcançar a igualdade de gênero e empoderar todas as mulheres e meninas.

Metas

5.1. Acabar com todas as formas de discriminação contra todas as mulheres e meninas em toda parte.

5.2. Eliminar todas as formas de violência contra todas as mulheres e meninas nas esferas públicas e privadas, incluindo o tráfico e exploração sexual e de outros tipos.

5.3. Eliminar todas as práticas nocivas, como os casamentos prematuros, forçados e de crianças e mutilações genitais femininas.

5.4. Reconhecer e valorizar o trabalho de assistência e doméstico não remunerado, por meio da disponibilização de serviços públicos, infraestrutura e políticas de proteção social, bem como a promoção da responsabilidade compartilhada dentro do lar e da família, conforme os contextos nacionais.

5.5. Garantir a participação plena e efetiva das mulheres e a igualdade de oportunidades para a liderança em todos os níveis de tomada de decisão na vida política, econômica e pública.

5.6. Assegurar o acesso universal à saúde sexual e reprodutiva e os direitos reprodutivos, como acordado em conformidade com o Programa de Ação da Conferência Internacional sobre População e Desenvolvimento[4] e com a Plataforma de Ação de Pequim[5] e os documentos resultantes de suas conferências de revisão.

5.a. Realizar reformas para dar às mulheres direitos iguais aos recursos econômicos, bem como o acesso a propriedade e controle sobre a terra e outras formas de propriedade, serviços financeiros, herança e os recursos naturais, de acordo com as leis nacionais.

5.b. Aumentar o uso de tecnologias de base, em particular as tecnologias de informação e comunicação, para promover o empoderamento das mulheres.

5.c. Adotar e fortalecer políticas sólidas e legislação aplicável para a promoção da igualdade de gênero e o empoderamento de todas as mulheres e meninas em todos os níveis.

---

4 Conferência Internacional sobre População e Desenvolvimento, realizada no Cairo em 1994. Cf. mais em https://www.unfpa.org/publications/international-conference-population-and-development-programme-action

5 Plataforma de Ação de Pequim aprovada na Conferência Mundial da Mulher realizada em Beijing, China 1995. Cf. mais em http://www.un.org/womenwatch/daw/beijing/platform/

Objetivo 6: Assegurar a disponibilidade e gestão sustentável da água e saneamento para todos.

Metas

6.1. Até 2030, alcançar o acesso universal e equitativo à água potável, segura e acessível para todos.

6.2. Até 2030, alcançar o acesso a saneamento e higiene adequados e equitativos para todos, e acabar com a defecação a céu aberto, com especial atenção para as necessidades das mulheres e meninas e daqueles em situação de vulnerabilidade.

6.3. Até 2030, melhorar a qualidade da água, reduzindo a poluição, eliminando despejo e minimizando a liberação de produtos químicos e materiais perigosos, reduzindo à metade a proporção de águas residuais não tratadas, e aumentando substancialmente a reciclagem e reutilização segura em âmbito mundial.

6.4. Até 2030, aumentar substancialmente a eficiência do uso da água em todos os setores e assegurar retiradas sustentáveis e o abastecimento de água doce para enfrentar a escassez de água, e reduzir substancialmente o número de pessoas que sofrem com a escassez de água.

6.5. Até 2030, implementar a gestão integrada dos recursos hídricos em todos os níveis, inclusive via cooperação transfronteiriça, conforme apropriado.

6.6. Até 2020, proteger e restaurar ecossistemas relacionados com a água, incluindo montanhas, florestas, zonas úmidas, rios, aquíferos e lagos.

6.a. Até 2030, ampliar a cooperação internacional e o apoio ao desenvolvimento de capacidades para os países em desenvolvimento em atividades e programas relacionados à água e ao saneamento, incluindo a coleta de água, a dessalinização, a eficiência no uso da água, o tratamento de afluentes, a reciclagem e as tecnologias de reuso.

6.b. Apoiar e fortalecer a participação das comunidades locais, para melhorar a gestão da água e do saneamento.

Objetivo 7: Assegurar a todos o acesso confiável, sustentável, moderno e a preço acessível à energia.

Metas

7.1. Até 2030, assegurar o acesso universal, confiável, moderno e a preços acessíveis a serviços de energia.

7.2. Até 2030, aumentar substancialmente a participação de energias renováveis na matriz energética global.

7.3. Até 2030, dobrar a taxa global de melhoria da eficiência energética.

7.a. Até 2030, reforçar a cooperação internacional para facilitar o acesso à pesquisa e tecnologias de energia limpa, incluindo energias renováveis, eficiência energética e tecnologias de combustíveis fósseis avançadas e mais limpas, e promover o investimento em infraestrutura de energia e em tecnologias de energia limpa.

7.b. Até 2030, expandir a infraestrutura e modernizar a tecnologia para o fornecimento de serviços de energia modernos e sustentáveis para todos nos países em desenvolvimento, particularmente nos países de menor desenvolvimento relativo, nos pequenos estados insulares em desenvolvimento e nos países em desenvolvimento sem litoral, de acordo com seus respectivos programas de apoio.

Objetivo 8: Promover o crescimento econômico sustentado, inclusivo e sustentável, emprego pleno e produtivo, e trabalho decente para todos.

Metas

8.1. Sustentar o crescimento econômico *per capita*, de acordo com as circunstâncias nacionais e, em particular, pelo menos um crescimento anual de 7% do PIB nos países de menor desenvolvimento relativo.

8.2. Atingir níveis mais elevados de produtividade das economias por meio da diversificação, modernização tecnológica e inovação, inclusive por meio de um foco em setores de alto valor agregado e intensivos em mão de obra.

8.3. Promover políticas orientadas para o desenvolvimento, que apoiem as atividades produtivas, a geração de emprego decente, o empreendedorismo, a criatividade e inovação, e incentivar a formalização e o crescimento de micro, pequenas e médias empresas, inclusive por meio do acesso a serviços financeiros.

8.4. Melhorar progressivamente, até 2030, a eficiência dos recursos globais no consumo e na produção, e empenhar-se para dissociar o crescimento econômico da degradação ambiental, de acordo com o Plano Decenal de Programas Sobre Produção e Consumo Sustentáveis[6], com os países desenvolvidos assumindo a liderança.

8.5. Até 2030, alcançar o emprego pleno e produtivo e trabalho decente todas as mulheres e homens, inclusive para os jovens e as pessoas com deficiência, e remuneração igual para trabalho de igual valor.

8.6. Até 2020, reduzir substancialmente a proporção de jovens sem emprego, educação ou formação.

8.7. Tomar medidas imediatas e eficazes para erradicar o trabalho forçado, acabar com a escravidão moderna e o tráfico de pessoas e assegurar a proibição e eliminação das piores formas de trabalho infantil, incluindo recrutamento e utilização de crianças-soldados, e até 2025 acabar com o trabalho infantil em todas as suas formas.

8.8. Proteger os direitos trabalhistas e promover ambientes de trabalho seguros e protegidos para todos os trabalhadores, incluindo os trabalhadores migrantes, em particular as mulheres migrantes, e pessoas com emprego precário.

8.9. Até 2030, conceber e implementar políticas para promover o turismo sustentável, que gera empregos, promove a cultura e os produtos locais.

8.10. Fortalecer a capacidade das instituições financeiras nacionais para incentivar a expansão do acesso aos serviços bancários, financeiros e de seguros para todos.

8.a. Aumentar o apoio da Iniciativa de Ajuda para o Comércio (Aid for Trade)[7] para os países em desenvolvimento, particularmente os países de menor desenvolvimento relativo, inclusive por meio do Quadro Integrado Reforçado para a Assistência Técnica Relacionada com o Comércio para os países de menor desenvolvimento relativo.

---

6 Plano Decenal de Programas sobre Produção e Consumo Sustentáveis (10YFP, do inglês: 10-Year Framework Programmes on Sustainable Consumption and Production Patterns), aprovado em 2012 como um dos resultados da Rio+20.

7 Iniciativa de Ajuda para o Comércio (Aid forTrade). Iniciativa da OMC que auxilia os países em desenvolvimento e os menos desenvolvidos a superar obstáculos em termos de infraestrutura e de oferta de bens e serviços de modo a ampliar suas participações no comércio exterior. Cf. mais sobre essa iniciativa em https://www.wto.org/english/tratop_e/devel_e/a4t_e/aid4trade_e.htm

8.b. Até 2020, desenvolver e operacionalizar uma estratégia global para o emprego dos jovens e implementar o Pacto Mundial para o Emprego da Organização Internacional do Trabalho (OIT)[8].

Objetivo 9: Construir infraestruturas resilientes, promover a industrialização inclusiva e sustentável e fomentar a inovação.

Metas

9.1. Desenvolver infraestrutura de qualidade, confiável, sustentável e resiliente, incluindo infraestrutura regional e transfronteiriça, para apoiar o desenvolvimento econômico e o bem-estar humano, com foco no acesso equitativo e a preços acessíveis para todos.

9.2. Promover a industrialização inclusiva e sustentável e, até 2030, aumentar significativamente a participação da indústria no emprego e no PIB, de acordo com as circunstâncias nacionais, e dobrar sua participação nos países de menor desenvolvimento relativo.

9.3. Aumentar o acesso das pequenas indústrias e outras empresas, particularmente em países em desenvolvimento, aos serviços financeiros, incluindo crédito acessível, e propiciar sua integração em cadeias de valor e mercados.

9.4. Até 2030, modernizar a infraestrutura e reabilitar as indústrias para torná-las sustentáveis, com eficiência aumentada no uso de recursos e maior adoção de tecnologias e processos industriais limpos e ambientalmente adequados, com todos os países atuando de acordo com suas respectivas capacidades.

9.5. Fortalecer a pesquisa científica, melhorar as capacidades tecnológicas de setores industriais em todos os países, particularmente nos países em desenvolvimento, inclusive, até 2030, incentivando a inovação e aumentando substancialmente o número de trabalhadores de pesquisa e desenvolvimento (P&D) por milhão de pessoas e os gastos público e privado em pesquisa e desenvolvimento.

9.a. Facilitar o desenvolvimento de infraestrutura sustentável e resiliente em países em desenvolvimento, por meio de maior apoio financeiro, tecnológico

---

[8] Pacto Mundial para o Emprego da Organização Internacional do Trabalho. Adotado na 98ª Conferência Internacional do Trabalho da Organização Internacional do Trabalho (OIT) em 2009 para dar respostas à crise econômica iniciada em 2007 com a quebra do Banco Lehman Brothers.

e técnico aos países africanos, aos países de menor desenvolvimento relativo, aos países em desenvolvimento sem litoral e aos pequenos estados insulares em desenvolvimento.

9.b. Apoiar o desenvolvimento tecnológico, a pesquisa e a inovação nacionais nos países em desenvolvimento, inclusive garantindo um ambiente político propício para, entre outras coisas, diversificação industrial e agregação de valor às commodities.

9.c. Aumentar significativamente o acesso às tecnologias de informação e comunicação e se empenhar para procurar ao máximo oferecer acesso universal e a preços acessíveis à internet nos países menos desenvolvidos, até 2020.

Objetivo 10: Reduzir a desigualdade dentro dos países e entre eles.

Metas

10.1. Até 2030, progressivamente alcançar e sustentar o crescimento da renda dos 40% da população mais pobre a uma taxa maior que a média nacional.

10.2. Até 2030, empoderar e promover a inclusão social, econômica e política de todos, independentemente de idade, sexo, deficiência, raça, etnia, origem, religião, condição econômica ou outra.

10.3. Garantir a igualdade de oportunidades e reduzir as desigualdades de resultado, inclusive por meio da eliminação de leis, políticas e práticas discriminatórias e promover legislação, políticas e ações adequadas a este respeito.

10.4. Adotar políticas, especialmente fiscal, salarial e de proteção social, e alcançar progressivamente maior igualdade.

10.5. Melhorar a regulamentação e o monitoramento dos mercados e instituições financeiras globais, e fortalecer a implementação de tais regulamentações.

10.6. Assegurar uma representação e voz mais forte dos países em desenvolvimento em tomadas de decisão nas instituições econômicas e financeiras internacionais globais, a fim de garantir instituições mais eficazes, críveis, responsáveis e legítimas.

10.7. Facilitar a migração e a mobilidade ordenada, segura, regular e responsável de pessoas, inclusive por meio da implementação de políticas de migração planejadas e bem geridas.

10.a. Implementar o princípio do tratamento especial e diferenciado para países em desenvolvimento, em particular os países de menor desenvolvimento relativo, em conformidade com os acordos da organização mundial do comércio (OMC).

10.b. Incentivar a assistência oficial ao desenvolvimento (ODA) e fluxos financeiros, incluindo o investimento externo direto, para os estados onde a necessidade é maior, em particular os países de menor desenvolvimento relativo, os países africanos, os pequenos estados insulares em desenvolvimento e os países em desenvolvimento sem litoral, de acordo com seus planos e programas nacionais.

10.c. Até 2030, reduzir para menos de 3% os custos de transação de remessas dos migrantes e eliminar "corredores de remessas" com custos superiores a 5%.

Objetivo 11: Tornar as cidades e os assentamentos humanos inclusivos, seguros, resilientes e sustentáveis.

Metas

11.1. Até 2030, garantir o acesso de todos à habitação adequada, segura e a preço acessível, e aos serviços básicos, bem como assegurar o melhoramento das favelas.

11.2. Até 2030, proporcionar o acesso a sistemas de transporte seguros, acessíveis, sustentáveis e a preço acessível para todos, melhorando a segurança rodoviária por meio da expansão dos transportes públicos, com especial atenção para as necessidades das pessoas em situação de vulnerabilidade, mulheres, crianças, pessoas com deficiência e idosos.

11.3. Até 2030, aumentar a urbanização inclusiva e sustentável, e a capacidade para o planejamento e a gestão participativa, integrada e sustentável dos assentamentos humanos, em todos os países.

11.4. Fortalecer os esforços para proteger e salvaguardar o patrimônio cultural e natural do mundo.

11.5. Até 2030, reduzir significativamente o número de mortes e o número de pessoas afetadas por catástrofes e diminuir substancialmente as perdas econômicas diretas causadas por elas em relação ao PIB global, incluindo os desastres relacionados à água, com o foco em proteger os pobres e as pessoas em situação de vulnerabilidade.

11.6. Até 2030, reduzir o impacto ambiental negativo *per capita* das cidades, inclusive prestando especial atenção à qualidade do ar, gestão de resíduos municipais e outros.

11.7. Até 2030, proporcionar o acesso universal a espaços públicos seguros, inclusivos, acessíveis e verdes, em particular para as mulheres e crianças, pessoas idosas e com deficiência.

11.a. Apoiar relações econômicas, sociais e ambientais positivas entre áreas urbanas, periurbanas e rurais, reforçando o planejamento nacional e regional de desenvolvimento.

11.b. Até 2020, aumentar substancialmente o número de cidades e assentamentos humanos adotando e implementando políticas e planos integrados para a inclusão, a eficiência dos recursos, mitigação e adaptação à mudança do clima, a resiliência a desastres; e desenvolver e implementar, de acordo com o Marco de Sendai para a Redução do Risco de Desastres 2015-2030, o gerenciamento holístico do risco de desastres em todos os níveis.

11.c. Apoiar os países menos desenvolvidos, inclusive por meio de assistência técnica e financeira, para construções sustentáveis e resilientes, utilizando materiais locais.

Objetivo 12: Assegurar padrões de produção e de consumo sustentáveis.

Metas

12.1. Implementar o Plano Decenal de Programas Sobre Produção e Consumo Sustentáveis, com todos os países tomando medidas, e os países desenvolvidos assumindo a liderança, tendo em conta o desenvolvimento e as capacidades dos países em desenvolvimento.

12.2. Até 2030, alcançar gestão sustentável e uso eficiente dos recursos naturais.

12.3. Até 2030, reduzir pela metade o desperdício de alimentos *per capita* mundial, em nível de varejo e do consumidor, e reduzir as perdas de alimentos ao longo das cadeias de produção e abastecimento, incluindo as perdas pós-colheita.

12.4. Até 2020, alcançar o manejo ambientalmente adequado dos produtos químicos e de todos os resíduos, ao longo de todo o ciclo de vida destes, de acordo com os marcos internacionalmente acordados, e reduzir significativamente a liberação destes para o ar, água e solo, para minimizar seus impactos negativos sobre a saúde humana e o meio ambiente.

12.5. Até 2030, reduzir substancialmente a geração de resíduos por meio da prevenção, redução, reciclagem e reuso.

12.6. Incentivar as empresas, especialmente as empresas grandes e transnacionais, a adotar práticas sustentáveis e a integrar informações sobre sustentabilidade em seu ciclo de relatórios.

12.7. Promover práticas de compras públicas sustentáveis, de acordo com as políticas e prioridades nacionais.

12.8. Até 2030, garantir que as pessoas, em todos os lugares, tenham informação relevante e conscientização sobre o desenvolvimento sustentável e estilos de vida em harmonia com a natureza.

12.a. Apoiar países em desenvolvimento para que fortaleçam suas capacidades científicas e tecnológicas em rumo a padrões mais sustentáveis de produção e consumo.

12.b. Desenvolver e implementar ferramentas para monitorar os impactos do desenvolvimento sustentável para o turismo sustentável que gera empregos, promove a cultura e os produtos locais.

12.c. Racionalizar subsídios ineficientes aos combustíveis fósseis, que encorajam o consumo exagerado, eliminando as distorções de mercado, de acordo com as circunstâncias nacionais, inclusive por meio da reestruturação fiscal e a eliminação gradual desses subsídios prejudiciais, caso existam, para refletir os seus impactos ambientais, tendo plenamente em conta as necessidades específicas e condições dos países em desenvolvimento e minimizando os possíveis impactos adversos sobre o seu desenvolvimento de maneira que proteja os pobres e as comunidades afetadas.

Objetivo 13: Tomar medidas urgentes para combater a mudança do clima e seus impactos, reconhecendo que a Convenção Quadro das Nações Unidas sobre Mudança do Clima[9] é o fórum internacional, intergovernamental primário para negociar a resposta global à mudança do clima.

Metas

13.1. Reforçar a resiliência e a capacidade de adaptação a riscos relacionados ao clima e às catástrofes naturais em todos os países.

13.2. Integrar medidas da mudança do clima nas políticas, estratégias e planejamentos nacionais.

13.3. Melhorar a educação, aumentar a conscientização e a capacidade humana e institucional sobre mitigação global do clima, adaptação, redução de impacto, e alerta precoce à mudança do clima.

13.a. Implementar o compromisso assumido pelos países desenvolvidos partes da Convenção Quadro das Nações Unidas sobre mudança do clima para a meta de mobilizar conjuntamente US$ 100 bilhões por ano até 2020, de todas as fontes, para atender às necessidades dos países em desenvolvimento, no contexto de ações significativas de mitigação e transparência na implementação; e operacionalizar plenamente o Fundo Verde para o Clima, por meio de sua capitalização, o mais cedo possível.

13.b. Promover mecanismos para a criação de capacidades para o planejamento relacionado à mudança do clima e à gestão eficaz, nos países menos desenvolvidos, inclusive com foco em mulheres, jovens, comunidades locais e marginalizadas.

Objetivo 14: Conservar e usar sustentavelmente os oceanos, os mares e os recursos marinhos para o desenvolvimento sustentável.

Metas

14.1. Até 2025, prevenir e reduzir significativamente a poluição marinha de todos os tipos, especialmente a advinda de atividades terrestres, incluindo detritos marinhos e a poluição por nutrientes.

---

9 A Convenção Quadro das Nações Unidas sobre Mudança do Clima, conhecida pela sigla UNFCCC (do inglês: United Nations Framework Convention on Climate Change), foi apresentada durante a CNUMAD em 1992 e entrou em vigor em 1994. Cf. segundo capítulo deste livro.

14.2. Até 2020, gerir de forma sustentável e proteger os ecossistemas marinhos e costeiros para evitar impactos adversos significativos, inclusive por meio do reforço da sua capacidade de resiliência, e tomar medidas para a sua restauração, a fim de assegurar oceanos saudáveis e produtivos.

14.3. Minimizar e enfrentar os impactos da acidificação dos oceanos, inclusive por meio do reforço da cooperação científica em todos os níveis.

14.4. Até 2020, efetivamente regular a coleta, e acabar com a sobrepesca, ilegal, não reportada e não regulamentada e as práticas de pesca destrutivas, e implementar planos de gestão com base científica, para restaurar populações de peixes no menor tempo possível, pelo menos em níveis que possam produzir rendimento máximo sustentável, como determinado por suas características biológicas.

14.5. Até 2020, conservar pelo menos 10% das zonas costeiras e marinhas, de acordo com a legislação nacional e internacional, e com base na melhor informação científica disponível.

14.6. Até 2020, proibir certas formas de subsídios à pesca que contribuam para a sobrecapacidade e a sobrepesca, e eliminar os subsídios que contribuam para a pesca ilegal, não reportada e não regulamentada, e abster-se de introduzir novos subsídios como estes, reconhecendo que o tratamento especial e diferenciado adequado e eficaz para os países em desenvolvimento e os de menor desenvolvimento relativo deve ser parte integrante da negociação sobre subsídios à pesca da OMC.

14.7. Até 2030, aumentar os benefícios econômicos para os pequenos estados insulares em desenvolvimento e os países de menor desenvolvimento relativo, a partir do uso sustentável dos recursos marinhos, inclusive por meio de uma gestão sustentável da pesca, aquicultura e do turismo.

14.a. Aumentar o conhecimento científico, desenvolver capacidades de pesquisa e transferir tecnologia marinha, tendo em conta os critérios e as orientações sobre a transferência de tecnologia marinha da comissão oceanográfica intergovernamental, a fim de melhorar a saúde dos oceanos e aumentar a contribuição da biodiversidade marinha para o desenvolvimento dos países em desenvolvimento, em particular os pequenos estados insulares em desenvolvimento e os países de menor desenvolvimento relativo.

14.b. Proporcionar o acesso dos pescadores artesanais de pequena escala aos recursos marinhos e mercados.

14.c. Assegurar a conservação e o uso sustentável dos oceanos e seus recursos pela implementação do direito internacional, como refletido na convenção das nações unidas sobre o direito do mar, que provê o arcabouço legal para a conservação e utilização sustentável dos oceanos e dos seus recursos, conforme registrado no parágrafo 158 de "O Futuro que Queremos".

Objetivo 15: Proteger, recuperar e promover o uso sustentável dos ecossistemas terrestres, gerir de forma sustentável as florestas, combater a desertificação, deter e reverter a degradação da terra, e deter a perda de biodiversidade.

Metas

15.1. Até 2020, assegurar a conservação, a recuperação e o uso sustentável de ecossistemas terrestres e de água doce interiores e seus serviços, em especial, florestas, zonas úmidas, montanhas e terras áridas, em conformidade com as obrigações decorrentes dos acordos internacionais.

15.2. Até 2020, promover a implementação da gestão sustentável de todos os tipos de florestas, deter o desmatamento, restaurar florestas degradadas e aumentar substancialmente o florestamento e o reflorestamento globalmente.

15.3. Até 2030, combater a desertificação, e restaurar a terra e o solo degradado, incluindo terrenos afetados pela desertificação, secas e inundações, e lutar para alcançar um mundo neutro em termos de degradação do solo.

15.4. Até 2030, assegurar a conservação dos ecossistemas de montanha, incluindo a sua biodiversidade, para melhorar a sua capacidade de proporcionar benefícios, que são essenciais para o desenvolvimento sustentável.

15.5. Tomar medidas urgentes e significativas para reduzir a degradação de *habitats* naturais, estancar a perda de biodiversidade e, até 2020, proteger e evitar a extinção de espécies ameaçadas.

15.6. Garantir uma repartição justa e equitativa dos benefícios derivados da utilização dos recursos genéticos, e promover o acesso adequado aos recursos genéticos.

15.7. Tomar medidas urgentes para acabar com a caça ilegal e o tráfico de espécies da flora e fauna protegidas, e abordar tanto a demanda quanto a oferta de produtos ilegais da vida selvagem.

15.8. Até 2020, implementar medidas para evitar a introdução e reduzir significativamente o impacto de espécies exóticas invasoras em ecossistemas terrestres e aquáticos, e controlar ou erradicar as espécies prioritárias.

15.9. Até 2020, integrar os valores dos ecossistemas e da biodiversidade ao planejamento nacional e local, nos processos de desenvolvimento, nas estratégias de redução da pobreza, e nos sistemas de contas.

15.a. Mobilizar e aumentar significativamente, a partir de todas as fontes, os recursos financeiros para a conservação e o uso sustentável da biodiversidade e dos ecossistemas.

15.b. Mobilizar significativamente os recursos de todas as fontes e em todos os níveis, para financiar o manejo florestal sustentável e proporcionar incentivos adequados aos países em desenvolvimento, para promover o manejo florestal sustentável, inclusive para a conservação e o reflorestamento.

15.c. Reforçar o apoio global para os esforços de combate à caça ilegal e ao tráfico de espécies protegidas, inclusive por meio do aumento da capacidade das comunidades locais para buscar oportunidades de subsistência sustentável.

Objetivo 16: Promover sociedades pacíficas e inclusivas para o desenvolvimento sustentável, proporcionar o acesso à justiça para todos e construir instituições eficazes, responsáveis e inclusivas em todos os níveis.

Metas

16.1. Reduzir significativamente todas as formas de violência e as taxas de mortalidade relacionada, em todos os lugares.

16.2. Acabar com abuso, exploração, tráfico e todas as formas de violência e tortura contra crianças.

16.3. Promover o estado de direito, em nível nacional e internacional, e garantir a igualdade de acesso à justiça, para todos.

16.4. Até 2030, reduzir significativamente os fluxos financeiros e de armas ilegais, reforçar a recuperação e devolução de recursos roubados, e combater todas as formas de crime organizado.

16.5. Reduzir substancialmente a corrupção e o suborno em todas as suas formas.

16.6. Desenvolver instituições eficazes, responsáveis e transparentes em todos os níveis.

16.7. Garantir a tomada de decisão responsiva, inclusiva, participativa e representativa em todos os níveis.

16.8. Ampliar e fortalecer a participação dos países em desenvolvimento nas instituições de governança global.

16.9. Até 2030, fornecer identidade legal para todos, incluindo o registro de nascimento.

16.10. Assegurar o acesso público à informação e proteger as liberdades fundamentais, em conformidade com a legislação nacional e os acordos internacionais.

16.a. Fortalecer as instituições nacionais relevantes, inclusive por meio da cooperação internacional, para a construção de capacidades em todos os níveis, em particular nos países em desenvolvimento, para a prevenção da violência e o combate ao terrorismo e ao crime.

16.b. Promover e fazer cumprir leis e políticas não discriminatórias para o desenvolvimento sustentável.

Objetivo 17: Fortalecer os meios de implementação e revitalizar a parceria global para o desenvolvimento sustentável.

Metas

Finanças

17.1. Fortalecer a mobilização de recursos internos, inclusive por meio do apoio internacional aos países em desenvolvimento, para melhorar a capacidade nacional para arrecadação de impostos e outras receitas.

17.2. Implementar plenamente os compromissos dos países desenvolvidos em matéria de assistência oficial ao desenvolvimento (ODA), inclusive o compromisso apresentado por vários deles de alcançar a meta de 0,7% da Renda Nacional Bruta (RNB) para os países em desenvolvimento, e de 0,15 a 0,20% da RNB para os países de menor desenvolvimento relativo; os países provedores de ODA são encorajados a considerarem definir uma meta para prover pelo menos 0,20% da RNB para a ODA dos países de menor desenvolvimento relativo.

17.3. Mobilizar recursos financeiros adicionais para os países em desenvolvimento a partir de múltiplas fontes.

17.4. Ajudar os países em desenvolvimento a alcançar a sustentabilidade da dívida de longo prazo, por meio de políticas coordenadas destinadas a promover o financiamento, a redução e a reestruturação da dívida, conforme apropriado, e tratar da dívida externa dos países pobres altamente endividados para reduzir o superendividamento.

17.5. Adotar e implementar regimes de promoção de investimentos para os países de menor desenvolvimento relativo.

Tecnologia

17.6. Melhorar a cooperação regional e internacional Norte-Sul, Sul-Sul e triangular e o acesso à ciência, tecnologia e inovação, e aumentar o compartilhamento de conhecimentos em termos mutuamente acordados, inclusive por meio de uma melhor coordenação entre os mecanismos existentes, particularmente no nível das Nações Unidas, e por meio de um mecanismo global de facilitação de tecnologia global.

17.7. Promover o desenvolvimento, a transferência, a disseminação e a difusão de tecnologias ambientalmente corretas para os países em desenvolvimento, em condições favoráveis, inclusive em condições concessionais e preferenciais, conforme mutuamente acordado.

17.8. Operacionalizar plenamente o Banco de Tecnologia[10] e o mecanismo de desenvolvimento de capacidades em ciência, tecnologia e inovação para os países

---

10 A viabilidade de criar um banco de tecnologia e mecanismo de capacitação em ciência, tecnologia e inovação para favorecer os países menos desenvolvidos foi sugerida na 3ª Conferência Internacional sobre Financiamento para o Desenvolvimento, realizada em Adis Abeba, Etiópia, 2015. Relatório da Conferência disponível em https://undocs.org/A/CONF.227/20 Cf. carta dos bancos de tecnologias para os países menos desenvolvidos em http://unohrlls.org/custom-content/uploads/2016/09/A_71_

de menor desenvolvimento relativo até 2017, e aumentar o uso de tecnologias capacitadoras, em particular tecnologias de informação e comunicação.

Desenvolvimento de capacidades

17.9. Reforçar o apoio internacional para a implementação eficaz e orientada do desenvolvimento de capacidades em países em desenvolvimento, a fim de apoiar os planos nacionais para implementar todos os ODSs, inclusive por meio da cooperação Norte-Sul, Sul-Sul e triangular.

Comércio

17.10. Promover um sistema multilateral de comércio universal, baseado em regras, aberto, não discriminatório e equitativo no âmbito da OMC, inclusive por meio da conclusão das negociações no âmbito de sua Agenda de Desenvolvimento de Doha.

17.11. Aumentar significativamente as exportações dos países em desenvolvimento, em particular com o objetivo de duplicar a participação dos países de menor desenvolvimento relativo nas exportações globais até 2020.

17.12. Concretizar a implementação oportuna de acesso a mercados livres de cotas e taxas, de forma duradoura para todos os países de menor desenvolvimento relativo, de acordo com as decisões da OMC, inclusive por meio de garantias de que as regras de origem preferenciais aplicáveis às importações provenientes de países de menor desenvolvimento relativo sejam transparentes e simples, e contribuam para facilitar o acesso ao mercado.

Questões sistêmicas

• Coerência de políticas e institucional

17.13. Aumentar a estabilidade macroeconômica global, inclusive por meio da coordenação e da coerência de políticas.

363-English-.pdf O primeiro banco de tecnologia foi criado em 2018 na Turquia para apoiar cerca de 40 países menos desenvolvidos. Cf. em https://www.un.org/press/en/2017/dev3292.doc.htm

17.14. Aumentar a coerência das políticas para o desenvolvimento sustentável.

17.15. Respeitar o espaço político e a liderança de cada país para estabelecer e implementar políticas para a erradicação da pobreza e o desenvolvimento sustentável.

- Parcerias multissetoriais

17.16. Reforçar a parceria global para o desenvolvimento sustentável complementada por parcerias multissetoriais, que mobilizem e compartilhem conhecimento, experiência, tecnologia e recursos financeiros para apoiar a realização dos ODSs em todos os países, particularmente nos países em desenvolvimento.

17.17. Incentivar e promover parcerias públicas, público-privadas, privadas, e com a sociedade civil eficazes, a partir da experiência das estratégias de mobilização de recursos dessas parcerias.

- Dados, monitoramento e prestação de contas

17.18. Até 2020, reforçar o apoio ao desenvolvimento de capacidades para os países em desenvolvimento, inclusive para os países de menor desenvolvimento relativo e os pequenos Estados insulares em desenvolvimento, para aumentar significativamente a disponibilidade de dados de alta qualidade, atualizados e confiáveis, desagregados por renda, gênero, idade, raça, etnia, *status* migratório, deficiência, localização geográfica e outras características relevantes em contextos nacionais.

17.19. Até 2030, valer-se de iniciativas existentes para desenvolver medidas do progresso do desenvolvimento sustentável que complementem o PNB e apoiar o desenvolvimento de capacidades em estatística nos países em desenvolvimento.

4 Exemplo de ficha técnica de um indicador[11]

1 Identificação do indicador

ODS 1. Acabar com a pobreza em todas as suas formas, em todos os lugares

---

11 Fonte: https://unstats.un.org/sdgs/metadata/files/Metadata-01-05-01.pdf

Meta 1.5. Até 2030, construir a resiliência dos pobres e daqueles em situação de vulnerabilidade, e reduzir a exposição e vulnerabilidade destes a eventos extremos relacionados com o clima e outros choques e desastres econômicos, sociais e ambientais.

Indicador 1.5.1: número de pessoas mortas, desaparecidas e afetadas diretamente por desastres para cada 100.000 habitantes.

Definição: mede o número de pessoas que morreram, desapareceram ou foram afetadas diretamente por desastres por 100.000 habitantes.

2 Conceitos

Mortes: número de pessoas que morreram durante o desastre, ou depois como resultado direto do desastre ou do evento perigoso.

Desaparecidos: número de pessoas cujo paradeiro é desconhecido desde a ocorrência do desastre ou evento perigoso. Incluem as pessoas presumidas mortas, mas sem provas físicas, como o corpo, e para as quais foi apresentado um relatório oficial às autoridades competentes.

Diretamente afetados: número de pessoas que sofreram lesões, doenças ou outros efeitos sobre a saúde, que foram evacuadas, deslocadas, realocadas ou sofreram danos diretos em seus meios de subsistência, econômicos, físicos, sociais, culturais e ambientais.

Indiretamente afetados: pessoas que sofreram outras consequências que não sejam os efeitos diretos ao longo do tempo pelas interrupções ou mudanças na economia, infraestrutura crítica, serviços básicos, comércio, trabalho ou consequências sociais, de saúde e psicológicas.

3 Fundamentação e interpretação

O Marco de Sendai para a Redução do Risco de Desastres 2015-2030 foi adotado pelos estados-membros das Nações Unidas em março de 2015 como uma política global de redução do risco de desastres. Entre as metas globais, a meta A visa reduzir substancialmente a mortalidade global dos desastres até 2030, reduzindo a média global de mortes por 100 mil habitantes entre 2020 e 2030 em comparação com a de 2005 e 2015. A meta B, reduzir substancialmente o número de pessoas afetadas globalmente em 2030, reduzindo a média de afetados por 100 mil habitantes entre 2020 e 2030 em comparação com a de 2005 e 2015, contribuirá para o desenvolvimento sustentável e fortalecerá a resiliência econômica, social, de saúde e ambiental. As perspectivas econômicas, sociais e ambientais incluem a erradicação da pobreza, a resiliência urbana e a adaptação às mudanças climáticas.

O Grupo Aberto de Trabalho Intergovernamental de Especialistas sobre Indicadores e terminologia relacionada à redução do risco de desastre (OIEWG), estabelecido pela Assembleia Geral das Nações Unidas (Resolução 69/284), desenvolveu um conjunto de indicadores para medir o progresso global da implementação do Marco de Sendai, endossado pela Assembleia Geral (Relatório OIEWG A/71/644). Os indicadores globais pertinentes para a Estrutura de Sendai serão usados para relatar o indicador 1.5.1. Os dados sobre perdas de desastres são muito influenciados por eventos catastróficos de grande escala que representam *outliers*. O Escritório das Nações Unidas para Redução de Risco de Desastre (UNISDR) recomenda que os países relatem os dados por evento a fim de obter tendências e padrões de modo que os eventos catastróficos (que podem representar *outliers*) possam ser incluídos ou excluídos das análises.

4 *Método de cálculo*

Este indicador (X) é calculado com a soma simples dos indicadores relacionados (pessoas mortas, desaparecidas e afetadas) dos bancos de dados nacionais de perda de desastre dividido pelos dados da população global (de censos nacionais, Banco Mundial, informações da Comissão de Estatística das Nações Unidas).

$$X = \frac{A_2 + A_3 + B_1}{população\ global} \times 100\%$$

onde: A2 = número de mortes atribuídas ao desastre;
A3 = número de pessoas desaparecidas atribuídas ao desastre; e
B1 = número de pessoas atingidas diretamente pelo desastre.

5 Comentários e limitação

O Sistema de Monitoramento da Estrutura de Sendai foi desenvolvida para medir o progresso da implementação da Estrutura de Sendai por meio dos indicadores avalizados pela Assembleia Geral das Nações Unidas. Os estados-membros poderão relatar pelo Sistema a partir de março de 2018. Os dados dos indicadores dos ODSs serão compilados e relatados pela UNISDR.

6 Proxy: indicadores alternativos e adicionais

Na maioria dos casos, as fontes de dados internacionais registram eventos que ultrapassam algum limite de impacto e usam dados secundários que em geral não têm metodologias uniformes ou consistentes, o que produz conjuntos de dados heterogêneos.

7 Fontes de dados e método de coleta

O provedor de dados em nível nacional é designado pelos Pontos Focais da Estrutura de Sendai. Na maioria dos países, os dados sobre desastres são coletados por ministérios, bancos de dados nacionais de perdas de desastre estabelecidos e gerenciados por agência específicas, incluindo agências nacionais de gestão de desastres, de defesa civil, e meteorológicas. Os Pontos Focais da Estrutura de Sendai em cada país são responsáveis pelo relatório de dados.

8 Desagregação

Número de mortes atribuídas ao desastre, número de pessoas desaparecidas atribuídas ao desastre, numero de pessoas diretamente afetadas pelo desastre.

9 Referências

Official SDG Metadata URL [Disponível em https://unstats.un.org/sdgs/metadata/files/Metadata-01-05-01.pdf Internationally agreed methodology and guideline URL: Technical guidance for monitoring and reporting on progress in achieving the global targets of the Sendai].

UNISDR. Framework for Disaster Risk Reduction, 2017 [Disponível em https://www.preventionweb.net/files/54970_collectionoftechnicalguidancenoteso.pdf].

OEIWG. Report of the open-ended intergovernmental expert working group on indicators and terminology relating to disaster risk reduction. Endorsed by UNGA on 2nd February 2017 [Disponível em https://www.preventionweb.net/publications/view/51748].

5 Normas legais aplicáveis à gestão do ciclo de vida – Exemplos[12]

A União Europeia

Diretiva 76/769/CEE do Conselho de 27/07/1976 relativa à aproximação das disposições legislativas, regulamentares e administrativas dos Estados-membros respeitantes à limitação da colocação no mercado e da utilização de algumas substâncias e preparações perigosas.

Diretiva 91/157/CEE do Conselho de 18/03/1991 relativa às pilhas e acumuladores contendo determinadas matérias perigosas. Substituída pela Diretiva 2006/66/CE do Parlamento Europeu e do Conselho de 06/09/2006 relativa a pilhas e acumuladores e respectivos resíduos. Alterada pela Diretiva (UE) 2018/849 do Parlamento Europeu e do Conselho, de 30/05/2018.

Diretiva 94/62/CE do Parlamento Europeu e do Conselho de 20/12/1994 relativa a embalagens e resíduos de embalagens. Alterada pela Diretiva (UE) 2018/852 do Parlamento Europeu e do Conselho de 30/05/2018.

Diretiva 1999/31/CE do Conselho de 26/04/1999 relativa à deposição de resíduos em aterros. Alterada pela Diretiva (UE) 2018/850 do Parlamento Europeu e do Conselho, de 30/05/2018.

Diretiva 2000/53/CE do Parlamento Europeu e do Conselho de 18/09/2000 relativa aos veículos em fim de vida. Alterada pela Diretiva (UE) 2017/2096 da Comissão de 15/11/2017. Alterada pela Diretiva (UE) 2018/849 do Parlamento Europeu e do Conselho, de 30/05/2018.

Diretiva 2000/60/CE do Parlamento Europeu e do Conselho de 23/10/2000, que estabelece um quadro de ação comunitária no domínio da política da água.

---
12 Fonte: EUR Lex: Access to European Union Law.

Alterada pela Diretiva 2013/39/UE do Parlamento Europeu e do Conselho de 12/08/2013.

Diretiva 2002/95/CE do Parlamento Europeu e do Conselho de 27/01/2003 relativa à restrição do uso de determinadas substâncias perigosas em equipamentos elétricos e eletrônicos (RoHS, de Restriction of Certain Hazardous Substances). Substituída pela Diretiva 2011/65/UE do Parlamento Europeu e do Conselho, de 08/06/2011.

Diretiva 2002/96/CE do Parlamento Europeu e do Conselho de 27/01/2003, relativa aos resíduos de equipamentos elétricos e eletrônicos (WEEE, de Waste Electrical and Electronic Equipment). Substituída pela Diretiva 2012/19/UE do Parlamento Europeu e do Conselho de 04/07/2012 relativa aos WEEE.

Diretiva 2008/56/CE do Parlamento Europeu e do Conselho de 17/06/2008, que estabelece um quadro de ação comunitária no domínio da política para o meio marinho (Diretiva-Quadro Estratégia Marinha).

Diretiva 2008/98/CE do Parlamento Europeu e do Conselho de 19/11/2008 relativa aos resíduos. Alterada pela Diretiva (UE) 2018/851 do Parlamento Europeu e do Conselho, de 30/05/2018.

Diretiva (UE) 2018/851 do Parlamento Europeu e do Conselho de 30 de maio de 2018, que altera a Diretiva 2008/98/CE relativa aos resíduos.

B Brasil

Lei 6.938/1981 – Dispõe sobre a Política Nacional do Meio Ambiente, seus fins e mecanismos de formulação e aplicação (Regulamentado pelo Decreto 99.274 de 06/06/1990).

Lei 7.802/1989. Dispõe sobre a pesquisa, a experimentação, a produção, a embalagem e rotulagem, o transporte, o armazenamento, a comercialização, a propaganda comercial, a utilização, a importação, a exportação, o destino final dos resíduos e embalagens, o registro, a classificação, o controle, a inspeção e a fiscalização de agrotóxicos, seus componentes e afins, e dá outras providências. Alterada pela Lei 9.974/2000.

Lei 8.723/1993. Dispõe sobre a redução de emissões de poluentes por veículos automotores.

Lei 9.433/1997. Institui a Política Nacional de Recursos Hídricos, cria o Sistema Nacional de Gerenciamento de Recursos Hídricos.

Lei 9.605/1998. Dispõe sobre as sanções penais e administrativas derivadas de condutas e atividades lesivas ao meio ambiente, e dá outras providências.

Lei 9.966/2000. Dispõe sobre a preservação, o controle e a fiscalização da poluição causada por lançamento de óleo e outras substâncias nocivas ou perigosas em água sobre jurisdição nacional.

Lei 10.308/2001. Estabelece normas para o destino final de rejeitos radiativos.

Lei 11.105/2005. Estabelece normas de segurança e mecanismos de fiscalização de atividades que envolvam organismos geneticamente modificados.

Lei 11.762/2008. Fixa limites máximos de chumbo permitido na fabricação de tintas imobiliárias e de uso infantil e escolar, vernizes e materiais similares.

Lei 11.936/2009. Proíbe a fabricação, importação, exportação e manutenção em estoque, comercialização e uso do diclorodifeniltricloretano (DDT).

Decreto 5.940/2006. Institui a separação dos resíduos recicláveis descartados pelos órgãos e entidades da administração pública federal direta e indireta, na fonte geradora, e a sua destinação às associações e cooperativas dos catadores de materiais recicláveis, e dá outras providências.

Decreto 7.405/2010. Institui o Programa Pró-Catador.

Decreto 7.619/2011. Regulamenta a concessão de crédito presumido do Imposto sobre Produtos Industrializados na aquisição de resíduos sólidos.

Resolução CONAMA 018/1986. Dispõe sobre a criação do Programa de Controle de Poluição do Ar por Veículos Automotores – PROCONVE. Alterada pelas Resoluções 15/1995, 315/2002, e 414/2009.

Resolução CONAMA 264/1999. Licenciamento de fornos rotativos de produção de clínquer para atividades de coprocessamento de resíduos.

Resolução CONAMA 267/2000. Proibição de substâncias que destroem a camada de ozônio. Alterada pela Resolução 340/2003.

Resolução CONAMA 313/2002. Dispõe sobre o Inventário Nacional de Resíduos Sólidos Industriais.

Resolução CONAMA 307/2002. Estabelece diretrizes, critérios e procedimentos para a gestão dos resíduos da construção civil. Alterada pelas Resoluções 348/2004, 431/2011, 448/2012 e 469/2015.

Resolução CONAMA 316/2002. Dispõe sobre procedimentos e critérios para o funcionamento de sistemas de tratamento térmico de resíduos. Alterada pela Resolução 386/2006.

Resolução CONAMA 362/2005. Dispõe sobre o recolhimento, coleta e destinação final de óleo lubrificante usado ou contaminado. Alterada pela Resolução 450/2012.

Resolução CONAMA 359/2005. Dispõe sobre a regulamentação do teor de fósforo em detergentes em pó para uso em todo o território nacional e dá outras providências.

Resolução CONAMA 358/2005. Dispõe sobre o tratamento e a disposição final dos resíduos dos serviços de saúde e dá outras providências.

Resolução CONAMA 375/2006. Define critérios e procedimentos, para o uso agrícola de lodos de esgoto gerados em estações de tratamento de esgoto sanitário e seus produtos derivados, e dá outras providências.

Resolução CONAMA 401/2008. Estabelece limites máximos de chumbo, cádmio e mercúrio para pilhas e baterias comercializadas no território nacional e os critérios e padrões para o seu gerenciamento ambientalmente adequado, e dá outras providências.

Resolução CONAMA 416/2009. Dispõe sobre a prevenção à degradação ambiental causada por pneus inservíveis e sua destinação ambientalmente adequada. Revoga as Resoluções 258/1999 e 301/2002.

Resolução CONAMA 452/2012. Procedimentos de controle da importação de resíduos, conforme as normas adotadas pela Convenção da Basileia sobre o Controle de Movimentos Transfronteiriços de Resíduos Perigosos e seu Depósito.

Índice geral

Sumário, 7
Siglas, 9
Apresentação, 13
1 As origens do desenvolvimento sustentável, 17
    A Conferência de Estocolmo de 1972, 22
        Declaração de Estocolmo, 25
        O Plano de Ação para o Meio Ambiente Humano, 27
    Antecipando os próximos passos, 31
2 Desenvolvimento sustentável, 33
    A Comissão Mundial do Meio Ambiente e Desenvolvimento, 34
    Desenvolvimento e crescimento econômico, 39
        Medindo o crescimento econômico, 41
    Dimensões do desenvolvimento sustentável, 47
        Novas dimensões do desenvolvimento sustentável, 51
    Sustentabilidade e as organizações, 55
        Organizações sustentáveis ou socialmente responsáveis?, 59
3 A popularização do desenvolvimento sustentável, 63
    A Conferência do Rio de Janeiro de 1992, 64
    Declaração do Rio de Janeiro, 66
    Convenção sobre Mudanças Climáticas, 68
        Protocolo de Quioto, 70
    Convenção da Biodiversidade, 75
        Protocolo de Cartagena, 78
        Protocolo de Nagoya, 79
        Plano estratégico para a biodiversidade, 80
    Agenda 21 Global, 82
        Agendas 21 nacionais, 86
        Agendas 21 locais, 89
        Questões polêmicas e esquecidas, 90

4 Entrando no século XXI, 96
   Objetivos de desenvolvimento do milênio, 99
   Conferência Rio +10, 107
      Plano de Implementação de Johanesburgo, 109
   Conferência Rio + 20, 113
      O marco institucional, 117
      Economia verde, 118
      Produção e consumo sustentável, 124
5 A Agenda 2030 e os objetivos de desenvolvimento sustentável, 128
   Objetivos de desenvolvimento sustentável, 134
      Erradicação da pobreza, 138
      Igualdade de gênero e empoderamento das mulheres, 143
      Crescimento econômico sustentado, inclusivo e sustentável, 146
      Cidades e assentamentos humanos, 149
      Economia circular, 153
      Turismo sustentável, 160
      Mudança do clima, 161
      Oceanos e mares, 165
      Ecossistemas terrestres, 168
      Sociedades pacíficas, justas e inclusivas, 171
   Meios de implementação, 175
      Finanças, 175
      Ciência, tecnologia e inovação, 176
      Comércio internacional, 180
   Acompanhamento e avaliação, 182
      Indicadores globais, 185
   Agendas 2030 nacionais e locais, 187
   A Agenda 2030 e as organizações, 192

Considerações finais, 197

Referências, 203

Índice remissivo, 213

Anexos, 219
   1 Metas de Aichi para a biodiversidade, 219
   2 Metas nacionais de biodiversidade, 222
   3 Objetivos de Desenvolvimento Sustentável, 226
   4 Exemplo de ficha técnica de um indicador, 248
   5 Normas legais aplicáveis à gestão do ciclo de vida – Exemplos, 252

COLEÇÃO EDUCAÇÃO AMBIENTAL

- *Desenvolvimento e meio ambiente – As estratégias de mudanças da Agenda 21*
  José Carlos Barbieri
- *Saber ambiental – Sustentabilidade, racionalidade, complexidade, poder*
  Enrique Leff
- *Educação ambiental – Sobre princípios, metodologias e atitudes*
  Valdo Barcelos
- *Ecologia, capital e cultura – A territorialização da racionalidade ambiental*
  Enrique Leff
- *Desenvolvimento sustentável – Das origens à Agenda 2030*
  José Carlos Barbieri

Conecte-se conosco:

f facebook.com/editoravozes

◉ @editoravozes

🐦 @editora_vozes

▶ youtube.com/editoravozes

◉ +55 24 2233-9033

www.vozes.com.br

Conheça nossas lojas:
www.livrariavozes.com.br

Belo Horizonte – Brasília – Campinas – Cuiabá – Curitiba
Fortaleza – Juiz de Fora – Petrópolis – Recife – São Paulo

    Vozes de Bolso

EDITORA VOZES LTDA.
Rua Frei Luís, 100 – Centro – Cep 25689-900 – Petrópolis, RJ
Tel.: (24) 2233-9000 – E-mail: vendas@vozes.com.br